普通高等教育艺术设计类专业「十二五」规划教材

室内陈设与家具设计

主 编/朱瑞波

副主编/张 博 韩 敏 吴 铁

赵 曜 任世生

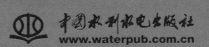

中国水利水电出版社
www.waterpub.com.cn

内 容 提 要

本教材以室内设计为依托,对陈设与家具设计的特点、作用、原则和基本程序作了详尽的论述,强调了陈设、家具在室内环境中的地位和作用,内容翔实、全面。教材分为基础篇、陈设篇、家具篇3篇:基础篇由室内设计概述,室内基础构成设计,室内设计的历史与风格、流派,室内设计的理念与观点构成;陈设篇由室内陈设概述,室内陈设的特点和原则,室内陈设与各功能空间,中国部分少数民族的室内陈设,室内陈设分类设计构成;家具篇由室内家具概述,家具的沿革,家具设计与人体工程学,家具设计的材料与构造,家具设计的步骤与方法构成。

本教材可供高等院校艺术设计、环境设计、家具设计等相关专业的师生使用,也可作为室内装饰设计公司和室内设计爱好者的参考用书。

图书在版编目(CIP)数据

室内陈设与家具设计 / 朱瑞波主编. -- 北京 : 中
国水利水电出版社, 2012.11(2015.1重印)
普通高等教育艺术设计类专业"十二五"规划教材
ISBN 978-7-5170-0313-7

Ⅰ. ①室… Ⅱ. ①朱… Ⅲ. ①室内装饰设计－高等学
校－教材②房屋建筑设备－家具－建筑设计－高等学校－
教材 Ⅳ. ①TU238

中国版本图书馆CIP数据核字(2012)第253499号

书　　名	普通高等教育艺术设计类专业"十二五"规划教材 **室内陈设与家具设计**
作　　者	主编　朱瑞波
出版发行	中国水利水电出版社 (北京市海淀区玉渊潭南路1号D座　100038) 网址:www.waterpub.com.cn E-mail : sales@waterpub.com.cn 电话:(010)68367658(发行部)
经　　售	北京科水图书销售中心(零售) 电话:(010)88383994、63202643、68545874 全国各地新华书店和相关出版物销售网点
排　　版	北京时代澄宇科技有限公司
印　　刷	北京嘉恒彩色印刷有限责任公司
规　　格	210mm×285mm　16开本　14.25印张　347千字
版　　次	2012年11月第1版　2015年1月第2次印刷
印　　数	3001—6000册
定　　价	49.00元

前　言

广义的室内陈设是指在室内空间环境中，根据室内的特点、功能需求、审美要求、使用对象要求、工艺特点等，设置作用与意识相一致的理想环境展示。由此理解，由建筑体六面围合的房间内的所有构件都可称为陈设，自然也包括了家具。但在现实应用和直观认识中，我们可以概括地将陈设与家具进行区分，这是因为家具更侧重于实用功能，陈设则倾向于装饰和审美，近几年流行的"软装饰"一词是对室内陈设较通俗的表述。陈设和家具的联系密不可分，与家具同为室内的重要内容，在室内空间确定以后，陈设和家具便是主要的设计对象。

陈设与家具的布置排列设计，目的就是要为居住者创造一个更为舒适的工作、学习和生活的环境，同时，它们对人的活动及生理、心理上的影响也是极其重要的。这里要强调一点：严格地界定陈设与家具的区分，既不可能，也没有必要。因此，不必要求学生将"定义"熟记于心，过分地拘泥于文字概念上的表述，而应有效地把握二者的主要特点，充分认识它们在室内环境布局中的联系和地位，才能设计、设置出统一协调的室内效果。

现代陈设与家具，对形成室内空间的情趣格调有着主要的作用。室内空间的高雅情调，往往借助陈设品来获得加强和表现。陈设与家具，不仅其本身体现了现代人的思想感情和审美情趣，而且作为一个特定空间的陈设品，既要反映出空间主人的个性气质、艺术修养、审美情趣，而且还要影响到整个空间的总体格调。陈列高水平的绘画、雕塑等艺术品，可形成一种高雅的艺术氛围；陈列高品位的壁挂、古玩、陶器，可创造出一种古朴的空间情调；陈列高质量的盆栽、盆景、瓶养花枝，可形成一种浓郁的自然幽趣；铺设豪华地毯，可形成一种高贵华美的气氛；悬挂高级窗帘，可极大地影响室内空间节奏；而饰以草编、竹编，可使室内空间格调变得粗犷朴野……

当然，较之整个建筑空间设计，室内陈设似乎也只能算是微不足道的"小摆设"、"小玩意儿"，然而，对这些"小摆设"、"小玩意儿"的作用却万万不可小视，它们作为室内空间的一个组成部分或一个景观点，在很大程度上影响着整个设计的质量与情调。特别是作为探讨现代室内空间美化的现代美学，同样不能忽视对现代陈设与家具设计审美特性、选择原则、陈列方法等方面的研究与应用。

室内陈设与家具设计是以人为本的设计活动，室内陈设设计塑造的空间中体现了人的存在这一基本特性。因此，室内的陈设在任何情况下和任何主题内容的表达中，都应以建立陈设品、人与环境之间的相互关系、作用作为前提和目标。

通过多年的理论教学与社会实践，作者切实体会到室内陈设与家具设计在室内设计中的重要地位，陈设与家具是构成室内空间环境的有机组成部分，长期以来，对陈设设计的教学与研究明显滞后于室内其他设计，发挥的作用与其地位仍不相称，在室内设计的学科框架中还显得比较薄弱，不利于学生对室内设计的完整理解。

根据教育部"十二五"规划对教材的要求，结合室内陈设与家具设计的发展需求，我们理论联系实际，编著此教材。教材的主要特点是：

（1）加强了陈设在室内设计中的比重，使室内设计的学科体系更充实饱满；

（2）教材编写由长期从事本专业教学工作的一线教师承担，保证教材的针对性；

（3）强化了陈设在室内设计中的地位，突出艺术与工艺相结合的原则；

（4）文字表述朴实易懂，与图片搭配严谨合理。

另外，教材之所以不主张学生对"概念"作过分解读，是因为陈设与家具属应用性学科的范畴，过多地注重于"概念"和"定义"会削弱其应用的实质。因此，要求学生把重心放在把握二者的主要特点上，充分认识它们在室内环境布局中的作用和地位，从而达到学以致用的目的。教材中布置的练习作业，是为了帮助学生深入思考，加深对课程内容的融会贯通，并进行创新性思维与设计实践。

由于水平所限，教材难免带有作者的主观意识，其中的偏颇和不足，敬请同行专家和读者批评指正。

编　者

2012 年 5 月

目录

前言

第1篇　基础篇

第2篇　陈设篇

第3篇　家具篇

Unit 1

第1篇 基础篇

室内设计的完整效果可称为总体。陈设与家具设计虽然具有一定的独立性和特殊性，但必须依附于总体而存在，总体性是调控、协调矛盾的宏观手段。因此，陈设与家具设计必须遵循总体设计的要求，符合室内设计的统一部署，依照艺术设计的普遍规律，深刻理解室内设计的内涵，在此基础上才能更好地发挥其独特的作用，这是本篇叙述的出发点。

第1章　室内设计概述

　　人的一生，绝大部分时间是在室内度过的，因此，人们设计创造的室内环境，必然会直接关系到室内生活、生产活动的质量，关系到人们的安全、健康、效率、舒适等。室内环境的创造，应该把保障安全和有利于人们的身心健康作为室内设计的首要前提。人们对于室内环境除了有使用安排、冷暖光照等物质功能方面的要求之外，还常有与建筑物的类型、性格相适应的室内环境氛围、风格文脉等精神功能方面的要求。

　　由于人们长时间地生活、活动于室内，因此现代室内设计，或称室内环境设计，相对的是环境设计系列中和人们关系最为密切的环节。室内设计的总体，包括艺术风格，从宏观来看，往往能从一个侧面反映当时代社会物质和精神生活的特征。随着社会发展的历代的室内设计，总是具有时代的印记，犹如一部无字的史书。这是由于室内设计从设计构思、施工工艺、装饰材料到内部设施，必然和社会当时的物质生产水平、社会文化和精神生活状况联系在一起；在室内空间组织、平面布局和装饰处理等方面，从总体说来，也还和当时的哲学思想、美学观点、社会经济、民俗民风等密切相关。从微观的、个别的作品来看，室内设计水平的高低、质量的优劣又都与设计者的专业素质和文化艺术素养等联系在一起。至于各个单项设计最终实施后成果的效果，又和该项工程具体的施工技术、用材质量、设施配置情况，以及与建设者（即业主）的协调关系密切相关，即设计是具有决定意义的最关键的环节和前提，但最终成果的质量有赖于：设计—施工—用材（包括设施）—与业主关系的整体协调。

1.1　室内设计的含义

　　室内设计是根据建筑物的使用性质、所处环境和相应标准，运用物质技术手段和建筑美学原理，创造功能合理、舒适优美、满足人们物质和精神生活需要的室内环境。这一空间环境既具有使用价值，满足相应的功能要求，同时也反映了历史文脉、建筑风格、环境气氛等精神因素。

　　上述含义中，明确地把"创造满足人们物质和精神生活需要的室内环境"作为室内设计的目的，即以人为本，一切围绕为人的生活生产活动创造美好的室内环境。

　　设计构思时，需要运用物质技术手段，即各类装饰材料和设施设备等，这是容易理解的；还需要遵循建筑美学原理，这是因为室内设计的艺术性，除了有与绘画、雕塑等艺术之间共同的美学法则（如对称、均衡、比例、节奏等）之外，作为"建筑美学"，也需要综合考虑使用功能、结构施工、材料设备、造价标准等多种因素。建筑室内美学总是和实用、技术、经济等因素联结在一起，这是它有别于绘画、雕塑等纯艺术的差异所在。

现代室内设计既有很高的艺术性的要求，其涉及的设计内容又有很高的技术含量，并且与一些新兴学科，如人体工程学、环境心理学、环境物理学等联系密切。因此，现代室内设计已经在环境设计系列中发展成为独立的新兴学科。

1.2　室内设计的任务和内容

1.2.1　室内设计的任务

室内设计的任务是通过技术手段和艺术手法为人们的生产、工作、生活创造一个理想的内部环境。环境是什么？概括地说，环境就是独立于人们之外的客观条件。室内环境则指客观存在于室内并密切影响人们生产、工作、学习、生活起居的各种条件。

从人所受的影响看，可把环境分为三大类，即自然环境、人工环境和社会环境。自然环境包括阳光、空气、水体、地形、地物及绿化等，它与人的关系反映了人与自然的关系；人工环境指城市、乡村、道路、桥梁等各种人造物，它与人的关系，表现为人与人造物间的关系；社会环境涉及政治、经济、宗教与文化形态等，它对人的影响实际上反映着人与人之间的关系。

室内设计主要考虑的是自然环境与人工环境。从这一观点出发，有人又对环境重新进行审视，并相应地划分为另外三大类。他们把阳光、空气等自然环境称为第一环境；把人们自己创造的城市、乡村等称为第二环境；把由建筑壳体围合起来的室内，包括空间自身及内部的家具、陈设称为第三环境。

上述三种环境中，第二环境和第三环境本属人们智慧与劳动的结晶，也是人类文明不断发展的明证。人们本应以创造第二环境和第三环境而骄傲，但是，令人们痛心的是，正是人们在创造这两类环境特别是创造第二环境的过程中，第一环境惨遭破坏，以致人们不得不饱尝自己种下的苦果，受到自然的惩罚。如今，大气污染、水源渐枯、土壤沙化、水土流失、植被减少等问题已为世人所瞩目。就是人们自己创造的第二环境，也出现了许多始料不及的问题，以致人们不断地对遮天蔽日的"人工石林"、狭窄难行的街道、日益激增的车辆、形式单调的建筑等发出种种抱怨声。面对上述情况，人们正在采取对策，已经开始保护和抢救第一环境，积极改善第二环境。但也正是在这一过程中，我们更加珍惜第三环境，以期在这里为自己营造一个舒适、合用，既能满足物质需要又能满足精神需要的"世外桃源"。

什么是理想的室内环境？理想或不理想，对不同的时代、不同的国家、不同的地区、特别是不同的人来说，标准是不同的。今天认为理想的东西明天可能不理想。从当时代的总体上看，今天所说的理想环境至少应具备以下特征。

1. 舒适性

舒适性包含着适用、方便、安全、经济等意义。这是对室内环境的基本要求。为此，设计者应全面了解室内的功能要求，从空间组织、陈设家具布置到界面装修，精心设计整体与细部，处理好人与空间、人与物、空间与空间、空间与物以及物与物的相互关系。在考虑舒适性的过程中，应以运动的观点看问题，使整个环境具备一定的适应性和可变性，以便在时间、使用对象乃至使用功能发生变化的时候，依然能够具有相当的舒适性。

2. 艺术性

由于室内设计自身具备十分突出的艺术特征，这就决定了室内设计是一门艺术性极强的学科。在室内设计中，都需运用各种艺术原理和艺术手法，以生动的艺术形象来塑造空间环境，起到良好的心理作用和认识作用。室内设计的审美情趣越高，感染力就越强。在室内设计中，要主动学习和探讨与室内设计联系密切的相关艺术学科，研究这些艺术表现方式在室内设计中的具体运用。

3. 科学性

这里所说的科学性可以从两个方面来理解：一是设计成果要有科学的标准来评价；二是设计中要充分注意科学技术的新发展，并把其中的某些成果引入室内环境中。对室内设计成果的评价有主观评价和客观评价两部分。长期以来，主观评价多而客观评价少，即设计成果的好坏多以业主或使用者的主观感受、个人好恶为标准，这是不科学至少是不完善的。对环境的评价，主观评价不可少，但光有主观评价而无客观标准是不够的。因为，很多因素直接关系人的身心健康、生产效率和工作质量，这一切都不能以个人好恶为转移。以照明为例，主观上最多能判断"灯光亮不亮"或"灯具好不好"，但科学的照明必须全面考虑照度大小、投射范围、投光方向、显色性能以及安全经济等问题。再以色彩为例，主观最多能感受"色彩美不美"，而科学的色彩设计必须同时考虑色彩对人的心理、生理有哪些影响。

要注意科学技术的新发展。现代化的家具、设备以及新的工艺材料层出不穷。要适当引入新的设施或留有引入新设施的可能性。要用新的工艺、材料代替落后的、特别是不科学的工艺和材料。拿材料来说，某些装饰材料有毒而易燃，已经给人们带来明显危害，应尽量少用或停用。

4. 文化性

文化性是指室内环境应具有文化气息和文化内涵。当人们的物质需求逐步得以满足后，人们就会在追求物质享受的同时，更加追求精神享受。他们会日益重视历史、重视文化，对室内环境提出更高的要求。人创造环境，环境又反过来塑造人。创造有文化氛围的环境，可以开阔人们的视野，增加人们的知识，使人们在潜移默化中受到启迪和教育。

5. 多样性

室内环境类型众多，不同类型的室内环境有着不同的功能与性格。设计者要认真分析环境的要求，使自己的作品具有与环境功能、性格相应的风格与特色。功能、性格相近甚至相同的室内环境，其风格特色也应是不同的。这是因为，它们所处的地域可能不同，它们的使用者在民族、阅历、职业、文化、性格、爱好、审美情趣等方面也会存在这样那样的差异。室内设计应该以"人"为中心，这是提倡室内环境多样性的基本出发点，也是现代室内设计的一条重要的原则。

强调以人为中心，并不是要求设计者盲目屈从于业主，而是要求设计者尊重业主的意见，吸收其合理成分，运用自己的智慧去从事创造性的劳动。多样性的实质是个性，有个性的成功之作只能是创造，照搬照抄是不可持续的。

1.2.2　室内设计的内容

室内设计研究的对象是内部环境，室内设计的中心是内部环境中的人，室内设计是一门综合性很强的学科和专业，涉及建筑学、材料学、工艺学、美学、心理学、行为学、人体工学等多种领域；室内设计是一种综合艺术，需要完整把握各种要素，从整体需要出发，处理空间、色彩、材料及内部陈设的关系。

根据上述观点，室内设计的内容可概括为以下几个方面。

（1）空间处理。包括在建筑设计的基础上进一步调整空间的形状、尺度和比例，决定空间的虚实程度，在大空间中进行空间的再分隔，解决空间之间的衔接、过渡、对比、统一等问题。

（2）室内陈设。包括设计或选择家具、设备，进行合理配置；设计或选择各种织物如窗帘、地毯和台布；还包括选择与配置各种日用品或工艺品。

（3）界面装饰。主要指确定地面、墙面、柱面、顶棚的形式、材料、色彩及构造做法。

（4）装饰美化。主要指设计或选择壁画、挂画、书法、雕塑和小品等。

（5）灯具照明。包括确定照明方式，决定光照环境的气氛与主题，设计、选择和配置灯具。

（6）自然景物。包括设计山石、水体、绿化甚至引入具有观赏价值的小动物。

室内环境中的物理因素如温度、湿度、隔声等，多由相关的专业人员去解决，室内设计者应了解有关情况，以便协调与配合。

1.3　室内设计的发展历程

像一切事物都有自己的发展规律一样，室内设计也有自己发生、发展的规律。影响室内设计发展变化的因素有两大类：一类是发展变化的，包括生产方式、生活方式及人的观念等；另一类是相对稳定的，包括民族习俗、地理气象等。前一类因素可使室内设计的发展变化表现出一定的阶段性，后一类因素可使室内设计表现出一定的风格和特征。

1.3.1　手工业生产条件下的室内设计

从某种意义上说，自有建筑以来，就有室内设计。但是，人类的早期住房即便可以称为建筑，也不过是遮风挡雨、防禽御兽的场所。因此，这种建筑如果说也经过设计的话，主要目的还是在防御。

时至奴隶社会后期和封建社会，建筑类型增多，功能也明显复杂化。宫殿、庙宇、官邸、民居、作坊、馆驿等相继出现，其功能显然远远超出防御的范围。从使用上看它们已能为人们的审美、生产、生活提供较多的保证；从形式上看，它们已能充分反映人们的等级、地位、思想倾向、审美趣味，有了供人欣赏的价值。这个时期的室内设计以手工业生产为背景，其生产过程主要表现为工匠的活动。

手工业生产方式是一种分散的、落后的生产方式，以这种生产方式为背景的室内设计大致有如下特征。

1. 因材制宜

由于交通不便、科技落后，建筑活动只能就地取材，于是，材料便成了影响建筑功能和形象的主要因素：工匠以材料分工，如石匠、木匠、泥瓦匠、油漆匠等；结构以材料分类，如木结构、砖建筑和石建筑等。古希腊、古罗马的柱式，哥特建筑中的拱券，中国古建筑中的斗拱、彩画等，在建筑史中占有重要的位置，从某种意义上说就是分别反映了石、砖、木材在建筑中所占的地位。古埃及卡纳克·阿蒙神庙的主神殿是一个柱子林立的大厅，

图1-1 古埃及卡纳克·阿蒙神庙

面积达5000m²，共有16列134根大石柱。中间两排12根，高21m，直径3.6m，支撑着当中的平屋顶，两旁的柱子高13m，直径2.7m，支撑着两侧的平屋顶。柱身及梁枋均有阴刻的雕刻。该大厅雄伟、厚重、神秘、压抑，其总体氛围在很大程度上就是由石材的特性决定的（图1-1）。

2. 讲究工艺

手工业生产方式下的室内设计特别看重工匠的技艺。"精雕细刻"、"巧夺天工"成了对工匠及其作品的最高赞誉。构配件、家具几乎全部成了工匠们表现自己智慧和才能的媒介物。古希腊、古罗马、文艺复兴时期的室内设计和家具尽管风格各异，但都非常重视线脚和纹饰，巴洛克和洛可可时期的室内设计家具则更加强调造型、线脚、花饰，在镶嵌、雕凿等方面达到了无以复加的程度。中国古建筑中的隔扇、屏风、博古架、藻井、彩绘与斗拱等，也以精美绝伦闻名于世（图1-2、图1-3）。

图1-2 中式传统斗拱

图1-3 中式传统室内彩绘

3. 注意写实

人们的审美观受朴素的唯物主义思想影响大，在室内设计中，尤其是在装修装饰中大量使用花、鸟、鱼、虫、山、水、人物等图案，普遍采用写实手法，并把"惟妙惟肖"、"活灵活现"作为评价设计的高标准。

4. 个性较强

由于手工业生产的主体是工匠，室内设计的优劣成败便在很大程度上为工匠（有时还有业主）的素质所决定。手工业生产时期，交通不便、信息不灵，工匠思想保守，国家、地区具有很大的封闭性。因此，这种个性就不仅是工匠和业主的道德观念、文化素养和审美情趣的表露，还表现为民族、地区的风格和特点。这种个性适于表现业主的地位、等级和权势，也容易满足业主审美方面的要求，从这个意义上看，手工业生产时期的室内设计在"造物"与"人本"之间确实存在较多的联系。

1.3.2 大工业生产条件下的室内设计

大工业生产时期，建筑类型更加繁多，功能也更加复杂化。由于商品经济的快速发展，国家、地区的封闭状态逐步被打破，国际范围内的交流活动日益频繁，交通、文教、商业、娱乐、旅游等建筑如雨后春笋般拔地而起，其功能也与传统的官邸、民居等大不相同。官邸、民居的使用者以家庭成员为主，私密性强，个性强；办公楼、旅馆等建筑的使用者是社会成员，因而必然具有明显的群众性和开放性。它们要用完善的设施、舒适的条件为人们提供周到的服务，还要以一定的气氛使使用者受到熏陶和启迪。就生产方式本身而言，大工业生产与手工业生产也存在着本质上的差别，其特征是大批量、高速度、标准化、机械化和商品化。大工业生产时期，新材料、新结构、新工艺不断涌现。钢铁、混凝土、玻璃和塑料等被大量应用，大跨度高层建筑迅速发展，施工速度之快令人瞠目结舌，其情形在第二次世界大战之后尤其令人难以置信。美国纽约原世贸大厦就是其中的代表之一（图1-4）。

图1-4 美国纽约原世贸大厦

面对建筑上的桩桩奇迹，人们惊叹不已，惊叹之余，又产生了某些疑虑。这是因为大工业生产条件下的建筑形式过于单调，尤其是内部空间几乎全是简单的几何体。这些几何体面孔相似，平淡冷漠，缺少个性，很难反映室内环境的性质和特点。

上述种种情况，实际上是亮出了一对尖锐的矛盾：一方面大工业生产已成不可抗拒的潮流，内部空间的单调、冷漠已成不可讳言的事实；另一方面人们又向往室内环境多彩多姿，个性鲜明，能够适应商品经济发展的需要，能够体现与功能相合的气氛，能够具有民族、地区的风格与特点。

这种矛盾的加剧加上建筑功能的复杂化，促成了室内设计的独立，于是，室内设计便从建筑设计中分离出来，成了独立的学科和专业。

生产方式的巨大变革，商品经济的迅速发展，猛烈地冲击着传统的观念和理论。因此，现代室内设计便形成了众多的流派，致使现代室内设计一时间好似卷入漩涡的橡皮舟，失去了明确的方向：强调功能者（如平淡派）崇尚简洁的轮廓，把一切装饰都视为多余的累赘；强调技术者（如重技派）崇尚"工业美"，有意暴露结构、接头和管线；强调材料者（如光亮派）崇尚镜面玻璃、抛光金属、光洁的大理石，极力追求令人眼花缭乱的效果；强调传统者（如历史主义派）则疾呼"不能忘记历史"、"回到历史中去"，在现代化的壳体内仿古、复古，大量采用传统装修与陈设。

理论与实践上的这种动荡是历史的必然，是室内设计发展过程中不可避免的现象。事实上，多种潮流之中必然有主流，当代室内设计的主流就是谋求"造物"与"人本"的统一，力求使室内环境适应新的生产方式、生活方式和人们的观念，并对人们的生活方式和观念给予积极的影响。这方面的尝试极多，主要思路和做法表现在以下几方面。

1.3.2.1　注重空间组织

积木，每块都是简单的几何体，却能组合成大桥或房子。现代建筑中的单个空间也是简单的几何体，但如果组合得好，使之穿插渗透，也可组成错落有致、丰富多变的组合体。美国国家美术馆东馆桥廊交织，阶梯曲折；好运旅馆池岸弯弯、挑台层层就是一些优秀的实例。

在诸如上述的空间中，"层数"的概念模糊，"房间"的概念淡薄，人们看到的只是一个互相穿插、互相渗透、你中有我、我中有你的综合体。

1.3.2.2　注意质感与色彩

如果说手工业生产时期的装饰较多地采用镶、嵌、雕、凿、塑、粉、漆等工艺，有意无意地掩饰材料的本质和本色，那么大工业生产时期的室内设计则特别注意表现材料的本质与本色。这样做不仅可以省去许多手工操作，给采用现代化的生产技术创造条件，还可使陈设、家具乃至整个空间环境更加质朴、自然而无雕凿气。以美国新墨西哥州建筑师协会办公楼大厅为例，圆柱表面全为整齐的小卵石，处于显著位置的大楼梯采用橙色木扶手、钢化玻璃栏板，踏步上铺蓝色的地毯，没有一点多余的东西。但是，由于质地对比、色彩对比极强，仍然富有强烈的感染力。

在国外，注重质感和色彩的倾向还突出地表现在旧房改造与利用上。美国西雅图某建筑事务所，办公设备非常现代化，室内装修却出人意料的简朴。它利用旧房，内墙面只勾砖缝而不粉刷，木梁、木柱也只用清漆罩面，裂缝、疖疤都不修补。孤立地看，这个空间的装修装饰已经简单到了简陋的地步，从总体看，其整个环境十分质朴、自然，不仅反衬了设备的现代化，还成功地体现了一种与事务所的性质相合的气氛。

1.3.2.3　注重家具陈设

与建筑实体相比，家具在表现空间环境的个性方面具有更大的灵活性，因为家具可以通过材料、色彩、款式等许多方面体现民族或地方特色，使空间环境呈现出或中或西、或古朴典雅或豪华俏丽、或严肃庄重或轻快活泼的气氛。建筑设计与家具设计都为材料、技术、经济条件所制约，但相对地看，家具设计受制约的程度远比建筑设计受制约的程度小。因此，在空间形式日益单调的情况下，人们自然会把注意力转向较为灵活的家具。进一步说，在表现空间环境的个性方面，一般陈设比家具更有效。以绘画、雕塑、书法、陶瓷、挂毯、编织、盆景为例，不仅布置起来灵活简便，还可以用内容、选形等更加直接、明确地强化环境主题（图1-5）。人们都有这种体验：一幅字画往往可以反映主人的情趣和修养；一件器皿往往可以反映主人的职业或阅历；"连年有余"之类的版画，可为室内增添农家的乐趣；带有抽象图案的挂毯，则可为室内增添现代气息。

1.3.2.4　注重自然景物

为了突破"四堵墙"，消除内部空间的沉闷感，现代室内设计常常敞开空间的某些界面，把室外的自然景物通过玻璃幕墙、景窗、景洞等引到室内来，与此同时，还直接在室内配置绿化、水体、山石，使内部环境"室外化"，使内部环境更富生命力。

图1-5　龙形挂饰使室内环境的中式氛围更为浓厚

现代室内设计中的绿化，不限于盆栽。在某些购物中心、旅馆中庭、大厦门厅中，早已采用花台、花池、草坪、灌水和大树。美国某购物中心的共享空间被设计成一条"步行街"，在这里有秩序地布置着高达二三层楼的"行道树"、"路灯"和座椅，并以块石铺路面，人们沿"街"漫步，如不抬头望那玻璃顶很难意识到居身于室内。

水的动感强似绿化，与绿化、山石结合配置的瀑布、喷泉、小溪尤其能使环境充满生机（图1-6）。

对于自然景物的偏爱，反映了人们对于阳光、空气、自然的渴望与追求。这是本能的驱使，也是对环境的认识逐步深化的表现。

1.3.2.5　注重灯光效果

不同的灯具与不同的照明方式，可使内部呈现不同的气氛。而改变灯具和照明方式是十分容易做到的。在国外，照明效果深为室内设计师们所重视，他们往往在同一空间采用多种照明器，根据需要开启全部或一部分，以适应不同的季节、不同的对象和不同的活动（图1-7）。

图1-6　室内水景陈设

图1-7　室内照明灯具陈设

1.3.3　高科技条件下的室内设计

大工业生产时期的室内设计，尽管从多方面考虑了人的物质需求和精神需求，但由于大工业生产本身存在局限性和副作用，这时期的室内设计并没有把内容与形式、技术与艺术真正地统一起来，也没有真正实现"造物"与"人本"之间的交流。这些问题，只有到了科技迅速发展，知识高度密集，学科互相交叉，信息空前灵敏的高技术时代才有了深化认识和实际解决的可能性。

以计算机为代表的高技术时期强调综合性、灵活性和多样性。这些与大工业生产的特性大不相同。

高技术时期的室内设计不像手工业时期那样片面地强调技艺美；不像重技派那样片面地强调工业美；不像光亮派那样片面地强调材料美；也不像历史主义派那样用现代结构模仿传统形式，在现代化的建筑实体内堆砌古代家具与陈设。它将熔技术、艺术、自然科学、人文科学于一炉，成为与传统的室内设计不同的学科与专业。

人是室内设计的中心。室内设计的根本任务就是为人创造一个理想的环境。这种环境不仅要以足够的面积、容积，合适的温度、湿度，得体的家具、设备为人们提供必要的生活条件和工作条件，还要符合人们的生理需要、心理需要，并以积极的态度去影响人们的思想意识、伦理道德、生活习惯、审美情趣和行为。

这里所说的环境不是结构加装修，不是实用加美化，而是要求结构、陈设、家具、装修、装饰、色彩、照明、绿化、小品等都以服务于人、影响人为目的，并形成一个不可分割的有机体。正是基于这一点，高技术时期的室内设计特别注意总体效果，特别注意引入现代化设施、文化因素和自然景物，特别注意把心理学、生理学、人体工学、行为科学、美学等作为设计的基础。

1.4 陈设（家具）设计与室内设计

很多人认为，室内装修装饰设计结束后室内设计就结束了，后续的工作就由业主自己来完成，这种情况导致最终的效果不尽如人意。事实上，室内设计施工图纸上表达的内容只是对空间界面的固定装饰的设计表达，对于影响室内空间效果的陈设来说，并没有完全地表达出来。由此看来，室内设计是整个空间的统领，我们需了解具体的室内设计所包含的各设计要素之间的关系。

室内设计是针对建筑界面——墙面、地面、天花等组成空间的建筑构件所限定的内部空间的装饰、氛围的营造，它的再装饰目的是完善建筑物的内部环境，以适应使用者对空间的要求。室内设计有3个要素：室内空间设计、装修设计和室内陈设设计。

"室内空间设计"要素是室内设计三要素中最基本的要素，是室内设计的灵魂所在。我们建造建筑物的目的就是利用建筑界面所围合形成的空间。但是，由于建筑结构和建设的特殊性，提供的空间有可能并不适应人们的需要，因此，需要对空间形态进行规划和调整，来满足人们对各类空间的需求。

室内空间设计又包括两方面内容：第一，它是对室内空间的形态尺度设计。这也就是解决人们在进入空间中所感知的空间形态尺度问题——这个空间是方的、圆的、三角形的，还是大的、小的、高的、矮的。空间的形状、大小分布同室内的布置是否和谐、美观，它需要考虑人们的审美要求和精神因素，利用空间的形状、构图、色彩等达到人们的功能要求。第二，它同时还需要解决的是，室内空间的物理环境能否满足人们对使用功能需要的问题，如光照程度、通风、湿度是否合理等。它涉及建筑学、结构学、人体工程学、生理学、物理学、光学等许多学科。这也是为什么我们把室内设计师称为"室内建筑师"。这一点在我国尤为突出，我国很多室内空间深入改造是由室内设计师来完成的，而在国外，该项工作是由具有设计资格的建筑师来完成的。

室内设计的第二要素为"装修设计"要素。室内装修是指对建筑物界面进行维护和美化装饰的一种行为，是在满足人们对于空间样式为前提条件的对于界面形态的塑造。人们最初装修的目的是为了掩盖建筑界面上有碍观瞻的、不合理结构的遮挡，诸如对电路、水路管线的封闭。这也是对建筑界面结构材料的保护，同时也为了在现代空间中塑造具有某种风格特色的室内氛围而进行的建筑界面上的模仿，为了满足人们的精神需求，可借助灯光和色彩塑造典雅、华丽、浪漫等不同的空间氛围。该目的也是室内设计的由来，将建筑空间的内部形态从建筑结构中剥离出来，增加建筑的使用年限，根据人们的心理需求和空间的功能要求塑造空间。

室内设计的第三要素为"室内陈设设计"要素，室内陈设设计是指对室内可移动物品，例如家具、装饰织物、艺术品、灯具、绿色植物等进行配搭，从而塑造室内空间的个性和风格。室内陈设设计作为整个空间中的最为活跃的因素，延续和加强了室内空间的个性。

室内设计三要素的关系就如同我们进行绘画写生一样，是整体和局部的关系，是相辅相承的，要处理得合理、协调，既要把握整体效果，又要有特点。可以说，室内设计是指在建筑构件限定的内部空间中，人们所采取的一种以科学为功能基础，以艺术为表现形式，为了满足人们追求物质和精神并存的室内环境而进行的一系列创造性活动。

练习思考题

1. 如何理解室内设计、陈设、家具三者之间的关系？
2. 室内设计的内容有哪些？
3. 室内设计的任务是什么？
4. 概括地叙述一下室内设计发展阶段的主要特点。

第2章 室内基础构成设计

2.1 室内设计的元素

2.1.1 色彩

人类周围的整个空间都具有色彩，人类生活在各种不同的色彩世界中。色彩作为人类设计的基本元素，有着古老的历史。远在原始社会，人类就已开始懂得了色彩的装饰作用，甚至有少量的原始人已开始用色彩来装饰自己的身体与处所。在西方，约在旧石器时代，居住在西班牙北部的原始人，已开始用色彩装饰自己的洞穴，阿尔塔米拉洞穴的大型壁画，不仅形象生动，而且色彩效果十分奇异，红色、蓝色、黄色、橙色的综合运用，增强了壁画的表现力。在中国，我们的祖先山顶洞人也曾以红色来装扮自己的住处。尽管也许它是出自某种图腾崇拜或宗教目的、实用目的，但这种"艺术前的艺术"却无疑是孕育原始美感的胚胎。在其后漫长的历史长河中，色彩在人类装饰设计乃至整个造型艺术中一直占据着重要地位（图2-1）。

图2-1 古岩洞彩绘壁画

现代，人类已经研制出了人眼能够区别的13000种以上的色彩。如何利用色彩美化室内空间，使其科学化、艺术化并富于审美效果，是室内设计研究的重要内容之一。

2.1.1.1 色彩的属性与构成

从科学的角度看，色彩的科学属性是波长不同的光。确切地说，色彩是可感知的波长在380～760nm的电磁波。

第一个揭开色彩秘密的是英国物理学家牛顿。1666年，牛顿第一次利用三棱镜的折射，将太阳光析解为包括红、橙、黄、绿、青、蓝、紫的色彩光带，揭开了色彩的秘密。

我们所感知到的多种色彩，是由于我们周围的物体对光的折射、反射和透射所致，不同波长刺激视觉感官，就会感受到不同色彩。从光谱 760～380nm 波长的范围中，会依次看到红、橙、黄、绿、青、蓝、紫七种色彩。当然，这七种颜色并非截然分开的，而是逐步过渡的。每两种色之间：如从红色到橙色、从橙色到黄色的变化中还有中间色，颜色反映波长的特性，波长变化时，颜色也发生变化。

1. 色彩的三要素

从结构上讲，色彩由三个基本要素所构成：色相、明度、纯度。

（1）色相。色相指不同颜色的相貌。它是区别色与色之间的一种名称，如红、橙、黄、绿、青、蓝、紫等。

（2）明度。明度指色的明暗程度。它是区别色彩明暗的一种名称。明度的高低，以黄色为中心，形成光谱的顺序，颜色浅明的表示明度高，颜色深暗的表示明度低。在色相环中，绿色比蓝绿色明度高，黄色比橙色、绿色明度高。

（3）纯度。纯度又称彩度或饱和度，指色彩的鲜艳或混浊程度。它是区别色彩饱和度的一种名称。具体地说，指一个色中是否含有黑白成分，黑白成分越多，其纯度越低；黑白成分越少，其纯度就越高。

2. 原色、间色、复色

从色彩调配的角度，可把色彩分为原色、间色和复色。

（1）原色。物体的颜色是多种多样的，除极少数颜色外，大多数颜色都能用红、黄、青三种颜色调配出来。但是，这三色却不能用其他颜色来调配，因此，人们就把红、黄、蓝三种颜色称为三原色或第一次色。

（2）间色。由两种原色调配而成的颜色称为间色或第二次色。间色共三种：橙＝红＋黄；绿＝黄＋蓝；紫＝红＋蓝。

（3）复色。由两种间色调配而成的颜色称为复色或第三次色。主要复色也有三种：橙绿＝橙＋绿；橙紫＝橙＋紫；紫绿＝紫＋绿。第一种复色中都同时含有红、黄、青三种原色，因此，复色也可以理解为是由一种原色和不包含这种原色的间色调成的。不断改变三原色在复色中所占的比例数，可以调出为数众多的复色。与间色和原色比较，复色含有灰的因素，所以较混浊。

（4）补色。一种原色与另外两种原色调成的间色互称补色或对比色，如红与绿（黄＋青）；黄与紫（红＋青）；青与橙（红＋黄）。

从十二色相的色环看，处于相对位置和基本相对位置的色彩都有一定的对比性，以红色为例，它不仅与处在它对面的绿色互为补色，具有明显的对比性，还与绿色两侧的黄绿和青绿构成某种补色关系，表现出一定的一暖一冷、一暗一明的对比性（图 2-2）。

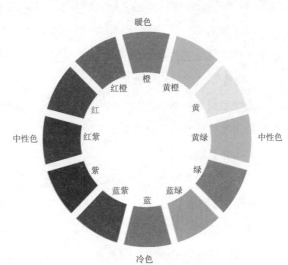

图 2-2　十二色相环

2.1.1.2 室内色彩的作用与效果

色彩通过视觉器官为人们感知后，可以产生多种作用和效果，研究和运用这些作用和效果，有助于室内色彩设计的科学化和定量化。

1. 色彩的物理效果

物体的颜色与周围环境的颜色相混杂，可能相互谐调、排斥、混合或反射，这就必然影响人们的视觉效果，使物体的大小、形状等在主观感觉中发生这样那样的变化。这种主观感觉的变化，能够用物理单位来表示，常称之为色彩的物理效果。

（1）温度感。

人们看到太阳和火会自然地产生一种温暖感，久而久之，一看到红色、橙色和黄色也就相应地产生了温暖感。海水、月光常常给人以凉爽的感觉，于是，人们看蓝和蓝绿之类的颜色，也相应地会产生凉爽感。由此可见，色彩的温度感不过是人们的习惯反应，是人们长期实践的结果。

人们把橙、红之类的颜色叫暖色，把蓝色之类的颜色叫冷色。从十二色相所组成的色环看，红紫到黄绿属暖色，以橙为最暖；蓝绿到蓝属冷色，以蓝为最冷；紫色是由属于暖色的红色与属于冷色的蓝色合成的，绿色是由属于暖色的黄色与属于冷色的蓝色合成的，所以紫和绿称为温色；黑、白、灰和金、银等色既不是暖色，也不是冷色，称为中性色。

色彩的温度感不是绝对的，而是相对的。拿无彩色和有彩色来说，有彩色比无彩色暖，无彩色比有彩色冷；从无彩色本身看，黑色比白色暖；从有彩色本身看，同一色彩含红、橙、黄等成分偏多时偏暖，含蓝的成分偏多时偏冷。因此，绝对地说某种色彩（如紫、绿等）是暖色或冷色，往往是不准确和不恰当的。

色彩的温度感与明度有关系。含白的亮色具有凉爽感，含黑的暗色具有温暖感。

温度感还与纯度有关系，在暖色中，纯度越高越具温暖感；在冷色中，纯度越高越具凉爽感。

色彩的温度感还涉及物体表面的光滑程度。一般地说，表面光滑时，色彩显得冷；表面粗糙时，色彩就显得暖。

在室内设计中，正确运用色彩的温度效果，可以制造特定的气氛和环境，弥补不良朝向造成的缺陷。据测试，色彩的冷暖差别，主观感觉可差 3 ~ 4℃。

（2）重量感。

色彩的重量感主要取决于明度。明度高者显得轻，明度低者显得重。从这个意义上，有人又把色彩分为轻色与重色。

正确运用色彩的重量感，可使色彩关系平衡和稳定，例如，在室内采用上轻下重的色彩配置，就容易收到平衡、稳定的效果。

（3）体量感。

从体量感的角度看，可以把色彩分为膨胀色和收缩色。由于物体具有某种颜色，使人看上去增加了体量，该颜色即属膨胀色；反之，缩小了物体的体量，该颜色则属收缩色。

色彩的体量感主要取决于明度：明度越高，膨胀感越强；明度越低，收缩感越强。

色彩的体量感也与色相有关系。一般地说，暖色具有膨胀感，冷色则有收缩感。

实验表明，色彩膨胀的范围大约为实际面积的 4% 左右。在室内色彩设计中，可以利用色彩的这一性质，来改善空间效果，如当墙面过大时，适当采用收缩色，以减弱墙面的空旷感，当墙面过小时，则应采用膨胀色，以减弱其局促感。

（4）距离感。

色彩可以分为前进色彩和后退色，或称为近感色和远感色。

所谓前进色就是能使物体与人的距离看上去缩短的颜色；所谓后退色就是能使物体与人的距离看上去增加的颜色。

色彩的距离感与色相有关系。实验表明，主要色彩由前进到后退的排列次序是：红→黄→橙→紫→绿→蓝。因此，可以把红、橙、黄等颜色列为前进色，把蓝、紫等颜色列为后退色。

实验还表明，当人眼到物体表面的距离为 1m 时，前进量最大的红色表面可以"前进"45mm，后退量最大的蓝色表面可以"后退"20mm。这就是说，在实际距离为 1m 时，由于色彩的作用可使物体表面在 65mm 的范围内"前进"或"后退"。

色彩的距离感还与明度有关。一般地说，高明度的颜色具有前进感，低明度的颜色具有后退感。因为，在日常生活中，人们总是觉得朝光的表面向前凸，而背光的表面向后退。

利用色彩的距离感改善空间某些部分的形态和比例，效果很显著，是室内设计者经常采用的手法。

2. 色彩的心理效果

色彩的心理效果主要表现在两个方面：一是它的悦目性；二是它的情感性。

所谓悦目性，就是它可以给人以美感，所谓情感性就是它能影响人的情绪，引起联想，乃至具有象征的作用。

不同的年龄、性别、民族、职业的人，对于色彩的好恶是不同的；在不同的时期内，人们喜欢色彩的基本倾向也是不同的。以家具为例，过去风行过深颜色，但是近期却逐渐转向淡颜色。这就表明，室内设计工作者既要了解不同的人对于色彩的好恶，又要注意色彩流行的总趋势。

色彩的情感性主要表现为它能给人以联想，即能够使人联想起过去的经验和知识。由于人的年龄、性别、文化程度、社会经历、美学修养不同，色彩引起的联想是不同的：白色可以使小男孩联想到白雪和白纸，小女孩则容易联想起白雪和小白兔。

色彩给人的联想可以是具体的，也可以是抽象的。所谓抽象的，就是联想起某些事物的品格和属性。

红色，红色是血的颜色，最富刺激性，很容易使人想到热情、热烈、美丽、吉祥、活跃和忠诚，也可以使人想到危险、卑俗和浮躁。

橙色，橙色是丰收之色，明朗、甜美、温情又活跃，可以使人想到成熟和丰美，也可以引起烦燥的感觉。

黄色，古代帝王的服饰和宫殿常用此色。能给人以高贵、娇媚的印象，还可以使人感到光明和喜悦。

绿色，绿色是森林的主调、富有生机。可以使人想到新生、蓝春、健康和永恒，也是公平、安详、宁静、智慧、谦逊的象征。

蓝色，蓝色最易使人联想到碧蓝的大海。抽象之后，则使人想到深沉、远大、悠久、纯洁、理智和理想。蓝色是一种极其冷静的颜色。但从消极的方面看，也容易激起阴郁、贫寒、冷淡等情感。

紫色，欧洲古代的王者喜欢用紫色，中国古代的将相也常常将紫色用于服饰，因此，紫色既可使人想到高贵、质朴和庄重，也可使人想到阴暗、污秽和险恶。

白色，白色能使人想到清洁、纯真、清白、光明、神圣、和平等，也可使人想到哀怜和冷酷。

灰色，灰色具有朴实感，但更多的是使人想到平凡、空虚、沉默、阴冷、忧郁和绝望。

黑色，黑色可以使人感到坚实、含蓄、庄严、肃穆，也可以使人联想起黑暗与罪恶。

色彩的联想作用还受历史、地理、民族、宗教、风俗习惯等多种因素的影响。我国有些民族以特定的色彩象征特定的内容，从而使色彩的情感性发展为象征性。朝鲜族常以白色作为内外装饰的主调，这不仅符合他们讲究卫生的习惯，还因为在他们看来白色最能反映美好的心灵。藏族视黑色为高尚色，所以，常用黑色装饰门窗的边框。由此看来，室内设计者不仅要熟悉色彩的一般心理效果，还要注意研究不同民族在用色方面的特殊习俗和传统。

3. 色彩的生理效果

色彩的生理效果首先在于对视觉本身的影响。

人从暗处走到明处，要过上半分钟或一分钟，才能看清明处的东西，反之，从明处到暗处，也要过上半分钟或一分钟，才能看清暗处的东西，这种现象称为视觉的适应性。在上述过程中，则分别称为视觉的明适应和暗适应。视觉器官对于颜色也有一个适应的问题。由于颜色的刺激而引起的视觉变化称为色适应。

可以做个小试验：在大红纸上写黑字，拿到阳光底下看，时间稍久，黑字就会成绿字，其道理就在于大红纸在强烈的阳光下十分耀眼，致使视网膜上的红色感受器始终处于高度兴奋的状态，当视觉转向黑字时，红色感受器已疲劳，处于休息和抑制状态的绿色感受器却开始活动，以致把黑色看成为绿色。

色适应的原理经常被运用到室内色彩设计中，一般的做法是把器物色彩的补色作背景色，以消除视觉干扰，减少视觉疲劳，使视觉器官从背景色中得到平衡和休息。例如，外科医生在手术过程中要长时间地注视鲜红的血液，如果采用白色的墙面，就会呈现出血液的补色——深绿色。如果主动采用淡绿、淡蓝的墙面，当医生在手术过程中抬头注视墙面时，就能使视觉器官获得休息的机会，从而提高手术的效率和质量。同理，在商店、车间设计中，都应注意使商品、工件的颜色与背景色成为某种对比色。

不了解色彩的生理效果，只凭主观爱好进行色彩设计，往往是要失败的。例如，鲜肉店的墙面如果采用淡绿、淡蓝等颜色，可以使鲜肉显得更新鲜，反之，如果采用橙色墙面，就会诱导出橙色的补色——蓝色，给人以鲜肉腐烂变质的感觉。

色彩的生理效果还表现为对人的脉搏、心率、血压等具有明显的影响。近年来，不少国家的科学家对色彩与健康的关系进行过认真研究。他们认为，正确地运用色彩将有益于

健康；反之，将有损于健康，甚至作出了"色彩可以治病"的结论。

红色——能刺激和兴奋神经系统，加速血液循环，增加肾上腺素的分泌。研究表明，在所有色彩中红色最能加速脉搏的跳动。接触红色过多，会感到身心受压，出现焦躁感，长时间地接触红色还会使人疲劳，甚至出现筋疲力尽的感觉。因此，起居室、卧室、会议室等不应过多地用红色。

橙色——能产生活力，诱人食欲，有助于钙吸收。因此，可用于餐厅等场所。但彩度不宜过高，否则，很可能使人过于兴奋，出现醉酒等现象。

黄色——可刺激神经系统和消化系统。有助于提高逻辑思维的能力。但是，大量使用金黄色容易出现不稳定感，引起行为上的任意性，因此，不宜过多地用于办公室或其他公共场所。

绿色——有助于消化和镇静，能促进身体平衡，对好动者和身心受压者极有益。自然的绿色对于克服晕厥、疲劳和消极情极情绪有一定的作用。

蓝色——能缓解紧张情绪，缓解头痛、发烧、晕厥、失眠等症状。有助于调整体内平衡、制造使人感到幽雅、宁静的气氛。可用于办公室、教室和治疗室。

橙蓝色——有助于肌肉松弛，减少出血，还可减轻身体对于病痛的敏感性。

紫色——对运动神经、淋巴系统和心脏系统有抑制作用。可以维持体内的钾平衡，具有安全感。用于产房可使产妇镇静。

4. 色彩的标志作用

色彩的标志作用主要体现在以下几个方面：安全标志；管道识别；空间导向；空间识别。

为防止灾害和建立急救体制而使用的安全标志，在国际上尚无统一的规定，但各国都有一些习惯的办法。以日本为例，把这些标志分为九类，即防火标志、禁止标志、危险标志、注意标志、救护标志、小心标志、放射标志、方向标志和指导标志。用来表示这些标志的颜色是。

红色——表示防火、停止、禁止和高度危险。

黄红色——表示危险和航海、航空的安全措施。

黄色——表示注意。

蓝色——表示属于轻度危险。

红紫色——表示存在放射能。

白色——表示通路和整顿。

黑色——用于表示方向的箭头、注意的条纹和说明危险的文字。

用不同的色彩来表示安全标志，对建立正常的工作秩序、生产秩序，保证生命财产的安全，提高劳动效率和产品质量等具有重要的意义。但是，过多使用安全标志反而会松懈人们的注意力，甚至使人心烦意乱，无法达到预期的目的。在室内色彩设计中，将色彩用于管道和设备识别，将有助于管道和设备的使用、维修和管理。著名的法国蓬皮杜国家艺术和文化中心就将各种管道暴露在结构的外面，并按不同的用途涂上了不同的颜色（图 2-3 ）。

色彩有导向作用。在大厅、走廊及楼梯间等场所沿人流活动的方向铺设色彩鲜艳的地

图 2-3 法国蓬皮杜国家艺术和文化中心各功能管道色彩示意

毯，设计方向性强的色彩地面，可以提高交通线路的明晰性，更加明确地反映各空间之间的关系。

色彩可用于空间识别，高层建筑中，可用不同的色彩装饰楼梯间及过厅、走廊地面，使人们容易识别楼的层数。商店的营业厅，可用不同色彩的地面显示各种营业区。体育馆和剧场也可用不同色彩装饰，使进场观众能尽快地找到自己的看台和坐席。

5. 色彩的吸热能力和反射率

早在两个世纪前，发明家富兰克林就得出了"不同颜色的布片吸热程度不同"的结论。他劝说人们在炎热的天气，穿戴浅色或白色的衣帽，他用实验说明，颜色深的布片其吸热能力远远大于颜色较浅的布片。

按照反射率正确选用墙面、顶棚的颜色，对改善采光和照明条件有积极的作用。不同颜色的物体反光的能力不同，一般，色彩明度越高反射能力越强。主要颜色的反射率如下：白，84%；乳白，70.4%；浅红，69.4%；米黄，64.3%；浅绿，54.1%；深绿，9.8%；黑，2.9%。

研究色彩的吸热能力对改善室内的热工状况、节约能源也是很有效果的。

2.1.1.3 室内色彩的协调与对比

室内色彩设计能否取得令人满意的结果，在于正确处理各种色彩之间的关系，其中最关键的问题是解决协调与对比的问题。

室内的色彩部件和器物相当多，不加选择、不按构图规律随意地堆积在一起，必然会给人以杂乱无章的感觉。只有使它们的色彩关系符合统一之中有变化、协调之中有对比的原则才能使人感到舒适，给人以美的享受。

色彩协调可以创造平和、稳定的气氛，但过分强调协调可能显得平淡无奇、单调、呆板、毫无生气；色彩对比可以使室内气氛生动活泼，但对比过度会使室内气氛失去稳定，产生强烈的刺激。处理室内色彩关系的一般原则是"大调和、小对比"。即大的色块间强调协调，小的色块与大的色块要讲对比，或者说，在总趋势上强调协调，有重点地形成对比。

1. 色彩的协调

（1）调和色的协调。

调和色包括单纯色、同类色和近似色。"儿童急走追黄蝶，飞入菜花无处寻"（杨万里）诗句中的蝶花的颜色就属于调和色。若蝶和花的色相是相同的，仅仅深浅不同，如一个是深黄，一个是浅黄，即属单纯色；如果蝶为中黄，花为柠檬黄，即属同类色；如果蝶为中黄，整个菜花呈现出蓝绿色，则属近似色。

1）单纯色协调。

单纯色也叫同种色，指的是色相相同而深浅不同的颜色。用单纯色处理色彩关系，很容易取得协调的效果。一件浅蓝的罩衫，镶上深蓝领子和袖口，看起来朴素、淡雅而调

和。同样，浅绿色的地面，镶上深绿色的边，也很协调。但是，用单纯色处理室内色彩关系时，容易出现单调的毛病，因此，应适当加大色彩浓淡的差别，最好以小面积的浓色块包围大面积的淡色块。

2）同类色协调。

所谓同类色就是色环上色距很近的色相。究竟以多大色距来划定同类色，目前尚无统一的说法。按一般见解，橘红与大红、绿与蓝绿等都属同类色。

用同类色处理部件和器物，可使整个室内环境具有同一的基调，呈现平和、大方、简洁、清爽、完整、沉着的气氛。由于同类色之间又有冷暖、明暗、浓淡等差异，还可使人感到细微的变化。

同类色协调的特征是大同小异。最宜用于庄重、高雅的空间，也可用于不须引人注目、不宜分散精力的卧室和书房。由于同类色协调有利于空间净化和使部件、器物一体化，因此，又适用于体积较小而陈设杂乱的空间。

同类色协调的方法容易掌握，效果比较明显。但是，也会使人感到过于朴素、沉闷和单调。应酌情采取一些补救手段，以改善这种状况。这些办法是：把同一部件（如墙面、地面、顶棚等）划分成大小、形状不同的色块；加大明度和彩度的级差；充分显示材料质地、纹理、光影等方面的差别，使墙面、地面、顶棚、地毯、家具、织物等在粗糙与细腻、光泽与灰暗、透光与遮光等方面显出明显的变化。

除此之外，还可利用灯具、壁毯、挂画、盆花、玩具、器皿等作为点缀，使它们的色彩与基调成对比。

3）近似色协调。

近似色又叫类似色或邻近色。色环上色距大于同类色面未及对比色的色相，都是近似色。如红与橙、橙与黄、黄与绿、绿与蓝等是近似色，蓝与紫红、红紫、紫、蓝紫等也是近似色。从上例可知，这些色所以近似是因为它们都含相同的色素。如红与橙都含红，橙与黄都含黄，黄与绿都含黄，绿与蓝都含蓝，等等。上述例子还给我们以启示，即在配置色彩的过程中，如果某两种颜色不协调，只要在两种颜色中间同时加入另一种颜色，便可收到较为协调的效果。如红与绿本来是补色，如果同时加入橙色，使之成为红橙和橙绿，便成了可以协调的颜色。

近似色的色距范围较大。色距较近的色彩相协调具有明显的调和性，色距偏远的色彩相协调则有一定的对比性。因此，采用近似色处理室内色彩关系，必然会表现出色彩的丰富性。与同类色对比，容易形成色彩的节奏与韵律，形成富于变化的层次。

运用近似色处理室内色彩关系的一般做法是：用一两个色距较近的淡色做背景，形成色彩的协调，再用一两个色距较远的彩度较高的色彩装点家具、陈设，形成重点，以取得主次分明、变化自然的效果。由于近似色的色距范围比同类色的色距范围大，可以形成多种层次。用近似色处理色彩关系的方法适用于空间较大、色彩部件较多、功能要求复杂的场合（图2-4）。

（2）对比色的协调。

对比色冷暖相反，对比强烈，容易形成鲜明、强烈、跳跃的性格，能增强器物和环境的表现力和运动感。

图 2-4　室内近似色设计

用对比色处理色彩关系一般是为了实现以下意图：

1）渲染室内环境，追求热烈、跳跃乃至怪诞的气氛。

2）提高人们的注意力，使色彩部件显眼，给人以深刻的印象。

3）突出某个部分或某些器物，强调背景与重点的关系。

对比色具有相互排斥的性质，在色块面积较大、色彩明度、纯度较高、对比色的组数过多时，很容易出现过分刺激的情况。

要避免这种弊病，必须注意以下几点。

1）要有主有次。图 2-5 所示的客厅中，紫罗兰色的地毯、吊顶与文化墙构成主色调，文化墙的格挡上放置了较高纯度且光洁的柠檬黄陈设品，不仅起到了为空间提神的作用，而且打破了室内几何形过多的局面，其色彩是相当动人的。在紫色背景上加了黄色的造型，气氛活泼而不刺眼，就是因为做到了主次分明的缘故。

图 2-5　室内色彩对比设计

2）要疏密相间。对比色调的色块切忌均分面积，各成独立的画面。色块面积较大而色彩纯度较高时，尤其不能这样做。在图 2-6 中，图（a）红绿各半，不难想象是很难协调的。图（b）与图（c）的情况则不同，尽管红绿色块的面积相等或相近，但由于每个色块的面积都很小，又是间隔配置，所以就容易取得协调的效果。

3）利用中性色。即用黑、灰、白、金、银等色彩勾勒图案，使对比色以中色作为媒介而调和。

（3）无彩色与有彩色的协调。

黑色与白色是色彩中的极色。前者深沉、凝重，后者明亮、纯净，在室内色彩设计中应用广泛。在黑色与白色之间，是明度范围极宽的中灰色，它没有色相和纯度，与有彩色相间配置时，既能表现出差异，又不互相排斥，具有极大的随和性。

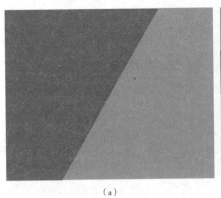 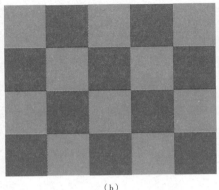 

（a） （b） （c）

图2-6 室内对比色的应用比较

黑、白、灰所组成的无彩色系与有彩色系极易协调。尤其是白色和各种明度的灰色，由于能够很好地起到过渡、中和等作用，所以广泛地用于室内设计中。例如，当前景十分繁杂、鲜艳时，采用白色或灰色作为背景就能起到较为统一安定的作用。

2. 色彩的对比

在人的视域中，相邻区域的不同色彩可以相互影响，从而改变人们的感受，这就是色彩的对比作用。色彩对比分同时对比和连续对比两大类。恰当地运用色彩对比，可以增强色彩的表现力，有助于创造某些气氛和意境。

（1）同时对比。

当两种不同的颜色能同时被人看到时，其对比叫同时对比。它可以表现为色相对比、明度对比、纯度对比和冷暖对比。在色相对比中，原色与原色、间色与间色对比时，各色都有沿色环向相反方向移动的倾向。如红、黄相对比，红色倾向于紫色，黄色倾向于绿色；橙、绿相对比，橙色倾向于红色，绿色倾向于蓝色。原色原色对比时，各色都显得更鲜艳，正像黄花与绿叶相对比，黄花显得更黄，绿叶显得更绿。补色相对比，对比效果更强烈，绿叶红花相对比，绿者更其绿，红者更其红，就是一个最好的例证。

明度不同的色彩相对比，如黑白对比；浅红与深红相对比，明者越明，暗者越暗。常识还告诉我们，对比双方明暗差别越大，对比效果越明显；明暗差别越小，对比效果也越差。纯度不同的色彩相对比，高者越显得高，低者越显得低。冷暖色彩相对比，冷者更显得冷，暖者更显得暖。

（2）连续对比。

当两种不同的色彩一先一后被人看到时，两者的对比称为连续对比或先后对比。

连续对比的效果属于色适应，对人的视觉条件和疲劳感都有较大的影响。在室内设计中，常常利用有利的方面，避免其不利的方面，以满足实用上的要求。

2.1.1.4 室内色彩设计的基本原则

进行室内色彩设计要综合考虑功能、美观、空间形式、建筑材料等因素，还要注意地理、气候、民族等特点。下面，分别说明应该遵循的原则。

1. 充分考虑功能要求

由于色彩具有明显的生理效果和心理效果，能直接影响人们的生活、生产、工作和学习，因此，在设计室内色彩时，应首先考虑功能上的要求，并力争体现与功能相应的性格和特点。

以医院为例，色彩要有利于治疗和休养，并使病人对医院产生信任感。在设计实践中，常用白色、中性色或其他彩度较低的色彩作基调，这类色彩能给人以安静、平和与清洁的感觉。

小学校的教室常用黑色或深绿色的黑板，青绿、浅黄色的墙面，基本的出发是有利于保护儿童视力和集中学生的注意力，创造明快、活泼的气氛，使教室成为有利于教学、有利于儿童身心健康发展的场所。有些教室采用白墙和纯黑板，对比强烈，容易使视觉疲劳，应根据生理要求予以改进。

餐厅、酒吧的色彩应给人以干净、明快的感觉，大型宴会厅还应具有欢快热烈的气氛。在设计中，常以乳白，浅黄等色为主调。橙色等暖色可刺激食欲，增强人们的兴致，也常常用于餐厅和酒吧。应注意的是纯度要合适，纯度过高的暖色可能导致行为上的随意性。据报道，国外某餐厅曾以橙、红等色作为室内色彩的主调，本意是刺激人们的食欲，增加餐厅的收入，实际上，由于纯度过高，易使顾客兴奋和激动，常常出现吵闹、醉酒等现象，以至影响了餐厅的生意。这样的报道虽然不能看做科学结论，但也确实提出了一个值得我们认真考虑的问题。

商店的营业厅商品万千，琳琅满目，色彩是极其丰富的。在这种情况下，墙面的色彩应该采用较素的颜色，以突出商品，吸引顾客。

剧场的中心是舞台，因此，应通过色彩设计把观众的注意力集中到舞台上。台口和大幕可用大厅的对比色，舞台的背景则常用浅蓝等偏冷的颜色。

住宅中的起居室是全家团聚和接待客人的地方，色彩设计要呈现出亲切、和睦、舒适、优雅的气氛，可用浅黄、浅绿、浅玫瑰红等作主调。

住宅中的卧室主要供人们休息，色彩处理应着重强调安静感，一般可用乳白、淡蓝作主调。

纪念馆等纪念性建设，需要体现庄严、肃穆、永久的性格，主要建筑部件常常使用金黄、赭红与黑色。

生产车间的色彩，直接关系着工人的健康、生产安全、劳动效率和产品质量。国外有一家皮件厂，工厂主为减少清扫工作量，把所有的工作台都涂上黑颜色，时过不久，多数工人精神不振，心情忧闷，生产效率大大降低。这种情况被一位医生发现，他指出，工人在黑色的台面上，用黑色的线缝制黑色的皮包，视觉是极易疲劳的，时间稍长，就会烦躁不安，进而影响生产率。工厂主按照医生的建议，把工作台的台面改为浅色，工人的情绪逐渐好转，生产效率也随之提高了。

工厂的产品千差万别，车间色彩设计没有公式可套。一般地说，高温车间应用偏冷的色调，以便减轻灼热感，不同工作区域和管道，危险区域和设备，应用不同的颜色加以区别和提示。

考虑功能要求不能只从概念出发，而应进行具体的分析。首先，要认真分析空间的性质和用途，以医院的各种房间为例，要认真找出其间的相同之处和差别。手术室与病房的用途不一样，用色之道也不同。前者宜采用浅蓝、浅绿和青绿色的墙面，以减轻医生的视觉疲劳，提高手术的成功率；后者不宜采用蓝紫类的墙面，因为这类颜色容易使人脸上蒙上一层暗灰色，相对而视时在心理上产生压抑感。对于病房，由于科别、住院时间长短不同，色彩也应有所区别。一般，短期病房应以淡黄、柠檬黄等色为基调，形成明快的环境，以增加病人早日康复的信心；住院时间较长的病房，应采用稍稍偏冷的色调，以起镇静的作用，同时，还要处理好整个房间内的色彩关系，使病人感到亲切，就像在自己的家里一样。

其次，要认真分析人们感知色彩的过程。办公室和卧室等处，人们置身于其中的时间比较长，色彩应该稳定和淡雅些，以免过分刺激人们的视觉。有些空间如机场的候机室、车站的候车室和餐厅、酒吧等，人们停留的时间比较短，使用的色彩就应明快和鲜艳些，以便给人留下较深的印象。

最后，要注意适应生产、生活方式的改变。以银行为例，过去在人们的印象中，银行是一个庄重甚至带有几分神秘的场所，随着商业的发展，它的业务和人的生活关系越来越密切，银行逐渐"平易近人"了。因此，现在的银行色彩处理比传统的应该显得更加轻松和亲切。再以工厂为例，旧的作坊和工场多是单层的，给人们的印象是灰暗而杂乱。由于科学技术不断进步，生产日趋机械化和自动化，厂房内部也日益干净、明亮，色彩设计也应更加科学化和艺术化。

2. 力求符合构图原则

要充分发挥室内色彩的美化作用，色彩的配置必须符合形式美的原则，正确处理协调与对比、统一与变化，主景与背景、基调与点缀等各种关系。色彩种类少，容易处理，但容易单调；色彩种类多，富于变化，但可能杂乱，这就要解决好以下构图问题。

（1）定好基调。

色彩关系中的基调很像乐曲的主旋律。它体现内部空间的功能和性格，在创造特定的气氛和意境中发挥主导的作用。基调外的其他色彩也同样不可少，但总的来说，应是起到丰富、润色、烘托、陪衬的作用的。

室内色彩的基调是由面积最大、人们注视得最多的色块决定的。一般地说，地面、墙面、顶棚、大的窗帘、床单和台布的色彩都能构成室内色彩的基调。

色彩基调具有强烈的感染力。在十分丰富的色彩体系中，如何使它们有主有从，有呼有应，有强有弱，重要的就是看能否把它们统一在一个调子中。许多诗人都很注意色调的作用，一些脍炙人口的诗句正是由于着重渲染了色彩的基调而具有强烈的感染力。"两个黄鹂鸣翠柳，一行白鹭上青天"（杜甫），其中的前一句渲染了绿色调子，后一句渲染了蓝色调子，黄、白两色分别在两种色调中作为点缀，整个色彩关系显得十分清新明快。

形成色彩基调的因素相当多。从明度上讲，可以形成明调子、灰调子和暗调子；从冷暖上讲，可以形成冷调子、温调子和暖调子；从色相上讲，可以形成黄调子、蓝调子、绿调子，等等。

采用暖色调容易形成欢乐、愉快的气氛。一般是以纯度较低的暖色作主调，以对比强烈韵色彩作点缀，并常用黑、白、金、银等色作装饰。黑、红、金恰当地配置在一起，可以形成富丽堂皇的气氛，白、黄、红恰当地配置在一起，类似阳光闪烁，可以给人以光彩夺目的印象。冷色调宁静而幽雅，也可与黑、灰、白色相掺杂。温色调充满生机，以黄绿色为代表。灰色调常以米灰、蓝灰为代表，不强调对比，不强调变化，从容、沉着、安定而不俗，甚至有一点超尘出世的感觉。北京香山饭店的室内就以白、灰和木材的本色为主调，它与室外的白、灰建筑相呼应，与周围的山石林木相融合，给人以格外典雅高贵的印象。

总之，确定色彩基调对于搞好室内色彩设计是至关重要的。可以这样说，没有色彩的基调，室内色彩就没有特色，没有倾向，没有性格，没有气氛，室内色彩也就难以体现其意境和主题。

（2）处理好统一与变化的关系。

定好基调是使色彩关系统一协调的关键。但是，只有统一而无变化，仍然达不到美观耐看的目的。室内各部分的色彩关系是十分复杂、相互联系又相互制约的。从整体上看，墙面、地面、顶棚等可以成为家具、陈设和人物的背景，从局部看，台布、沙发又可能成为插花、靠垫的背景。因此，在进行色彩设计时，一定要弄清它们之间的关系，使所有色彩部件构成一个层次清楚、主次分明、彼此衬托的有机体。

为了取得既统一又有变化的效果，大面积的色块不宜采用过分鲜艳的色彩，小面积的色块则宜适当提高明度和彩度。

在大面积的色块上采用对比色往往是为了追求争夺、动荡、跳跃的效果，满足某种好奇心，希望使人惊奇，用剧烈变化的色彩关系震动人们的心灵。

（3）体现稳定感和平衡感。

室内色彩在一般情况下应该是沉着的，低明度、低彩度的色彩以及无彩色就具有这种特点。上轻下重的色彩关系具有稳定感。因此，在一般情况下，总是采用颜色较浅的顶棚和颜色较深的地面。采用深颜色的顶棚并非不可以、但往往是为了达到某种特殊的目的。

（4）体现韵律感和节奏感。

室内色彩的起伏变化要有规律性，形成韵律与节奏。为此，就要恰当地处理门窗与墙柱、窗帘与周围部件等的色彩关系。实践证明，有规律地布置餐桌、沙发、灯具、音响设备，有规律地运用陈设品，如书、画等都能产生韵律感和节奏感。

3. 密切结合建筑材料

配置室内色彩不同于作画，离开材料孤立地研究色彩无疑是不妥的。研究色彩效果与材料的关系主要是要解决好两个问题：一个是色彩用于不同质感的材料，将有什么不同的效果；一个是如何充分运用材料的本色，使室内色彩更加自然、清新和丰富。

事实表明，同一色彩用于不同质感的材料效果相差很大。它能够使人们在统一之中感受到变化，在总体协调的前提下感受到微细的差别。德国林堡·蒙迪法梅公司总部的办公室，以浅棕色磨光花岗岩作为玻璃桌面的基座和地面，以类似的浅棕色的粗织面料覆盖沙发椅。颜色相近，统一协调；质地不同，富于变化。使人能够相当容易地从坚硬与柔软、光滑与粗糙、木质感与织物感的对比中，领略到设计者的用心。

充分运用材料的本色，可以减少雕凿感，使色彩关系更具自然美。我国古代建筑中，常以灰白色的花岗岩等作基座，以乳白的汉白玉等作栏杆。由于它们成为上部红色墙、柱、隔扇的背景色，使建筑基座的尺度感随之增大，也使整个建筑的色彩效果更生动。我国南方民居和园林建筑中，常以不加粉饰的竹子作装饰，格调清新，其经验直到今天仍为室内设计者们所借鉴。

4. 努力改善空间效果

空间形式与色彩的关系是相辅相成的。一方面，由于空间形式是先于色彩设计而确定的，它是配置色彩的基础；另一方面，由于色彩具有一定的物理效果，又可以在一定程度上改变空间形式的尺度与比例，例如，空间过于高大时，可用近感色，减弱空旷感，增加亲切感；空间过于局促时，可用远感色，使界面后退，减弱局促感；顶棚过低时，可用远感色，使之"提"上去；顶棚过高时，可用近感色，使之"降"下来；墙面过大时，宜用收缩色，"缩小"其面积；墙面过小时，应用膨胀色，"扩大"其范围；柱子过细时，不宜用深色，以防更纤细；柱子过粗时，不宜用浅色，以防更笨拙等。

空间效果的改善，除了借助色彩的物理作用外，还可以利用色彩的划分。以走廊为例子，高而短时，可以通过水平划分使之低而长；低而长时，可用垂直划分增加高度和减少单调感。

5. 注意民族、地区特点和气候条件

色彩设计的基本规律是以多数人的审美要求为依据经过长期实践总结出来的，但是，对于不同的人种、民族来说，由于地理环境不同、历史沿革不同、文化传统不同，其审美要求也不尽相同，使用色彩的习惯往往存在较大的差异。朝鲜族能歌善舞，性格开朗，喜欢轻盈、文静、明快的色彩和纯白色。地处高原的藏族由于身处白雪皑皑的自然环境和受到宗教活动的影响，多以浓重的颜色和对比色装点服饰和建筑。我国汉族人多把红色作为喜庆、吉祥的象征。意大利人和法国人则喜欢暖色中更显明快的颜色，如黄色和橙色等。非洲人黑肤色者居多，服饰和建筑装饰多用黄色和白色。美国人多用蓝色。而北欧人却喜欢木材的本色。上述情况表明，进行室内色彩设计，既要掌握一般规律，又要了解不同人种、民族的特殊习俗。

气候条件对色彩设计也有很大的制约作用。我国南方多用较淡或偏冷的色调，在北方则可多用偏暖的颜色。潮湿、多雨的地区，色彩明度可稍高，寒冷干燥的地区，色彩的明度可稍低。同一地区不同朝向的室内色彩也应有区别，朝阳的房间，色彩可以偏冷，阴面的房间，色彩则应暖一些（表2-1）。

表2-1　　　　　　　　室内设计常用色彩配色表

门窗色 / 配色	地面	墙面窗纱沙发面料	家具
乳黄	赭石或土黄	白色或淡黄	柚木色
粉绿	黄绿色	粉绿	木本色
土黄	褐色	灰白	白色或栗克白
紫红	深褐色	粉红或湖蓝	白色或木本色
灰	紫绛红	白色或暖灰	粉红色

2.1.2　形状

形状，是一切事物存在的外部呈现形式，人类所面对的现实世界，既是有色的，又是有形的。形状和色彩一样，是人类的设计和审美对象的基本元素。人类在自己的童年时代，就已开始将形状用于艺术实践和装饰自身及其环境。原始人类的文身，就是运用形状组成纹样来装饰自己。原始人还运用各种形状组成图案（如动、植物图案）来装饰自己的住宅。稍后，古希腊时代，人们已开始普遍运用形状来进行室内装饰，陶立克式和爱奥尼克式建筑最明显的风格差异就主要表现于形状上。在人类的发展进程中，形状在室内设计中也占据着重要地位。

2.1.2.1 形状的属性与构成

形状的本质属性是一种物质实体，是事物存在的一种空间形式，由点、线、面、体所构成。点是构图中没有上下左右连续性，没有任何方向性，位置不超过一定相对限度的视觉单位。线是点的移动轨迹，指从点开始移动的位置到它终止位置的这段距离。面是线的移动轨迹，是出线所构成的占有两个维度的空间形式。体又是面的移动轨迹，它是由面所构成的具有三个维度，并占有实际空间量的存在形态。数线联合围绕或不同体的互相结合而成为形状。

2.1.2.2 形状的性格特征与象征意义

不管是作为构成形状的点、线、面、体，还是作为形状本身，如果仅仅是一种自然形态的客观存在，它是不含任何情感和意味的。但只要它与人类的社会实践和设计实践发生联系，它就被赋予了一定的意味，表现出一定的个性特征和象征意义。

点的性格特征是运动。它处于不同的位置和运用不同的组合方式，具有不同的象征意义。当一个点处于一个构图的正中位置，象征着中心、核心，无数个小圆点平行排列，象征着无穷无尽。

线是点运动的结果。点的运动方向不同，就形成不同的线。点的运动方向不变为直线，方向变换为曲线，不同方向的直线相接为折线。线与点相比，由于它所表现出的一定方向感和粗细差别，又有了粗细、曲直、浓淡、虚实之分。不同的线条，具有不同的性格特征和象征意义。就线条的性格而言，粗线的性格是坚强，细线的性格是纤弱；直线的性格是正直，曲线的性格是柔和；浓线的性格是厚重，淡线的性格是轻飘；实线的性格是沉静，虚线的性格是飞动。就线条的象征意义而言，垂线象征尊严、永恒，水平线象征平等、宁静，斜线象征着危险、崩溃，放射线象征着光芒，曲线象征着丰富、充实。

形状是数线联合围绕和不同面、体组合的结果。不同的形状，也与不同的线条一样，具有独特个性和特殊象征意义。正方形的性格浑厚，象征着安定。长方形的性格是质朴，象征着平稳。圆形的性格温柔，象征着宁静。正三角形的性格是踏实，象征着稳定。倒三角形的性格是倾斜，象征着危险。

形状的不同个性和象征意义，对人具有不同的审美特性和设计表现力。在设计者的作品中，任何形状都是他们表达思想感情的工具，都是特定艺术风格的体现。

2.1.2.3 形状的情感意义与心理效应

人与动物的最大区别在于他有思维，有情感。我们观察任何事物，并不是被动地接受，而是积极地参与。当我们观察作为形式美重要因素之一的形状时，形状作为客观对象不仅引起我们的知觉活动，而且引起我们的情感联想。我们头脑中的形体映象已不再是对客观形状的单纯反应，而是将我们的感情和想象对象化于其中了，是被主观化了的影像。当然，不同的形状，又会引起我们不同的情感和想象，产生不同的情感意味和心理效应。

就线条的情感意味和心理效应而言，垂直线使人联想到直立的旗杆，高耸的擎天柱，挺拔的白杨，给人以刚直、坚实、岿然不动、严肃端庄的感受。以人作比，垂直线具有男性的健美感。水平线使人联想到大海中漫长的天水线，平静的水面，宽阔而伸展的平原，给人以平静感和松缓感。折线使人联想到高山公路的急转弯，奔跑时的猛回头，给人以动感、焦虑、不安等心理影响。参差不齐的斜线使人联想到闪电、意外变故，给人以危险感和毁灭感。放射线使人联想到闪闪发亮的星星，光芒四射的旭日，给人以扩张、舒展的感觉。曲线使人联想到穹顶，丰收的麦浪，给人以优雅、柔和、轻盈和富于变化的感觉。以人为例，曲线具有女性的柔和、圆润之感。"S"形线具有优雅、高贵的感觉。"C"形线具有简要、华丽和力感。"つ"形线具有壮丽、浑然、运动感。

就形状对人的情感影响和心理效应而言，正方形使人联想到瓷砖、地板砖、方桌面，能给人以平衡、坚硬的感觉。长方形使人联想到书本、砖块、门框，给人以朴实、坚定的感觉。圆形使人联想到车轮、铁环、滚珠，给人以前进、运动、润滑感。正三角形使人联想到三脚架、三角板、木构屋顶，给人以稳定、锋利、收缩感。

当然，我们已论及的各种线条、形状所表现出的情感意义和心理效应，只是其普遍性、常态性体现。而处于不同环境，有着不同心境，具备不同心理的人，面对这些线条和形状，他们所产生的情感意义和心理效应又不尽相同。同是粗线条，有人觉得它坚强、有力、厚重，有人可能认为它顽固、粗鲁、笨拙；同是正方形，有人认为它平衡、对称，有人又觉得它平淡、呆板。因此，我们不能将任何线条、形状的情感意义和心理效应绝对化。否则，我们就难以理解和解释同一线条、同一形状在不同室内设计中所体现出的不同情感意义和风格特点。

2.1.2.4 形状在设计中的审美价值

人类生活在形状之中，人类面对的世界是由几何形状组成的。形状既是人们进行物质生产的要素，又是人们进行精神生产的资料，形状对人类不仅具有实用价值，而且具有审美价值。在装饰中，形状是塑造室内形象，美化室内空间的基本元素之一，有着极为重要的作用和艺术表现力。

形状的作用与艺术表现力——德国画家保罗·克莱在谈到绘画线条时说，画家在绘画中是"用一根线条去做散步"。一根线条，有它自己的作用和表现力，它在画家手中，是构成艺术形象，表达思想感情的重要媒介。室内设计也同绘画艺术构图一样，用线条、形状去塑造空间画面，表达思想感情。设计者通过研究线条、形状的心理效应、情感象征意义、审美特性等，巧妙地将各种不同的线条、形状用于室内设计之中，从而创造出不同的空间画面和艺术境界。

2.1.2.5 形状在室内设计中的作用

1. 丰富空间层次

标准化是现代建筑的建本特征之一。在许多住宅区、商业区，小至一幢房子，大至一片建筑物，都具有统一规格，统一造型。从其外部形体看，可能形成一种壮阔美，但其内部空间差不多是同样的长宽高，缺少变化性和层次感，给人们的视觉感官造成审美疲劳。所以人们戏称现代建筑为"水泥盒子"、"钢铁怪物"。在设计中，设计者们就运用线条的粗细、曲直、浓浅、虚实和形状的正斜、方圆来改善空间比例，限定空间领域，明确空间导向，增加空间层次。如通过线条的指向性引导人们的视线走向设计者所创造的室内空间，通过不同形状的组合形成富于变化的艺术画面。

2. 塑造空间形象

现代化的批量建筑，其内部空间每个房间的屋顶、墙面、地板，一般都是比较固定、呆板的块、面结构，缺少空间形象。以绘画作比，这些块面就好比没有赋形的画布。室内设计者就好比画家，他们的工作是利用线条、形状（色彩）在这块画布上创造出一定的空间画面、形象。当然，针对室内的不同用处，居住者的不同年龄，其空间形象又是有别的：既可以是壁画，又可以是花纹，还可以是抽象的几何形体。然而，不管哪类空间形象，都是由线条、形状（色彩）所塑造而成的。

3. 创造空间氛围

氛围，本指笼罩着某个特定场合的气氛或情调。建筑空间氛围，指建筑空间中的形象或色彩所显示出的特殊气氛或情调。在设计中用线条和形状创造特定空间氛围，能收到明显的空间艺术效果。一个个相互交替的圆环图案（如奥运会的标志五环），可使体育馆充满运动、竞争、愉快、温暖的气氛；一个扇形构图，可使客厅具有华丽、轻柔、凉爽的情调；一个个正方形、三角形、椭圆形的交叉出现，可以给儿童房间带来科学幻想情趣。斜线、放射线在旋转变幻灯光照射下，可使舞厅空间充满扑朔迷离的神秘色彩。

形状在设计中的作用与艺术表现力，主要表现在对室内空间的美化上，室内墙体使用水平线，会使其变得舒展、延伸，给人以"轻快性"美感；使用垂直线，会使其变得挺拔、向上，具有"崇高性"美感；使用蛇形曲线，使其变得起伏、跳跃，具有"流动性"美感；使用立方体，具有"整一性"美感；使用球形状，具有"圆满性"美感；饰以三角形，具有"稳定性"美感。

2.1.2.6　形状的选择与组合

17 世纪末、18 世纪初的英国著名美学家夏夫兹博里在他的主要美学论著《论特征》一书中强调："美、漂亮、好看，这些都绝不在物质（或材料），而在艺术或构图；决不在物体本身，而在形式或是造成形式的力量。"同理，好的设计并不在形状本身，而在形状所构成的形象，所表现出的意蕴。线条、形状等虽是构成设计的元素，有成为美的可能性，但并不具有美的现实性，并不等于美。中国晚清时期某些建筑的设计所表现出的繁纹缛饰和扭捏作态，欧洲 18 世纪的某些洛可可建筑设计所表现出的材料堆砌和珠光宝气，充分说明了形状、色彩等形式美因素既可组成美的、好的设计，又可以组成丑的、陋劣的设计。在室内设计中，美的形式与构图来自设计者对形状等元素的精心选择与苦心经营。从这个意义上说，设计的发展、演变的历史，"就是对几何图形进行修正的历史"，设计就是对几何图形"以无数不同的排列方式相互组合、相互作用，以愉悦眼睛"，给人以审美享受。

室内设计对形状选择、组合的基本原则有以下几项。

1. 补偿性原则

所谓补偿性原则，就是通过设计弥补建筑形体与空间某些方面的不足，校正建筑形体与空间的某些误差，克服建筑形体与空间某些方面的缺陷，即变不美为美。设计，在一定意义上说就是补偿不足。一些建筑物，由于受地理环境、经济条件或设计者水平的影响，往往给人们留下一些缺憾，如高、低、宽、窄不理想，这就需要设计去补偿，使其变得理想和符合人们的审美要求。不同的线条和形状，具有改变建筑形体、空间比例的能力，补偿其不足、误差与缺陷。

两个完全相等的长方形或正方形，一个在中间加上一条横线，一个在中间加上一条竖

线，在人们眼里，加横线者变得短而宽，加竖线者变得高而窄（图2-7）。

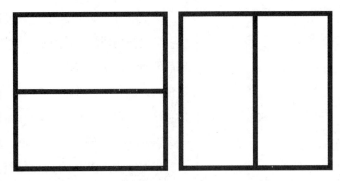

图2-7 相同形状加入横竖线段后的效果对比

线条与形状运动的特点是：横线加宽，竖线增高，粗线变刚，细线变柔，蛇形线变活，正方形变茁壮，长方形变秀美。这些效果是怎样产生的呢？主要原因是因为人们的视觉误差。水平线引导人们左右看，将人们的注意力牵引向了左右，感觉物体变宽。垂直线引导人们向下看，将人们的注意力牵引向了上下，故觉物体变窄。在对建筑形体与空间进行设计时，如果一座建筑的形体与空间矮而宽，应用竖线加以设计，或选用竖线图案的壁纸、窗、门帘及一切饰物、家具；或用几根垂直线将墙面加以分割，在每一小部分别饰以不同的图案、壁画，从而改变其空间比例，让空间变高。如果一个形体或空间高而窄，应用横线加以设计，或用水平线将其分割为几层，每层饰以正方形或横着的长方形图案、壁画；或整个墙面选用横线条图案的墙纸、门、窗帘及其他陈设，从而改变其空间比例，使其变阔。如果一座建筑物的构造过于繁杂，或房间墙面、屋顶不规则，则应用统一线条、统一形状或不同线条、不同形状进行统一构图，将繁杂的形体、零乱的空间转化为完整性形体和秩序性空间。

2. 对比性原则

对比手法的运用几乎是各门艺术设计共同遵循的原则，文学作品中有善与恶、美与丑的对比，绘画作品中有明与暗、黑与白的对比，建筑有尺寸高矮、线条曲直对比。在室内设计中，人们对线条、形状的选择组合也多遵循了对比性原则，使用了对比手法。许多成功的装饰图案或装饰作品，都体现了对比手法的运用。如横线与竖线是对立的，许多横线直线相交组合，构成了富有气势的方格构图，是建筑形体装饰内部空间地面装饰常用的。有的墙壁装饰设计，整体为方形，个别为圆形，方圆组合，规整中有变化，装饰效果好。有的设计将直线和曲线用于同一立面上，形成多变网格，产生丰富的装饰效果。

对比手法之所以普遍运用于各类艺术设计，其根本原因在于：既能将对比双方各自性格与表现力展示得更加充分，又能在相反中达到相成。正如布鲁诺指出的那样："这个物质世界如果是由完全相像的部分构成就不可能是美的了，因为美表现于各种不同部分的结合中，美就在于整体的多样性。"

3. 整体性原则

所谓整体性原则，就是在设计中，根据对象特性和主体需求，全面考虑线条、形状、材料的选择与组合。主要涉及三个方面的关系：设计元素中线的粗细、曲直，形的正斜、大小；设计对象面积的大小，线条、形状的多少；室内空间构图的组合方式，图案性质，将三个方面作为一个整体加以考虑，使其达到和谐统一，从而显示出整体性的美学效果。

2.1.3 声音

声音，是自然界和社会中的一种普遍现象。声音与色彩、形状一样，是设计的构成因素之一。在一般情况下，声音虽不能作为设计元素直接进入设计之中，但作为声音艺术的音乐，却能给室内设计以重要启发。

2.1.3.1　声音的属性与构成

声音是物质的自然属性。空气振动的传播就形成一定频率的声波。世界上的众多事物都能发声：风吹、涛吼、猿啼、虎啸能发声；人的喊叫、物体与物体的撞碰也能发声。声波传入人的耳中，引起鼓膜振动，刺激听觉神经而使人产生对声音的感觉。人类对声音的感觉是受一定限制的。人类听觉器官能感受到的是频率在 20000 ~ 20Hz 之间的声波。低于 20Hz 的次声和高于 20000Hz 的超声，人是不能感受到的。

2.1.3.2　声音的性格特征与心理感受

声音是物质的自然属性，虽其自身无所谓个性特征、情感意义，但当它一介入社会，介入人的生活，同人的生活与感情发生联系时，就能引起人的复杂心理效应，具有一定的象征意义。声音的高低、强弱、快慢、纯与不纯，都能显示出丰富的表情性。一般而言，高声的个性特征是高亢激昂，低声的个性特征是凝重深沉；强声的个性特征是刚毅，弱声的个性特征是轻柔；急促声音的个性特征是紧张，缓慢声音的个性特征是舒畅。一般而言，高声的个性特征是高亢激昂，低声的个性特征是凝重深沉；强音的个性特征是刚毅，弱音的个性特征是轻柔；急促声音的个性特征是急骤，缓慢声音的个性特征是舒徐。从心理感受和情感意义而言，纯正之音悦耳动听，象征着和平、宁静，不纯声音令人骚动不安，头昏脑涨，象征着骚乱、强暴；高音给人激越感、兴奋感，象征着朝气蓬勃，低音给人低沉感、婉转感，象征着和谐可亲。

声音的这些高低强弱和个性特征、情感意义，在室内设计中，又是设计者表达思想感情，塑造室内艺术形象的手段之一。

2.1.3.3　声音的审美价值与设计

耳听五音，目视五色，是人类独特的审美享受。声音这一形式美要素，是构成音乐艺术的基本材料，对人类具有重要的审美价值。声音与设计的关系，虽不如色彩、形状那么直接，但并非毫无关系。声音艺术美——音乐的韵律，能启发和促进室内设计中的韵律创造，使设计具有一种音乐美。

具体地说，作为声音艺术的音乐，对室内设计有以下几个方面的影响，换句话说，室内设计具有以下几个方面的音乐因素。

1. 设计的音乐美感

"建筑是凝固的音乐，音乐是流动的建筑"。这话充分说明了音乐与建筑这两门古老艺术的相互联系、相互影响和相似性。作为室内设计，与音乐的关系也同建筑和音乐的关系一样，具有相似性，尤其在给人们的美感享受方面，与音乐具有某些共同性。人们在欣赏优美的室内环境时，也能够产生欣赏音乐时的美感。希腊神庙的端庄典雅，哥特式教堂的光怪陆离，苏州园林的诗情画意，北京故宫的富丽堂皇，它们所体现出的完整统一的构图，和谐动人的比例，有机连续的组合，都"给人以严密的曲体结构，优美的旋律，丰富的和弦和动人的节奏等音乐式的美感"。

2. 设计的音乐手法

室内设计与音乐创作一样其重要任务之一就是将那些多样化的形式因素（不同的色彩、线条、形状）组成统一的作品。室内设计者所运用的音乐手法有：①调式法：音乐家靠调式，即以一个音为主调，把若干个基本音按照一定关系连接在一起，构成一定的音程关系。装饰设计者依靠类似调式的结构，即以一个主要部分为主调，把若干次要部分连接在一起，构成一定的画面关系。②统一法：音乐家靠平衡、融合、对比、统一等手段将弦乐器、管乐器，打击乐器的不同音高、音色组合起来达到统一效果。室内设计者也是靠平衡、融合、对比、统一等手段将色彩、线条、形状等元素的不同审美特性统一起来，达到完美的艺术效果。

3. 设计的音乐特性

室内设计虽然也和一定的社会生活相联系，也有一定的寓理性与表情性，但就其根本特性而言，它是音乐的，情感形象不确定的，表现数理结构式的形式美艺术。设计构图，绝大多数都偏重于展示构图的韵律美、节奏美，而不偏重表现构图的内容美、情理美。

2.2 室内设计的形式美法则

形式美法则是人类在创造美的过程中对其规律进行的总结和概括。掌握形式美的法则，能够使设计者更积极主动地运用形式美的手法表现室内空间环境。

2.2.1 对比

对比又称对照，把反差很大的两个视觉要素成功地配列于一起，虽然使人感受到鲜明强烈的感触而仍具有统一感的现象称为对比。它能使主题更加鲜明，视觉效果更加活跃。对比关系主要通过视觉形象色调的明暗、冷暖，色彩的饱和与不饱和，色相的迥异，形状的大小、粗细、长短、曲直、高矮、凹凸、宽窄、厚薄，方向的垂直、水平、倾斜，数量的多少，排列的疏密，位置的上下、左右、高低、远近，形态的虚实、黑白、轻重、动静、隐现、软硬、干湿等多方面的对立因素来达到的。

把两个明显对立的元素放在同一空间中，经过设计，使其既对立又协调，既矛盾又统一。在反差中获得鲜明的形象，求得互补和满足的效果。在室内设计中，往往通过对比的手法，强调设计个性，增加空间层次（图2-8）。

图2-8 色彩对比效果

2.2.2 和谐

宇宙万物，尽管形态千变万化，但它们都各按照一定的规律而存在，大到日月运行、星球活动，小到原子结构的组成和运动，都有各自的规律。爱因斯坦指出，宇宙本身就是和谐的。和谐的广义解释是：判断两种以上的要素，或部分与部分的相互关系时，各部分所给人们的感受和意识是一种整体协调的关系。和谐的狭义解释是统一与对比两者之间不是乏味单调或杂乱无章。单独的一种颜色、单独的一根线条无所谓和谐，几种要素具有基本的共通性和融合性才称为和谐。比如一组协调的色块，一些排列有序的近似图形等。和谐的组合也保持部分的差异性，但当差异性表现为强烈和显著时，和谐的格局就向对比的格局转化。

室内设计应在满足功能要求的前提下，使各种室内物体的形、色、光、质等组合得到协调，成为一个非常和谐统一的整体，在整体中的每一个"成员"，都在整体艺术效果的把握下，充分发挥自己的优势。和谐还可分为环境及物体造型的和谐、材料质感的和谐、色调的和谐、风格式样的和谐等。

2.2.3　对称

古希腊哲学家毕达哥拉斯曾说过："美的线型和其他一切美的形体都必须有对称形式。"对称是形式美的传统技法。中国几千年前的彩陶造型证明，对称早为人类认识与运用。自然界中到处可见对称的形式，如鸟类的羽翼、花木的叶子等。所以，对称的形态在视觉上有自然、安定、均匀、协调、整齐、典雅、庄重的朴素美感。设计构图中的对称可分为点对称和轴对称。假定在某一图形的中央设一条直线，将图形划分为相等的两部分，如果两部分的形状完全相等，这个图形就是轴对称的图形，这条直线称为对称轴。假定针对某一图形，存在一个中心点，以此点为中心通过旋转得到相同的图形，即称为点对称。点对称又有向心的"求心对称"，离心的"发射对称"，旋转式的"旋转对称"，

图 2-9　对称示例

逆向组合的"逆对称"，以及自圆心逐层扩大的"同心圆对称"，等等。在构图中运用对称法则要避免由于过分的绝对对称而产生单调、呆板的感觉，有的时候，在整体对称的格局中加入一些不对称的因素，反而能增加构图版面的生动性和美感，避免了单调和呆板。

对称又分为绝对对称和相对对称。上下、左右对称，同形、同色、同质为绝对对称，而在室内陈设设计中，经常采用的是相对对称，如同形不同质感；同形同质感不同色彩；同形同色不同质地的都可称之为相对对称。对称给人感受秩序、庄重和整齐之美（图 2-9）。

2.2.4　均衡

均衡是依中轴线，中心点不等形而等量的形体、构件、色彩相配置。均衡和对称形式相比较，有活泼、生动、和谐、优美之韵味。在室内设计中，是指室内空间布局上，各种物体的形、色、光、质进行等同的量与数的均等，或近似相等的量与形的均衡。指等量不等形的视觉平衡形式，能给人灵活、自由和富于变化的美感。在设计上的平衡并非实际重

量 × 力矩的均等关系，而是根据形象的大小、轻重、色彩及其他视觉要素的分布作用于视觉判断的平衡。构图上通常以视觉中心视觉冲击最强的地方的中点为支点，各构成要素以此支点保持视觉意义上的力度平衡。在实际生活中，平衡是动态的特征，如人体运动、鸟的飞翔、马的奔驰、风吹草动、流水激浪等都是平衡的形式，平衡构成具有动势的效果（图2-10）。

图 2-10 均衡示例

2.2.5 重心

在设计构图中，任何形体的重心位置都和视觉的安定有紧密的关系。人的视觉安定与重心联系紧密，人的视线接触对象，视线常常迅速由左上角到左下角，再通过中心部分至右上角经右下角，然后回到最吸引视线的中心视圈停留下来，这个中心点就是视觉的重心。画面轮廓的变化，图形的聚散，色彩或明暗的分布等都可对视觉重心产生影响。空间重心的处理是室内设计构图的重要的方面。在室内设计中，表达的主题或重要的内容信息要注意不应偏离视觉重心太远（图2-11）。

图 2-11 重心示例

2.2.6 节奏与韵律

节奏在设计构成上是指以同一设计要素连续重复时所产生的运动感。同一单纯造型，连续重复所产生的排列效果。韵律原指音乐（诗歌）的声韵和节奏。诗歌中音的高低、轻重、长短的组合，匀称的间歇或停顿，一定地位上相同音色的反复及句末、行末利用同韵同调的音相加以加强诗歌的音乐性和节奏感，就是韵律的运用。构图中单纯的单元组合重复易于单调，由有规则变化的形象或色群间以等分、等比处理排列，使之产生音乐、诗歌的旋律感，称为韵律。

但是，一旦稍加变化，适当地进行长短、粗细、造型、色彩等方面的突变、对比、组合，就会产生出有节奏韵律和丰富的艺术效果。韵律能很准确地反映事物的形象，它起伏跌宕、抑扬顿挫、动人心弦。韵律是情调在节奏中的作用，具有情感需求的表现。如万里长城那种依山傍水、逶迤蜿蜒的律动，按一定距离设置烽火台遥相呼应的节奏，表现出矫健雄浑、宏伟壮阔的飞腾之势，富有虎踞龙盘、豪放刚毅的韵律之美。北京的天坛层层叠叠、盘旋向上的节奏，欧洲哥特式建筑尖顶直刺蓝天的节奏，表现出不断升腾、通达上苍的韵律感。

在室内设计中，节奏与韵律在形象构成与组合的关系中体现的是活生生的、流动的、自由的、富于感染力的（图2-12、图2-13）。

图 2-12 节奏示例

图 2-13 韵律示例

2.2.7　特异

特异也称独特。特异的表现特征是，在普遍相同性质的事物当中，有个别异质性的事物，便会立即显现出来。特异是突破原有规律、标新立异、引人注目的意思。在大自然中，夜间群星中的明月，荒漠中的绿地都是独特的表现。特异具有比较性，掺杂于规律性之中，其程度可大可小，须适度把握，这里所讲的规律性是指重复延续和渐变近似的陪衬作用。独特是从这些陪衬中产生出来的，是相互比较而存在的。在室内设计中使用特异的手法，既能体现设计者的创意能力，又能给观者带来与众不同、眼前一亮的个性特色。使室内空间更加活泼多变。但在设计中为达到预想的效果，还必须处理好设计要素的其他诸方面的因素。如，异质形象的分布位置，既要安排好其疏密的变化，又要处理好其上下左右的穿插，使室内空间中有较好的平衡关系，变化而不至凌乱（图 2-14）。

图 2-14 特异示例

练习思考题

1. 简述设计要素在室内设计中的作用。

2. 简述色彩、形状、声音与人的心理联系。

3. 什么是形式美法则？举例说明形式美法则在室内设计中的运用。

4. 设计要素与形式美法则之间有哪些联系？

第3章 室内设计的历史与风格、流派

　　室内设计风格是因循着建筑风格的发展而来的。室内设计的风格与流派，是一个时代的艺术观念与信息载体的高度统一。室内任何设计，均脱离不开特定的历史环境与社会背景。在其设计生成的过程中，必然体现出设计者特有的文化观念与审美素养，从而形成独具特色的风格特征。随着国际间文化技术交流的日益频繁，各国民众的审美情趣在其各自民族性差异的基础上，具有相当程度的融会贯通。亦即随着"全球经济的一体化"进程，产生出世界性的时尚审美特征。室内设计者在满足不同国度、不同民族和各层面观众物质与精神需求的实践中，立足于特定的时代文化特征和民族文化个性，将室内设计的功能性、科学性和艺术性相结合，而相互启迪、相互借鉴。

3.1 室内设计的风格

3.1.1 中国风格

　　中国传统风格常给人们以历史延续和地域文脉的感受，它使室内环境突出了民族文化渊源的形象特征。东方艺术极大地影响了设计者、学者和美学家们的作品。

　　以明清时期的风格为代表，多以木装饰为主，配以屏风、字画、对联，装饰格调高雅，造型简朴、优美，以线造型，讲究对称、均衡。具有浓厚的东方色彩的宫灯也为中国风格平添了古朴的艺术品位。由于中国地域宽广，北方注重气势雄浑、厚重结实，南方则讲究灵气细腻，大量运用浮雕、圆雕等装饰手法。现代装修中，大量使用的木质家具，以及用玄关代替屏风等，都是中国传统风格的延伸和发展。

　　中国风格的构成主要体现在传统家具（多以明家具为主）、装饰品及黑、灰、红为主的装饰色彩上。室内多采用对称式的布局方式，格调高雅，造型简朴优美，色彩浓重而成熟（图3-1）。中国传统室内陈设包括字画、匾幅、挂屏、盆景、瓷器、古玩、屏风、博古架等，追求一种修身养性的生活境界。中国传统室内设计的特点是总体布局对称均衡，端正稳健（图3-2）。而在装饰细节上崇尚自然情趣，花鸟、鱼虫等精雕细琢，富于变化，充分体现出中国传统美学精神。

　　而以宫廷建筑为代表的中国古典建筑的室内设计风格，气势恢弘、壮丽华贵，高空间、大进深、雕梁画栋、金碧辉煌，造型讲究对称，色彩讲究对比，材料以木材为主，图案多为龙、凤、龟、狮、麒麟、蝙蝠等（图3-3、图3-4）。

图 3-1　中式室内风格

图 3-2　中式女性闺楼

图 3-3　中式室内设计的常用图案示例一

图 3-4　中式室内设计的常用图案示例二

3.1.2　埃及风格

　　古代埃及是人类最早的文化发祥地之一，有着灿烂的建筑文化。尼罗河两岸气候炎热，树木稀少，在国土南部的上游多岩石，北部的下游多沙漠，河流沿岸生长的芦苇、纸草花以及河水泛滥带来的泥土都成为人们为自己建造栖身之所的建筑材料。因此说，尼罗河不仅给两岸的人民带来富足的物质生活，同时也培育了人们的审美情趣，提供了装饰生活空间的形象素材。石料也是他们主要的建筑材料。

　　古埃及人的住宅主要分为原始的住宅、府邸和宫殿。原始的住宅大致有两种：建造建筑以木构架为主，用木材制作墙基，然后用芦苇结扎成束再编制成墙和屋顶，有的在芦苇外抹泥，有的不抹泥，屋顶微微成弓形（图3-5）；建造以土坯为支撑结构的建筑，用卵石制作墙基，然后用土坯垒墙，用排列紧密的原木制成屋顶，并用泥木抹平。原始的住宅建筑基本上没有装饰，只是在使用的石制日用家具、器皿上有简单的装饰，这种住宅形式一直在贫穷的人家中保持着。随着阶级的分化越来越明显，贵族和在宗教中占有重要地位的祭祀拥有自己的府邸。此类住宅形式上有些类似中国的四合院，有的有几层院落，有的有楼层，分男用女用空间，门、窗向内开，空间私密性很强。住宅主要分为三部分，中央为主人的住所，在主人居住的侧后方是奴隶的住房和厨房、浴室、谷仓、畜棚等附属空间，在北部有种植蔬菜、水果或者有养鱼塘的院子。主人房内多为木梁柱，柱面上雕饰丰富，有的将整个柱子雕成一株纸草的样子。常见的柱子形式为：莲花束茎式、纸草束茎式、纸草盛放式。柱头常为纸草花、莲花、棕榈叶形。墙面为灰泥粉刷的土墙或者砖墙，墙面上绘有壁画。室内家具以使用榫、楔的结构做法，多彩色雕饰、镶嵌金银等贵重金属和象眼等物品，显示不同寻常的身份和地位。宫殿和府邸的相差不是太大，后期由于宗教势力的增大，便和神庙结合起来。宫殿仍是木构架，用砖砌墙，在墙面的灰浆上绘有壁画，壁画的题材主要是植物、飞禽。天花、地面、柱子上均有彩画，色彩鲜艳，装饰华丽，并在宫殿内陈列着皇帝和皇后的圆雕（图3-6）。

图3-5 古埃及民居外观

图3-6 古埃及宫殿外观

3.1.3 希腊风格

希腊位于巴尔干半岛的南侧，属于地中海沿岸国家。古希腊风格是欧洲建筑的发源地，影响了欧洲建筑2000多年的发展。

古希腊建筑最初也是由木构架和土坯建造的，为了防止雨水打湿土坯墙而在外围添建了木构架的棚子，这是早期围廊建筑的雏形。由于木质结构易于着火和腐朽，又因希腊盛产色泽精美的云石，人们逐渐认识到柱子在建筑装饰造型中的重要作用，在公元前6世纪以后，重要的胜地庙宇普遍使用了现在我们看到的石制列柱围廊式的建筑结构，这一结构丰富了建筑立面，产生了光影和虚实的变化。小的庙宇只在前端或前后两端设柱廊，而大多数的庙宇发展成两进围廊式或假两进围廊式的柱廊。作为构成柱廊的重要装饰构件。柱子的样式经历了漫长的创作过程，终于发展成了现在的3种经典柱式：陶立克式、爱奥尼克式、科林斯式。陶立克式刚劲雄健、比例粗壮（直径和柱高比为1:5.5～1:5.75），檐部比较重（檐部高约为柱高的1/3），柱头是简单而刚挺的倒立圆锥台，没有柱础，柱身从台基上拔地而起，柱子收分和卷杀都比较明显，有着男性体态的刚劲雄健之美。爱奥尼克克式比较秀美华丽，柱头带有两个涡卷，尽显女性体态的清秀柔和之美。科林斯式的柱身与爱奥尼克克式相似，而柱头颇为华丽，形如倒钟，四周布以锯齿状叶片，如盛满卷草的花篮，反映着从事手工业和商业的平民的艺术趣味。室内一般分为前廊、内厅和后室。装饰手法上，原先在木构件外利用陶制的装饰陶片和线脚进行檐部的装饰，不再适合石质的建筑物，最终转变为在石头上雕刻，并按照传统着色的方法进行色彩装饰。传统的敷色方法是：在粗质的石材上先涂一层薄薄的白大理石粉，然后着色；白大理石上则烫蜡，蜡里溶有颜料。以帕提农神庙为例，内厅由三面双层叠柱式的回廊组成，加强了神像空间的庄严感和神圣感，同时使室内的尺度更宜人。除了屋顶用木制材料，其他部分均用石材，还使用了大量的镀金饰件并在石材上施以鲜艳的色彩。而位于南部的民居则带有浓厚的乡村气息，古朴自然（图3-7～图3-9）。

图 3-7　古希腊帕提农神庙外观

图 3-8　古希腊神庙内景

图 3-9　希腊民居内景

3.1.4　意大利风格

　　意大利位于欧洲南部，主要由位于地中海的三个岛屿组成。意大利的建筑起源于希腊，发扬于古罗马帝国。古罗马是一个地跨欧、亚、非三洲的大帝国，它的风格受到所占领国家的影响，同时也将自己的文化强加给被占领国。公元前146年，罗马征服了希腊地区，使得它在生活方式和建筑文化等多方面继承了希腊的传统，并将此传统发扬光大。例如，罗马人把古希腊柱式发展为五种古典柱式，即陶立克式、爱奥尼克克式、科林斯式、塔司干式、混合式。

　　意大利室内装饰分为两类。一类是以发源于古罗马的拱拳结构为基础的高大弧线空间，这种空间保有弧线天花，较少使用装饰元素，墙面多以大幅的绘画作品装饰，在接近天花或是近人的位置的地方用镶板进行装饰，地面多为瓷砖并铺设地毯。

另一类是装饰精美的巴洛克式室内空间，这种风格的特点是华丽、高雅，给人一种金碧辉煌的感受。最典型的古典风格是指 16 ~ 17 世纪文艺复兴运动开始，到 17 世纪后半叶至 18 世纪的巴洛克及洛可可时代的欧洲室内设计样式。这种风格以室内的纵向装饰线条为主，包括桌腿、椅背等处采用轻柔幽雅并带有古典风格的花式纹路。豪华的花卉古典图案、著名的波斯纹样、多重皱的罗马窗帘和格调高雅的烛台、挂画及艺术造型水晶灯等装饰物都能完美呈现其风格（图 3-10 ~ 图 3-12）。

图 3-10 古罗马哥特式建筑外观

图 3-11 古罗马陶立克式建筑外观

图 3-12 意大利室内设计内景

3.1.5 伊斯兰风格

伊斯兰风格主要产生于亚洲的西部，而古西亚人民的建筑成就在于创造了以土作为建筑原材料的建筑结构和为了保护该形式而形成的装饰体系。从夯土墙到土坯砖，直至烧砖、使用器具的造型，普遍使用了拱券和穹隆等建筑结构的装饰体系。主要券的形式有马蹄形券、火焰形券、花瓣形券、双圆心尖券。室外外墙面主要用花式砌筑进行装饰，随后又陆续出现了平浮雕式彩绘和琉璃砖装饰。在室内外墙面装饰上大面积使用面砖和彩色琉璃砖（或称为马赛克，主要是为了保持土质的墙面不被风沙等自然力量损坏，起到保护作用）。墙面的和饰品的装饰图案多为几何形或是使用大面积的植物纹样装饰，并配有《古兰经》中的经文作为装饰。装饰图案以其形、色的纤丽为特征，以蔷薇、风信子、郁金香、菖蒲等植物为题材，具有艳丽、舒展、悠闲的效果。装饰色彩强烈，多使用与地理环境的色彩成为补色关系的蓝色、绿色，兼用无彩色的黑、白来调节。室内多用华丽的壁毯或是地毯进行装饰，利用帘幔营造宜人的空间。家居的陈设多为具有民族风情的物品进行装饰。人们喜欢盘腿而坐，家居的生活尺度以盘腿坐的高度进行设置，极具民族特点。室内用石膏做大面积浮雕、涂绘装饰，以深蓝、浅蓝两色为主（图 3-13、图 3-14）。

图3-13 伊斯兰风格陈设内景

图3-14 中国回族民居内景

3.1.6 法式风格

法国位于欧洲的西部，作为欧洲的艺术之都，装饰风格是多样化的，各个时期的室内装饰风格都可以见到。

法式风格在壁面装饰上排斥建筑母题。用周边装饰繁琐的边框镶嵌装饰板或者镜子替代原有的壁柱；用色彩鲜艳的小幅绘画和与壁面结合在一起的浅浮雕替代原有的圆雕和高浮雕；用纤细的线脚和装饰替代原有的体积感强烈的线脚和装饰；用饰有白色或木本色的木材替代原有的石质墙面。

装饰题材多以自然植物为主，使用变化丰富的卷草纹样、蚌壳般的曲线、舒卷缠蔓着的蔷薇和弯曲的棕榈。这些形式广泛应用在壁面、天花、家具、地面、门窗框、灯具、镜框、画框等地方。为了更接近自然，人们尽量避免使用水平的直线，而用多变的曲线和涡卷形象，它们的构图不是完全对称，每一条边和角都可能是不对称的，变化丰富，令人眼花缭乱（图3-15、图3-16）。

图3-15 法式室内设计内景

图3-16 法国埃菲尔铁塔外观

3.1.7 日本风格

由于日本文化起源于中国，人们对日式风格常有一种似曾相识的感觉。其特点是低视点，也就是室内的家具都很矮，进门是榻榻米，人们席地而坐。

另外，室内装饰简洁、变化不多，色彩较单纯，多为浅木本色。大家对日本风格印象最深的也许是和式木门。

日式风格追求一种悠闲、随意的生活意境。空间造型极为简洁，在设计上采用清晰的线条，而且在空间划分中摒弃曲线，具有较强的几何感。和式最大的特征是多功能性，如：白天放置书桌就成为书房，放上茶具就成为茶室，晚上铺上寝具就成了卧室。和风式居室的地面（草席、地板）、墙面涂料、天花板木构架、白色窗纸，均采用天然材料。门窗框、天花、灯具均采用格子分割，手法极具现代感。

它的室内装饰主要是日本式的字画、浮土绘、茶具、纸扇、武士刀、玩偶及面具，更甚者直接用和服来点缀室内，色彩浓烈单纯，室内气氛清雅纯朴。

在室内陈设设计中，日本人偏爱用木料、石头、竹子、茸草和纸等可吸光的亚光材料，或如蒿草、原木、竹子、藤、石板、细石等温润之材，呈现出材料的简素本色，但那粗糙的质地、随意的形态，无不体现出自然的本色之美，洋溢出一派天真、淡泊、潇洒而又雄浑的景象。它们不仅能适度地调节气温与湿度，还可和谐人与物之间的关系，透射出朴素、内敛的气息（图3-17、图3-18）。

图3-17 日本室内设计风格示例一

图3-18 日本室内设计风格示例二

3.1.8 墨西哥风格

墨西哥位于北美洲西南部，传承了美洲最古老文明，是印第安人的文化中心。其室内风格整体的感觉色彩浓重。家具形式比较简洁，主要利用织物的蒙盖进行装饰。民间织物色彩极其艳丽，多用植物染料染制，方法淳朴，保持至今。壁面装饰多为具有民族特色的工艺品堆饰，排列形式多以对称方式布置。台面物品摆放较杂，依然以堆放的形式进行陈列。使用的器物造型憨厚，保留民族质朴的感觉，以金属器物居多。天花造型简单，不做过多的装饰，仅做简单的涂饰即可（图3-19、图3-20）。

图 3-19　墨西哥设计风格示例一　　　　　　　　　　　　　　图 3-20　墨西哥设计风格示例二

3.1.9　巴西风格

巴西位于南美大陆，是南美面积最大的国家。巴西的建筑装饰受到欧洲葡萄牙文化的影响，具有地中海沿岸建筑的特点，同时又混有当地印第安文化的因素，再加之非洲黑人文化的交融，形成了独特的装饰文化。由于地处热带雨林和热带高原气候，建筑内部和外部的界限不明显，空间较开敞。室内多使用色彩鲜明的涂料涂饰墙面，家具多使用原木色和白色，形式简洁，没有过多的花纹雕刻。织物色彩鲜明，图案受到印地安和非洲文化的影响，花色鲜艳大胆。具有地方风格的粗陶器皿成为室内陈设的常见之物（图 3-21）。

乡间建筑室内装饰质朴，城市建筑由于多种文化并存稍显华丽，但依然保持本色中淳朴的特征（图 3-22）。

图 3-21　巴西设计风格示例一　　　　　　　　图 3-22　巴西设计风格示例二

3.2　室内设计的流派

20 世纪以后，室内设计流派日增，这是设计思想活跃的表现，也是室内设计发展进步并由动荡走向新的阶段的必然过程。室内设计流派在很大程度上与建筑设计的流派相呼应，在思想脉络、表现形式和基本一手法上有许多相似之处，但也有一些流派为室内设计所独有。介绍和研究设计流派的目的不是为了照搬和照抄，而是要追寻产生这些流派的历史背景，分析各种流派的曲直，揭示各种流派的实质，吸收其合理因素，抛弃其错误成分，从比较鉴别中探求正确的设计思想和创作原则。

3.2.1 平淡派

平淡派的主要特点是注重空间的分隔与联系，重视材料的质感与本色，配色淡雅而统一。他们反对装饰。把所有附加的东西一概视为累赘。因而，其作品往往单调、乏味，缺少必要的活力（图3-23）。有些人对这种状况不满，指责平淡派的作品是"除了没有东西还是没有东西"。

平淡派在日本、美国、墨西哥等国比较流行，在西欧也有一定的影响。

图3-23 平淡派室内设计示例

3.2.2 光洁派

光洁派盛行于20世纪六七十年代，其主要特点是注重空间和光线，室内空间宽敞、连贯，常常采用宽大并与室外连通的门洞和窗口；构件简洁，界面平整，着意显示材料本身的质感和肌理，惯用玻璃、金属、塑料等质硬而又光洁的材料，加工精度高；家具数量较少，多为质地光洁、造型独特的工业化产品；装饰不多，如有装饰，多是现代绘画、雕塑或其他现代艺术品，同时使用观叶类植物。

光洁派作品清新，富于理性，具有时代气息（图3-24）。但由于人情味不足，逐渐为人们所冷落。它属于晚期现代主义中的极少主义派，故也有人称之为"极少主义派"。

3.2.3 繁琐派

繁琐派又叫"新洛可可"派。它与光洁派一样，都竭力追求一种丰富夸张、富于戏剧性的效果。

"洛可可"派是18世纪风行于法国和欧洲其他国家的一种

图3-24 光洁派室内设计示例

建筑风格。它是贵族生活日益腐化堕落、专制制度已经走上末路的反映。其主要特征是崇尚装饰，繁琐堆砌，矫揉造作，纤细娇俏，体现了上层社会糜烂的生活观，渗透着浓重的脂粉气。"洛可可"风格在室内设计中的主要表现是雕梁画栋，大量采用贵金属，家具纤细、轻薄，极尽装饰之能事。

繁琐派与光洁派在追求装饰效果方面与洛可可派是一模一样的。不同的是，繁琐派不强调附加东西，而强调利用现代科学技术提供的可能性，反映现代工业生产的特点，即用新的手段去达到"洛可可"派想要达到的目的。繁琐派的设计师喜欢大量使用表面光滑和反光性极强的材料，如不锈钢、铝合金、镜面玻璃、磨光的花岗岩和大理石等，也十分重视灯光的效果，特别喜欢采用灯槽和反射板，还经常选用色彩鲜艳的地毯和款式新颖的家具，以制造光彩夺目、豪华绚丽、人动影移、交相辉映的气氛（图 3-25）。

图 3-25 繁琐派室内设计示例

3.2.4 重技派

重技派又称高技派，活跃于 20 世纪 50 年代末至 70 年代初，在许多国家具有相当的影响。

室内设计中的重技派与建筑设计中的重技派一样，强调反映工业技术的成就，着力表现所谓"工业美"或称"机械美"，多用高强钢、硬铝、塑料等新型轻质高强材料，提倡系统设计和参数设计，喜欢高效灵活、拆装方便的体系。他们常用的设计手法是暴露结构、设备和管道，使用红、黄、蓝等彩度较高的颜色。

重技派作品中最为轰动的是 1976 年在巴黎建成的蓬皮杜国家艺术和文化中心。这个包括现代艺术博物馆、公共情报图书馆、工业设计中心和音乐研究所的六层楼，不仅暴露着结构管道和设备，就连自动扶梯也是明露的（图 3-26）。

重技派有两种不同的倾向：一是强调技术的精美；二是强调结构的厚重。前者多用金属结构，在光亮坚硬的质感等方面寻求表现力；后者多用混凝土结构，并有意将庞大的体量，粗糙的表面表现出来。设计者着力表现的是结构的合理性和可靠性，是混凝土粗糙表面和整

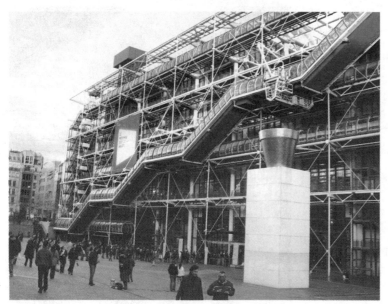

图 3-26 重技派设计示例

个空间的韵律感。重技派中的这样一种倾向，有人称之为"粗野主义派"。

3.2.5 历史主义派

历史主义派又称新古典主义派。历史主义派反映了进入工业化时代的现代人的怀旧情绪，其口号是"不能不知道历史"，并号召设计师"到历史中去找灵感"。他们致力于运用传统的美学法则，使由现代材料和结构建造的空间富有典雅、端庄的造型。其主要特点是注重风格，在造型设计上谋求与传统式样之间的神似；注重装饰，在选择家具陈设的过程中注意与文脉之间的关系。历史主义派的观点和作品一段时间受到人们的欢迎，但从实

质上看，它不过是在新时代采用历史上常用的形式和手法，甚至照搬历史上某个时期的式样、家具和设施。正因为如此，历史主义派的作品往往是一个混合物，在那里，新材料与旧形式并存，先进的空间与老式壁炉同在……

3.2.6　超现实主义派

超现实主义派又称现实派。其基本倾向是追求所谓的超现实的纯艺术。在室内设计中，他们力图在有限的空间内，创造一个"无限的空间"，并喜欢利用多种手法创造一个现实世界中并不存在的世界。

超现实主义派的思想倾向与某些颓废派、嬉皮士、厌世者的思想相接近，是想利用一个虚幻的空间环境，填补心灵上的空虚，满足某些人的猎奇心。

超现实主义派常用的设计手法是：奇形怪状的、令人难以捉摸的空间形式（图3-27）；五光十色、跳跃变幻的灯光与灯具；浓重的色彩、流动的线条和图案；造型古怪的家具、设备以及毛皮和树皮等。

超现实主义派的作品反映着刻意追求奇特造型而忽视功能要求的倾向，再加上这些奇特的造型可能耗费较多的工本，因此作品不多，也不被多数人推崇。

图 3-27　超现实主义派设计示例

3.2.7　后现代主义派

后现代主义派的倾向比较繁杂，上述重技派也可以说是后现代主义派的一个分支，这里所说的后现代主义派特指其中的装饰主义派。

装饰主义派一反现代主义派"少就是多"的观点，明确指出，建筑就是装饰起来的掩遮物。在室内设计中，他们常用两种手法：一种是把传统建筑元件用新的手法进行组合；另一种是把传统建筑元件，与新型建筑元件结合起来。其目的是求得双重译码，使行家和平民百姓都能懂得他们的语言，从中找到今天与历史的联系。他们在设计实践中多用夸张、变形、叠加等做法，空间环境具有装饰性，甚至具有舞台美术的效果。

后现代主义派作品颇多。1980年由沃尔森格·米尔斯设计的纽约圣保罗银行总部的内景就是一例。

现代室内设计流派很多。除上述流派之外，还有一些或大或小的流派，甚至还有一些未成为流派的思想倾向。其中，"人情味"和地方特色的流派与倾向近数十年已有相当的影响。较为突出的，一是北欧诸国，喜欢用地方材料和传统手法，形成所谓的田园气、乡土气；二是中国、日本、印度尼西亚等亚洲国家，追求所谓东方情调，致力于创造简洁有序的空间，采用竹、木、纸等材料，用传统艺术品或民间工艺品装点环境，形成朴素、雅致的风格。

练习思考题

1. 什么是风格、流派？风格与流派二者之间的关系是什么？

2. 中式风格与现代风格的差异点在哪里？

3. 简述重技派诞生的社会环境。

4. 收集查阅相关资料，谈谈埃及风格与希腊风格的关联。

练习思考题

第 4 章 室内设计的理念与观点

　　室内设计始终受到了民族传统文化理念及哲学思想的影响，包含着自身的设计语言，它深深地积淀于民族成员的意识中，具有相对的稳定性。同时，世界性的室内设计也在寻求共通性和包容性。具体到室内设计，便是将本民族的设计文化升华和提炼，并与国际相融合。

　　在我国，室内设计的学科框架仍在搭建和完善之中。因此，本章从宏观角度出发，将涉及室内设计的理念和观点呈现给大家，供思考和研究。

4.1 "天人合一"理念对艺术及室内设计的影响

4.1.1 日月之行，若出其中

　　"天人合一"的思想起源于夏商周时期，形成于春秋战国，最早是由庄子阐述，后被汉代思想家、儒学家董仲舒发展为天人合一的哲学思想体系，并由此构建了中华传统文化的主体。所谓"天"并非指神灵主宰，而是"自然"的代表。"天人合一"有两层意思：一是天人一致。宇宙自然是大天地，人由自然而生，人是自然的缩影，属微观的天地。二是天人相应，或天人相通。是说人和自然在本质上是相通的，故一切人事均应顺乎自然规律，达到人与自然和谐。具体表现在天与人的关系上，它认为人与天不是处在一种主体与对象的关系，而是处在一种部分与整体、扭曲与原貌或为学之初与最高境界的关系之中。儒家尊礼仪、建人伦、行教化、发展文化的思路是由人之天，即从社会现实出发，建立文化体系，最终追求的是以文化体系引领现实世界以符合天理。道学发展文化的思路是由天之人，即以自然之理作为文化体系的基础，使社会机制等人文建设不违背天道良知。因此庄子说："有人，天也；有天，亦天也。"把人的生命流程融入日月星辰的运行流程中去（图4-1）。天人本是合一的，人类的情感、行为无不深深地植根于自然万物中，以达成"万物与我为一"的精神境界，这也是艺术设计者所孜孜追求的崇高目标。

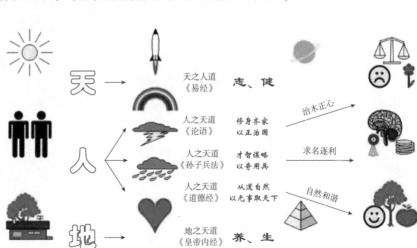

图 4-1 中国古典哲学中自然与人的关系图

4.1.2 以人为本，随物赋形

设计的根本出发点是为人服务，它是"天人合一"的精髓。中国人深受此思想的影响，自古以来就崇尚自然，热爱自然，追求自然之美。天地间的山山水水、花草树木，与人的思想感情融为一起，这种人与自然和谐统一的思想在中国的山水画中体现得最为典型（图4-2），而这一思想也就自然地带到设计观念上，表现在园林、建筑、印刷、陶瓷、漆器、家具等设计方面，构成富于自然形态的独特的中国设计风格（也称东方风格），它不仅反映了中华民族文明的演进与文明成就，也体现出对人本的关怀。周恩来在谈到北京人民大会堂的建筑设计时强调，要贯彻"以人为主，物为人用"的原则（图4-3）。以人为本，是现代设计的重要的原则。在人与设计的关系上，设计从属于人，设计要平易近人，富于亲近感。要尽量生活化，富有生活气息，情调要尽量人情化。可是，为人服务这一平凡的真理，在现代设计时往往会有意无意地因从多项局部因素考虑而被忽视。因此，现代设计更需要在为人服务的前提下，从可持续发展角度出发，自觉主动地解决使用功能、经济效益、绿色环保、环境氛围等种种要求。

图4-2 中国水墨山水画

图4-3 人民大会堂内景

"随物赋形"是指人类的所造之物应掌握法度，与对象特征相贴切。应当不过轻不过重、不过大不过小、不过长不过短，以适宜为美。而在现代的一些设计中，有的设计者常常违背随物赋形的原则，单纯追求豪华、奢侈、第一、顶级，导致设计的扭曲或异化现象，这是对设计实质缺乏应有的认识和把握的结果。比如，制作店面门头而泛滥的灯箱布，浮华庸俗的广告宣传语；建成后无人居住的"鬼城"，花费上千万元完成又推倒的建筑和雕塑；为美化城市而人为地把设计集中在某个街区，以领导意志利用艺术设计搞所谓"形象工程"；不惜牺牲企业产品特征而盲目张扬设计者个性，使用大量昂贵材料进行名实不符的过度及虚假设计，等等。每一个艺术设计者必须肩负起自己的时代责任，努力克服这种弊端，在设计中杜绝浪费，减少污染，因势利导，随物赋形。

4.1.3 以情感人，情景交融

"动人者莫过于情"、"仁者爱人"，"天人合一"体现的不仅仅是一种设计理念，更多的是强调热爱人类、热爱自然万物的态度。道家美学倡扬在艺术创造精神、审美意会以及运用技巧上的高度自由，使我们的设计艺术带有浓重的内部主观世界的意向色彩和格调情趣，才会有"宋画如酒，元画如醇"之说。魏晋时的战乱，给人民带来了深重的灾难，对短促多难的人生思索，使魏晋思想进入了主观世界，标志着人的觉醒，这时的壁画是精神性的，通过形式美化抽象的宗教教义转化为活生生的艺术形象时，瘦硬的形象里凝聚着张放的精神力量（图4-4）。

民间画工用自己的心灵和感情去塑造这些艺术形象，具有"情感意象"的含义，在设计表现的形式及其传达的精神信息上都达到了登峰造极的高度，表达出一种奇特的心理力量，同时还蕴涵一种更高层、更复杂的"思维意象"。设计本身就是"天人合一"理念极具生命力的特征。商周的青铜器品种造型多样、设计精致华美、图案厚重典雅（图4-5）。汉代的建筑设计，其廊檐之饰生动形象，体现了浑厚雄丽的艺术特色，这些始终与人的情感相融合，是设计者情感的真实流露。然而，在商业利益至上的冲击下，设计情感的表达出现了错位，表现为对"感性"和"理性"认识的偏颇，于是，"真情实感"被"虚情假意"所替代，设计情感的"假、大、空"盛行，自然被功能扼杀，个性被理性所取代。"天人合一"体现了设计情感的法则，法则中有情感意蕴的热流，这种意蕴是寓情于理的，合乎道德和规范的。情感是设计驰骋的助燃剂，但情感若无法则的规范，就会迷失方向，感情虚高和感情冷漠一样，都无益于表达情感。可以说，唯有追随法则才能真正理解情感。

图4-4 魏晋壁画　　　　　　　　　图4-5 商周青铜器

这里值得称道的是南京中山陵的设计建造，中山陵于民国十六年（1927年）公开征图，条例中规定："祭堂图案须采用中国式，而含有特殊与纪念之性质者，或根据中国建筑精神特创新格亦可。"这实际上是对建筑艺术设计上的命题创作。涌现了许多参加中山陵竞图的中外建筑师，最后选用了获首奖者吕彦直的设计方案。"此案全部结构简朴浑厚，最适合陵墓之性质及地势之情形"，"形势及气魄极似中山先生之气概及精神"，"且全部平面作钟形，尤有木铎警世之想"。中山陵建筑是中国现代建筑史上首次进行的具有规划设计意识的大型建筑群组，其重要意义在于摆脱了西方"纯功能"的模仿和拼凑，为回归"天人合一"树立了典范，又以设计叙述着世人对中山先生的怀念和敬仰情怀（图4-6）。中国国民党荣誉主席连战先生曾在北京瞻仰孙中山先生衣冠冢时，题写"青山有幸伴中山，同志无由忘高志"的对联，情感朴实真挚、意蕴悠远。

图 4-6　中山陵外景

4.1.4　兼收并蓄，有容乃大

春秋战国时期，急剧的社会变革和封建制度的建立，使思想界出现了"诸侯异政，百家异说"的空前活跃局面，老子、庄子、墨子、孔子、荀子等纷纷著书立说，主张个人

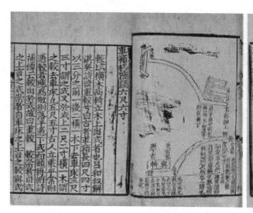

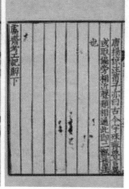

图 4-7　考工记

观点，制造舆论，在碰撞、争议、讨论、吸纳中形成了"天人合一"初步学说，衍生出《考工记》这样工艺性著述（图 4-7），并在每一个历史时期不断丰富和完善起来，应该说"天人合一"本身就是一部兼收并蓄的鸿篇巨制，含有极强的包容意识和宽阔的胸襟。史书记载了汉族与各少数民族文化交流和渗透的情景，所涉及的领域众多，品种浩繁。当时传入中原的有音乐、舞蹈、魔术等，汉人也将铁器制作、掘井技术传给他们，丰富了彼此的文化生活。著名的"丝绸之路"就是有力的见证。尤其是佛教的传入，更加充实和巩固了"天人合一"理念的地位，有了"佛道一家"之说。中国传统的艺术设计观是在漫长的历史岁月中不断吸收各种文化而形成的，有着旺盛的活力。古今推崇的"天人合一"理念，始终指导着相生于手工业成长起来的艺术设计创作，未来还将对现代艺术设计发挥重大影响。

人类的艺术文化，既受一定的地理环境的影响，具有民族性，又受一定时代精神的影响，具有时代性。每一个时代的时代精神，作为该时代的经济基础，生产关系的产物和思想意识的总和，总会自觉不自觉地渗透到人们的心里，影响人们的艺术创造。艺术设计活动是在现实应用基础上的创造活动，因此与当时代相联系是它的特征，随着信息和艺术交流的加快，设计的情感语言也具有了相互渗透性，各个国家的设计也在寻求适应性和包容性，而设计语言最显著的特征是"人文关怀的抽象化"，其抽象化是对具体形象的高度提纯，即跨国界的共通性艺术语言，带给人的是感觉上的享受而非某种明确的说教，这样才能给人以更多的回味和思索的空间。一些区域性、民族性很强的艺术元素，变成了世界性的设计情感语言。

4.1.5　厚德载物，永续发展

"设计是维系自然与文明的手段。"现今人们的生活方式以及生产活动对地球的环境质量产生了极大的影响，人类面临着人口激增，自然资源短缺、环境污染等严重问题，威胁人类的生存和健康。应运而生的绿色设计使我们对"天人合一"的思想有了更深刻的理解。绿色设计与环保设计主要关注对自然的影响和解决某些单独的问题，如资源和能量的利用率，通过回收减少废弃物等。近年来可持续发展思想的深入人心，所谓可持续也是"天人合一"思想所要传达的现实意义，即人与自然和谐共处、持久发展。绿色建筑和环保设计得以实施和发展的一个重要保障就是高科技手段的运用（图4-8、图4-9）。在世博会园区内，大量的建筑采用可拆卸、可循环使用的环保绿色建材，如再生木材和塑料、玻璃纤维板、轻钢结构等，从点点滴滴来完成我们的绿色梦想，从而这使得这些设计"充满了绿色智慧"，以期达到了真正意义上的"天人合一"。我们应该从宏观上把握"天人合

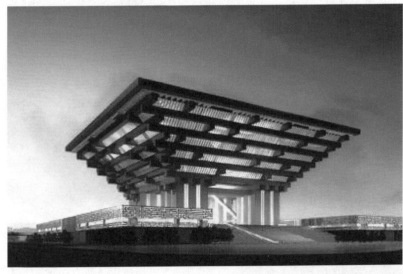

图 4-8　上海世博会中国馆

图 4-9　上海世博会世博中心

一"思想的精华，对不同的历史形态做多维解读，并在此基础上结合现代技术手段和艺术手法对此进行创造性转化，不仅能使我们认识中国传统智慧的时代特征，而且还可以使我们挖掘中国传统智慧的现代价值，确立当代艺术设计进步的战略基点。

"天人合一"是朴素的世界观和方法论，指导社会永续发展，并在很大程度上影响着当代艺术设计的价值取向。这种文化的影响力量是巨大且无形的。我们生活工作中的一切设计和设计的一切，都涵盖于这种博大和深厚的文化思想之下。从庄子所说的"人与天，一也。"到"可持续发展"，再到我们现在所倡导的"低碳生活"，都是"天人合一"理念在不同的历史时期的复现。物换星移、日新月异，而"天人合一"中追随自然、顺应自然、回报自然与自然融为一体的核心没有变化，并将继续对现代艺术设计的进步发挥其无可取代的作用。

4.2 "包豪斯"理念与室内设计

"包豪斯"学校创建于 1919 年，"包豪斯"是德文 DAS STAATLICHES BAUHAUS 的译称。英文译名应为 State Building Institute。它的意思即"建筑之家"。所谓包豪斯理念的影响，是指它由建筑设计延展出的设计思潮。包豪斯的设计理念也是现代室内设计的依据之一。

作为社会新陈代谢更迭的推动力之一的现代设计，其使命就应反映时代特征和变化，并且推波助澜。设计之于今天，已进入了成熟的发展时期，从设计观念到表现形式都在不断地深化裂变，并向纵深发展。很多设计领域出现了多学科多专业横向整合的趋向。设计的潮流呈现了多元整合的特征。室内设计在飞速发展的过程中有力而生动地表述了这一特征。

4.2.1　包豪斯的设计思潮

包豪斯创始人格罗皮乌斯在其青年时代就致力于德意志制造同盟。他区别于同代人的是，以极其认真的态度致力于美术和工业化社会之间的调和。格罗皮乌斯力图探索艺术与技术的新统一，并要求设计师"向死的机械产品注入灵魂"。他认为，只有最卓越的想法才能证明工业的倍增是正当的。格罗皮乌斯关注的并不只局限于建筑，他的视野面向所有艺术的各个领域。文艺复兴时期的艺术家，无论达·芬奇或米开朗基罗，他们都是全能的造型艺术家，集画家、雕刻家甚至是设计师于一身，而不同于现代社会中分工具体化了的美术家，包豪斯对建筑师们的要求，也就是希望他们是这样"全能造型艺术家"。包豪斯的理想，就是要把美术家从游离于社会的状态中拯救出来。包豪斯谋求所有造型艺术间的交流，他把建筑、设计、手工艺、绘画、雕刻等一切都纳入了包豪斯的视野之中，包豪斯是一所综合性的设计学院，其设计课程包括新产品设计、展览设计、舞台设计、家具设计、室内设计和建筑设计等，甚至连话剧、音乐等专业都在包豪斯中设置。包豪斯提出"艺术与技术结合"的口号，正是包豪斯理念的集中体现。包豪斯的影响在今天的生活中随处可见，"包豪斯风格"已成为现代设计的象征。

4.2.2 包豪斯对现代中国设计的影响

1911年辛亥革命推翻了几千年的封建统治，虽然没有改变中国半殖民地、半封建的社会性质，中国民族资本主义的发展仍然受到帝国主义列强的摧残，但它冲破了封建专制主义对中国人民的长期禁锢，资本主义生产关系在中国有了较为显著的发展，也标志着中国现代设计开始形成。在这种背景下，"包豪斯思潮"迅速传入中国，尤其是商业设计最有代表性。传播包豪斯理念的艺术设计者和艺术教育者，对中西方设计文化的交流作出了巨大贡献。同时，由于对其影响即未能充分理解和也未能有效吸收，导致了以手工业生产为基础的中国传统设计理念的全面变更，也阻断了中国艺术设计文化的延续，许多设计留下了模仿或拼凑的痕迹，不伦不类的设计更是不少，如当时南京金陵大学北大楼、北京辅仁大学教学楼等，便是包豪斯设计的典型代表。

"包豪斯风格"在中国兴起的主要原因在于它顺应了中国最初工业快速发展的需要，但并未解决与相生于中国传统手工业成长起来的艺术设计及"天人合一"理念的矛盾，而使这种矛盾在一定时期隐蔽起来。随着21世纪中国现代化进程的加快，使原有的矛盾再次变得十分突出，人们对设计师盲目追求现代风格，把功能凌驾于个性之上，削弱中国的传统设计等产生了疑问，开始重新审视包豪斯的影响，并呼唤传统优秀艺术设计和民族文化的回归。

包豪斯对现代中国设计的消极作用主要体现在以下两个方面。

4.2.2.1 功能理性对人本主义的压抑

包豪斯所提出的"艺术与技术结合"，其中的"艺术"是功能的艺术，并非我们今天认识的艺术，工艺美则是功能和结构运用的结果，认为功能就是美，表现为对"感性"和"理性"认识的偏颇。因此，自然美被功能美扼杀，个性被理性所取代，人们居住在没有文化特征的，由钢铁、水泥、玻璃构成的生硬的空间中，被迫接受这些缺乏情感的，冰冷的现代设计物。

包豪斯对人本主义的压抑还表现在意识形态方面，现今高等院校的艺术设计教育也以包豪斯思潮为主导，它也为中国的设计教育套上了功能理性的枷锁，束缚了学生个性的发挥，对包豪斯的理解程度已成为衡量学生是否具备现代设计水准的标尺，以至于讲设计必论包豪斯，对中国的传统文化则涉及较少，传统艺术观念似乎成了守旧的代名词。这些都与中国"以意为之"的教育体系背道而驰。

在国外，与包豪斯同时期的美国著名建筑设计师 L. 赖特，他冲破包豪斯的束缚，不受包豪斯的影响。1938年，赖特在美国西部亚利桑那州的一片荒地上建造了一处冬季用的住所，包含居室、文娱室和工作室。他因地制宜，就地取材，充分发挥材料本身的魅力，使整个室内外环境充满野趣，清新而自然。赖特对农村、土地、大自然抱有深厚的感情。他创作的作品与大自然有机结合，充分体现了他人本主义的价值观，与中国的设计理念有着惊人的相似之处。

4.2.2.2 对传统设计历史的漠视

用中国艺术设计的眼光和思维来审视包豪斯的影响，摆脱了包豪斯的设计方式和研究方法，从而注意到我们的祖先们在设计活动中的设计动机和绵延20余世纪的封建社会将自然与造物融为一体的"匠作之业"的设计思想和"营造法式"。

中国古代的徽标、图形汉字设计、包装工业设计、书籍装帧设计等都凝聚着民族文化非凡的设计智慧。古代的生产、生活器具，如饮食炊具、家具物件、农用工具、运输及交通舟车等，由于其中蕴涵着丰富多彩的生活内容、生活方式和生活哲理，体现着中国古代艺术设计的发展与创造的成就篇章，再有环境和室内布局，如建筑空间构造、室内陈设设计、庭园布置规划等。这些设计都较好地处理了功能与艺术的关系，战国和汉代的青铜器，不但功能突出、设计感强，造型和图案还具有突出的文化特色。中国的明式家具，既注意材料的力学性能，又充分利用和表现材料的色泽和纹理；结构轻巧，采用框架结构，符合力学原理；形体稳健，比例适度。明代家具把使用功能、技术和艺术很好地统一在一起。虽然中国艺术设计是沿着手工生产规模的扩大发展起来的，却显示出中华民族无数能工巧匠的聪明才智和中国艺术设计的雄厚实力。它体现着民族风格、地方特色和创新意识，在世界设计史上占有重要的地位，享有极高的声望。东方风格尤以中国为代表，法国宫廷设计就受到中国的影响，如室内广泛使用中国的卷草纹饰、窗棂图案、明式家具等。当然，受当时生产和科技条件的制约，中国的传统设计固然存在着注重形式的倾向，但是它始终还表现为民族、地区的风格和特点。从这个意义上讲，手工业生产时期的设计在"造物"与"人本"之间存在协调的关系。

包豪斯强调适应工业化社会，主张体现现代文明，不理会历史与传统，并认为传统是阻碍机器产品设计的因素，忽视民族文化传统的作用。"开拓机器生产时代的新的创造潜能，怀有对机器的热忱"，强调功能决定形式、不讲民族特色、个性特征，力求纯粹、反对装饰，这种理性的观念，显示其对传统的偏颇性和漠视。缺失传统的设计意味着阻断了现代与历史源流的联系，必然导致设计的枯竭，很多设计，尤其是工业设计，从中丝毫看不出中国文化的印迹，人们不能生活在没有民族文化氛围的环境里。

现代主义设计思潮在 20 世纪 50 ~ 60 年代达到高潮，"国际风格"的出现为现代主义提供了理论借口，这种国际语言逐渐推向理性化、标准化，使现代主义最终走向了极端。从 70 年代开始，在战后经济困境中复苏的欧洲国家也开始对包豪斯地位产生质疑，批评转为激烈而广泛，指责其割断设计的历史脉络，让无情的工业产品充斥于社会生活里，由功能美替代艺术美等。后来又产生与之相对立的重视人本亲近感和强调个性的多样化的新的设计思潮，缓解了现代主义的单调与乏味，在设计中引入象征性的古典设计符号或地方性造型特征，追求在设计的含义上表达民族文化，重新思索历史与时代并重的设计道路，体现出对本民族文化的需求和重视。

4.2.3 现代中国设计发展的趋向

"包豪斯思潮"对中国工业化时期的设计做出过重大的贡献，符合大工业的需要，降低了产品的生产成本。然而，它对功能的过分强调和对历史文化的漠视，已经无力引导现代中国艺术设计的方向，也不能适应高科技时代的需要。因此，本节对"包豪斯思潮"分析的目的，正是针对上述问题而引发的思索。并依此出发探讨现代中国艺术设计的发展走向。

4.2.3.1 以满足人的需要为宗旨

"为人服务，这正是设计社会功能的基石。"设计的目的是通过创造环境为人服务，设计者始终需要把人对环境的需求，包括物质使用和精神两方面，放在设计的首位。由于设计的过程中矛盾错综复杂，问题千头万绪，设计者需要清醒地认识到以人为本，为人服务。

为人服务这一平凡的真理，在设计时往往会有意无意地因从多项局部因素考虑而被忽视。现代设计需要满足人们的生理、心理等要求，需要综合地处理人与环境、人际交往等多项关系，需要在为人服务的前提下，综合解决使用功能、经济效益、舒适美观、环境氛围等种种要求。设计及实施的过程中还会涉及材料、设备以及与施工管理的协调等诸多问题。可以认为现代设计是一项综合性极强的系统工程，但是现代设计的出发点和归宿只能是为人和人际活动服务。从为人服务这一"功能的基石"出发，设计者要细致入微、设身处地地为人们创造美好的环境。因此，现代设计特别重视人体工程学、材料学、艺术学、审美心理学等方面的研究，用以科学地、深入地了解人们的生理特点、行为心理和视觉感受等方面对设计要求。

4.2.3.2 历史文脉与时代感并重

从宏观整体看，艺术设计总是从一个侧面反映当代社会物质生活和精神生活的特征，铭刻着时代的印记，但是现代设计更需要强调自觉地在设计中体现时代精神，主动地考虑满足当代社会生活活动和行为模式的需要，分析具有时代精神的价值观和审美观，积极采用当代物质技术手段。同时，人类社会的发展，不论是物质技术的，还是精神文化的，都具有历史延续性，追踪时代和尊重历史，就其社会发展的本质讲是有机统一的。不论是建筑、室内、工业等设计，都应该因地制宜地采取具有民族特点、地方风格、乡土，充分考虑历史文化的延续和发展的设计手法。应该指出，这里所说的历史文脉，并不能简单地只从形式、符号来理解，而是广义地涉及设计思想，甚至设计中的哲学思想和观点。中国著名建筑设计师张锦秋为拜祭轩辕黄帝设计的祭坛（陕西黄陵），尽管采用现代建筑设计的手段，从形体和室内空间的整体效果看，可说它既具中国内在的文化涵义，又有时代精神，体现了尊重历史文脉与时代感并重的协调风格。

4.2.3.3 多元化的包容意识

设计审美趣味多样化的趋势，反映到精神领域就是精神上的宽容性，具体到艺术设计中，许多民族都形成了多元化的包容意识，即容许设计中多种情趣，多种形式，多种风格并存。一个国家、一个地区、甚至同一个设计对象，都允许不同风格的设计形式，不同时代、不同地域的风格可以和谐共处。现代设计风格正在走向国际性、世界性、共同性、包容性。

多元化并不意味着民族性的消亡，各民族所处的地理环境，自然条件，随着科学的发展而有所改变，但却不会消失，它仍是未来风格民族性的外部条件。每个民族在长期的共同文化传统中形成的设计意识，也深深地积淀于全民族成员的无意识中，并不断地在各个时期中复现自己，这是民族风格稳定性的社会心理因素。每个民族学习其他民族风格的目的都在于不断地发展自己的风格，而不是消亡自己的风格。因此，未来中国艺术设计一定是既具有世界性，也具有民族性，不会出现单一设计风格的独享局面。

对包豪斯的探讨不仅是对中国优秀艺术设计的强调，更是对现代中国设计走向及未来发展的深层思考。中国艺术设计只有从民族文化的层面不断汲取营养，才能独立地存在并作为人类一项创造性的事业走上更加自然和协调的轨道。

练习思考题

1. 你如何理解"天人合一"的理念?

2. "包豪斯"对现代室内设计的影响表现在哪些方面?

Unit 2

第2篇　陈设篇

第 5 章　室 内 陈 设 概 述

5.1　室内陈设的含义

　　室内陈设艺术设计，英文为 Art Design of Interiorplay、Interior Decoration、Interior Furnishing。室内陈设可称为摆设、装饰，俗称软装饰。

　　室内陈设在室内环境设计的总体创意下，能体现出丰富的文化内涵，起到传神达意的艺术效果。在流传下来的古书中也有不少关于室内陈设的描述，如《后汉书·酷吏列传》记载：“权门闻之，莫不屏气。诸奢饰之物，皆各缄縢，不敢陈设。”综上所述，陈设既有陈列、布置、安排或展示的意思，亦可解释为被陈设的物件，即“陈设品”。

　　在室内环境中采用陈设艺术设计，不仅能起到渲染环境气氛和以感觉审美传递媒介的美感效果，增进生活环境中的精神风貌，它的最大功效还在于培养审美情趣，提高文化修养，开阔知识视野，陶冶性情，完善精神品质和心灵内涵。室内陈设应与空间的用途和性质相一致，从选择陈设内容，确定陈设格局，到形成陈设风格，都要充分考虑空间的用途和性质。综观古今中外成功的陈设，有的富丽豪华，有的古朴典雅，但无一不与空间的用途和性质相契合。室内陈设艺术设计是一个综合性极强的艺术，要对整个空间进行把握和设计，体现出空间的内涵和魅力，赋予室内环境以生机并与居住者的气质和修养相一致。它对室内空间形象的塑造、气氛的表达、环境的渲染起着锦上添花、画龙点睛的作用，是任何完整的室内空间所必不可少的内容。作为陈设的基本目的和深刻意义，始终是以其表达一定的思想内涵和精神文化方面为着眼点，并起着其他物质功能所无法代替的作用。

5.2　室内陈设的范围和作用

5.2.1　室内陈设的范围

　　室内陈设的重点是室内“意蕴营造”，也就是室内空间内涵和气质的营造。它是以感觉传递精神品质和生活内涵为基本领域。从原则上讲，室内“意蕴营造”必须充分发挥“艺术性”和“个性”两个特点。陈设设计首先是一种状态，是一种语言。其次，室内陈设是活的和生动的艺术。

　　陈设设计是指在室内设计的过程中，设计者根据环境特点、功能需求、使用对象要求和工艺特点等因素，设计出高舒适度、高艺术境界、高品位的理想环境。它与室内设计的共同点都是要解决室内空间形象、装修中的装饰问题，包括灯具、生活器皿、工艺品、家用电器、雕塑、织物、盆景等。不同点是关注的重点和研究的深度有所不同。陈设需要在室内设计的整体构思下，对艺术品、生活用品、收藏品、绿化等作进一步深入细致的设计，体现出文化层次，以获得增光添彩的艺术效果。

室内陈设是室内设计的一个分支，但又自成体系。从历史上来说，室内设计起源于室内装饰，是室内装饰在今天的发展结果。室内陈设是室内设计的一部分，也是最后制造"灵魂"的部分。室内环境是包含室内陈设品在内的，如果室内空间是整体，则陈设可算做局部，但这个"局部"是可移动的，可随居住者意愿变化的。

5.2.2　室内陈设的作用

陈设艺术设计之所以受到人们如此的关注与喜爱，主要是因为对于收藏的冲动和装饰生活环境的需要都是人类最根本的特性之一。可以说，人类从诞生之日起就是生活在艺术中的，并且已经延续了几千年。追溯起来，氏族社会仪式上放置的图腾就可算做陈设，然后宗教的意义慢慢淡化了，演变出了最初的陈设意识。陈设艺术在人类生活中不断地完善着，逐步形成了相对独立的体系。

物质满足了，就会有精神上的需要。然而，在过去的几十年中，人们常常忙于最基本的生活资料的积累，却忽视了与人们伴随的艺术。虽然最高水准的艺术收藏还是局限在富有阶层，但所有人都可以根据自己的品位来进行收藏活动。艺术收藏是对一段历史的见证，是一种内在需要的满足。如此一来，与艺术生活在一起就成为人们的一种生存方式。

人本化设计正日渐深入人心，人自身价值的回归成为关注的焦点。要营造理想的环境空间，就必须处理好陈设与人心理情感的关联。要充分利用不同陈设品所呈现出的不同性格特点和文化内涵，使单调、枯燥、静态的环境空间变成丰富的、充满情趣的、动态的空间，从而满足不同社会阶层，不同消费需求的人的要求。就此而言，陈设设计在室内环境中占据着重要地位，起着举足轻重的作用。

室内陈设设计对于改善、优化室内的环境具有重要的作用。具体体现在以下方面。

5.2.2.1　营造室内的气氛和意境

气氛就是内部环境给人的总印象。这里所说的总印象则更加近似于个性，是能够多少体现这个环境与那个环境具有不同性格的东西。通常所说的轻松活泼、庄严肃穆、安静亲切、欢快热烈、朴实无华、富丽堂皇、古朴典雅、新颖时髦等就是用来表述气氛的。意境则是室内环境所要集中体现的某种思想和主题。与气氛相比较，意境不仅可被人感受，给人以启示或教益，还能引起人们情感上的共鸣。以上海世博会中国馆为例，室内过厅顶部以红色的"中国结"为图案装点，中国结飘带构成自由飘逸的氛围，产生出中国草书龙飞凤舞的效果，深灰色的背景辅以白色的灯带形成韵律，与室外横梁顶端的镂刻金石印章交相辉映，通过典型的、有代表性的文化符号，有力地表达了中华文化博大的内涵和深刻的意境。而这些都是靠陈设来完成的。

5.2.2.2　改善空间形态

由墙面、地面、顶面围合的空间称之为一次空间，由于建筑结构的特性，一般情况下很难改变其形状。而利用室内陈设物分隔空间就是首选的好办法，我们把这种在一次空间中划分出的可变空间称之为二次空间。

有些建筑以刻板的线条、生硬的界面构成单调冷漠的空间形态，使长期生存在其中的人们感到枯燥、厌倦。陈设品中的绿色植物、工艺品、织物等都可以其靓丽的色彩、生动的形态、无限的趣味，可以有效地改善室内的空间形态。

5.2.2.3　柔化室内空间

在有些建筑中，密集的钢架、成片的玻璃幕墙、光亮的金属板材充斥了室内空间，这些材料所表现出的生硬冰冷的质感，使人们对空间产生了疏远感。而丰富多彩的室内陈设品可以明显地柔化空间感觉，同时也给室内空间带来一派生机。

5.2.2.4　表现空间的意向

优秀的室内设计总是需要具有特定的气氛或明确的主题，而多数建筑空间所表述的意象比较抽象，它对于人们的心理感觉较为间接、迟缓，因此当室内空间需要表达某种气氛，确定一种主题时，可借助于室内陈设设计。陈设品大多为具象的物品，它在室内环境中可起到"画龙点睛"和"情景交融"的作用。

5.2.2.5　调节室内色彩

室内空间环境中最先进入我们视觉感官的是色彩，而最具有感染力的也是色彩。如红色使人心跳加快快、感到兴奋，黄色是所有色相中明度最高的色彩，具有轻快、透明、活泼、光明等印象。不同的色彩可以引起不同的心理感受，室内环境色彩对室内的空间感知度、舒适度、环境气氛、使用效率、人的心理和生理均有很大的影响。

陈设具有千姿百态的造型和丰富的色彩，赋予室内空间生命力，使环境鲜活起来。陈设物的色彩既作为主体色彩而存在，又作为点缀色彩。室内环境的色彩有很大一部分由陈设品决定的。例如在一个地面、墙面、天花色彩单调、沉闷的客厅空间，精心挑选放入色彩明快的挂画或插花，给空间带来丰富的色彩，也能起到了柔化空间和调节室内空间色彩的作用。

5.2.2.6　反映民族特色和地域文化

简单地说，民族文化是指特定民族生活、劳作的方式，风俗习惯，精神面貌等。每个民族都有自己的文化，一旦这个地区或民族失去了自己的特色文化，它就会渐渐在强势文化中消失。民族文化又总是同特定的地域联系在一起的，体现了地域的某些特色，因此便有地域文化的概念。所谓地域文化就是指某一特定地区的民族文化。地域文化是某一特定地区人民在长期的生产和生活实践中创造形成的，它的形成有三个主要因素：一是本土的地域环境、自然条件、季节气候；二是历史遗风、先辈祖训及生活方式；三是民俗礼仪、本土文化、风土人情、当地用材。不同的地域文化有不同的特质，深入研究和准确地概括地域文化的主要特质，有助于我们更好地把握地域文化的发展规律，并使之为室内环境设计服务。

5.2.2.7　陶冶艺术情趣

陈设可以美化室内空间，令人身心愉悦，提高人的审美意识，陶冶情趣，孕育文化涵养和个人品位；其选择与布置还能体现一个人的职业特征、性格爱好及修养、品味，是人们表现自我的手段之一。在室内环境中布置出造型优美、格调高雅、工艺精致，特别是具有文化内涵的陈设品，可以营造出不同情趣的室内环境。例如：陶艺艺术家的工作室陈设陶罐、陶雕、陶器等，显示了居住者的职业以及个人艺术风格。

　　室内陈设品所具有的形态、形式、文化内涵、历史意义以及审美情趣，使它们在室内空间中形成一个个熠熠生辉的"闪光点"，这些"闪光点"是环境的悦目之处，情趣的精彩之处，空间的高潮之处，没有这些"闪光点"，室内空间就会黯然失色。

练习思考题

1. 简述你对室内陈设设计的理解。

2. 为什么说"室内陈设是室内设计的一个分支，但又自成体系"？

3. 室内陈设设计在室内环境营造中为什么具有"画龙点睛"的作用？

第6章　室内陈设的特点和原则

室内陈设不仅直接影响人们的生活品质，还与室内的空间组织、室内环境密切相关。现代室内陈设在满足人们生活、休闲等基本要求的同时，还必须符合审美的原则，给人们带来美的享受。

6.1　室内陈设的特点

人类用陈设品来美化室内空间，已有几千年的历史了。现代陈设是由传统陈设发展而来的。一方面，现代陈设与传统陈设之间有着传承关系，如现代陈设中的绘画品、雕塑品、编织品，都是在传统绘画、雕塑、编织品的基础上发展而来的；另一方面，现代陈设又是现代社会的产物，它不仅是现代科学技术的结晶，而且还打上了现代人思想感情的印记。现代陈设具有以下突出特点。

6.1.1　科技性

科技性，是现代陈设的首要特征。现代陈设与现代科学技术有着更密切的联系。由于现代陈设品类浩繁，它与现代科学技术的联系也呈现出复杂形态。归纳起来，现代陈设与现代科学技术的联系有以下3种情况。

（1）古老品种和传统材料的现代科学技术加工。如装饰性织物中的地毯、挂毯、窗帘、台布等，装饰陶瓷中的陶瓷雕塑、陶瓷彩绘等，这些陈设品的生产和运用都有着悠久的历史。但是，传统产品都是作坊生产，手工制作。到了现代社会，这些传统产品的加工方式和制作手段都发生了根本性变化，从作坊生产、手工制作变成了现代大工业生产和机器操作。不仅生产的速度快、数量多，而且还赋予了古老品种以新的形式、新的生命。

（2）传统形式的现代材料。如装饰织物中的尼龙地毯、化纤地毯、塑料台布，装饰雕塑中的混凝土雕塑等，这些产品的形式和门类都是传统的，但其制作材料却是现代的，是现代科学技术的产物。这些现代材料制作出的传统形式的陈设品，具有传统材料所不可比拟的优越性。如尼龙地毯、化纤地毯，不仅比羊毛地毯更耐磨，而且不易被虫蛀。装饰混凝土雕塑不仅比大理石雕塑价格低廉，而且更耐腐蚀，生命力更长久。

（3）现代材料经现代科学技术手法加工而成的现代产品，如马赛克镶嵌画、铝合金百叶窗、不锈钢小品等，这些产品与科学技术的联系更加紧密，是现代科学技术的直接成果。离开了现代科学技术，就不会有这些陈设品的出现。

6.1.2   时代性

时代性，是现代陈设品的第二个重要特征。所谓陈设的现代性特征，在这里并非指它与现代科学技术的联系，而是指它所体现的现代人的思想感情、精神风貌、审美意识以及它的现代形态。陈设的现代性特征主要表现在3个方面。

（1）反映现代人的生活内容与精神风貌。现代陈设，作为一种装饰艺术品，也与其他形式的艺术作品一样，都要或直接、或间接地反映现代人的生活内容和精神风貌。许多织物的图案，许多雕塑的造型，许多书画的内容，不管是古已有之的传统形式，还是现代社会出现的新兴品种，大都不约而同地以现代人的生活为题材，以现代人的精神风貌为内容。如南京金陵饭店客房的丝绒画《江苏名胜夜景》、北京东四十条地铁车站的巨型陶瓷镶嵌壁画《华夏雄风》《走向世界》等，都是现实生活内容和现代人精神风貌的艺术再现。

（2）体现现代人的思想感情和审美情趣。人们的思想感情和审美情趣是有时代色彩的。现代陈设作为现代人的创造成果，无疑是现代人思想感情的对象化的对应物。那些直接反映现代生活和现代人精神风貌的作品自不必说，就是那些以历史典籍、民间传说、神话故事为内容的陈设品，实际上也被现代人的思想光辉所照亮，感情因素所渗透，审美情趣所浸染。北京长城饭店大厅的彩锦壁画《长城万里图》所描绘的气势磅礴的万里长城，优美宜人的四季景象，所体现的是现代人面对长城的自豪感和崇高感，而非对长城遗迹的刻板模仿。江苏苏州一带许多家庭都挂有以张继《枫桥夜泊》为内容的书法作品，这些居室主人的心情恐怕多半是欣赏张继所描绘的枫桥景致和悠远意蕴，而较少有张继本人的愁情苦意。

（3）展示具有现代品格的艺术形象。一代人有一代人的美，一代人有一代人的艺术形象。现代陈设所展示的艺术形象与传统陈设艺术形象有着很大的区别。传统陈设所展示的艺术形象是一种具体的、栩栩如生的艺术形象，而现代陈设所展示的是一种抽象化的艺术形象。抽象性是现代艺术形象的基本品格，也是现代陈设形象的一个重要特征。一些装饰性织物、绘画、雕塑作品，并不反映生活中的某一具体内容，也不描绘某种具体生动的艺术形象，而是描绘一些抽象的几何图案。这些具有现代品格的抽象性艺术形象，给人们留下了一大片的艺术空白和想象余地，人们可以凭借自己的生活经验和想象能力，从不同的角度和侧面去领略其抽象美。

6.1.3   审美化

审美化，是现代陈设的第三个重要的特征。现代陈设，作为现代艺术的一种附属构件，一般不具有实用价值。它存在的意义就在于它是一种非实用的"装饰性摆设品"，它的主要功能就在于对现代室内空间的丰富，它的特殊品质就是审美化。现代陈设的特征，具体表现在以下几点。

6.1.3.1   形式

现代陈设，虽然要反映一定的生活内容，表现一定的思想感情。但就其根本的审美属性而言，它并非靠内容取胜的美学形象，而是靠形式取胜的审美对象。形式性是现代陈设最突出的美学属性。换句话说，现代陈设的美主要表现在线、形、色等方面。人们欣赏一幅地毯、一张台布、一尊雕塑，主要是看它的构图是否新颖，线条是否生动，形象是否独特，色彩是否和谐等形式方面的因素，而不去强调它表现了什么内容，具有什么寓意。尽管内容和寓意也是现代陈设必不可少的因素，但它却不是人们欣赏的主要方面。

6.1.3.2　技巧

陈设设计是技术和艺术的统一，是传统工艺与现代科技的结合。陈设的设计制作，需要高超的技术水平。技巧性是现代陈设艺术特征的基本特征之一。因此，欣赏陈设，还应看其工艺水平、制作技巧。如欣赏彩锦刺绣品，不仅要看其戳纱、纳锦的技术水平，而且还要看其格的规则匀称、线的色彩和折光反映等。欣赏彩陶制品，就要看其上釉水平、着色技巧、刻刺工艺。如果技术性差，工艺水平不高，也不是完美的陈设品。

6.1.3.3　新颖

陈设由于是现代工业生产和现代科学技术的产物，它必然带有标准化、规格化等类的特征，这是一个无法否认的事实。但是，我们同时也应看到，陈设的艺术性品格又使它不甘忍受标准化、规格化的束缚，总是力求冲破其羁绊而追求新颖。新颖是现代陈设审美化特征的又一表现。当然，现代陈设的新颖性与纯文学艺术作品的新颖性又有所不同。纯文学艺术作品的新颖性主要表现为艺术形象的独一无二、不可重复的个性化、独创性。陈设的新颖性则主要表现为构图上、技术上的创新性。

科学性、现代性、审美化是现代陈设都具有的特点，尽管不同种类的陈设由于自身历史的差异，材料的区别，工艺的不同，其中可能某一特性十分突出，另一特性又极其微弱，但这三者始终是有机地统一在一起的，从而构成了现代陈设共同的基本特征。

6.2　室内陈设的原则

陈设是室内设计的构成要素，许多建筑空间都设置有陈设品。毋庸置疑，陈设品设计是室内设计的一个重要组成部分，但是，并非任何一件陈设品放在任何一个室内空间都可构成意境。陈设品要在室内空间构成气氛和意境，既不在数量的多少，也不在价格的高低，而在于选择的恰当、精致。因此，陈设设计应遵循以下原则。

6.2.1　统一风格

所谓统一风格，就是指的陈设设计的风格与室内空间环境风格相一致，从而使陈设与室内空间有机地统一起来，形成一种整体美。相反，如果陈设品与室内风格不协调，甚至形成矛盾冲突，就会使双方受损，陈设不显其美，室内不增其美。在陈设设计时，就应设考虑形式与内容的连贯，从情趣到意境都具有艺术气息的作品，如变形雕塑、抽象绘画等。同样，一个具有中国的民族性、地方性风格的室内环境，在陈设设计时，就应表现出那些具有民族意识和地方色彩风格的作品，如传统的刺绣、彩陶、蜡染、国画等。当然，也不应当绝对化。有时，在现代风格的室内空间陈列一件古董也显得别有一番情趣。但这只能是部分的对比，整体必须统一，否则，就会破坏风格的完整。

6.2.2 关系协调

关系的协调，是陈设设计必须遵循的一条形式美法则。陈设设计不能只是两眼盯住陈设本身去就物选物，把陈设作为一种孤立的构件看待，而应考虑它与对象的关系，与对象保持协调一致，这样才能充分发挥陈设设计的作用，形成一种美的意境。关系协调有以下几点。

6.2.2.1 功能协调

不同性质的室内空间具有不同的功能；不同性质的空间有着不同的作用。同样是特殊的公共空间，车站和酒店的功能不同；同样是现代住宅空间，客厅和卧室的作用有别，反映在陈设上，不同类型的陈设品，适合不同性质的空间；同一类型中不同样式和尺度的陈设品，适用于不同的室内空间。选择陈设品，必须考虑室内与陈设之间关系的协调性。如纪念性建筑物的陈设品，就应选择实体雕塑、浮雕、壁画等；车站、旅馆等公共空间的大厅，则应选择壁画、大型艺术挂毯等；而卧室则宜选择幅面小、生活气息浓的油画、壁挂等，从而使室内空间的功能与陈设品的功能达到协调。

6.2.2.2 尺度协调

古希腊毕达哥拉斯派提出的"美是和谐与比例"的观点，说明了事物的秩序、比例、尺度对美的重要性。而长期流行于欧洲美学界、艺术界的"黄金分割律"，更是直接强调了设计是事物各部分之间一定的数学比例关系。尽管审美是尺度协调的观点具有一定机械性的局限，也不能说明美的全部含义，但它对艺术形式的创造，对陈设设计却具有极其重要的指导意义。陈设设计，必须将室内空间面积的尺度与陈设的尺度联系起来考虑。一般说来，两者之间的尺度要成正比，才会尺寸相当，比例协调。例如，北京人民大会堂宴会厅是一个可容纳5000人的宏阔空间，装饰《江山如此多娇》巨型壁画，显得气势磅礴，具有一种壮美感。如果换成一幅小壁画或一幅国画，则会变得毫无气势，甚至被人们忽略。在卧室、书房陈列一个小瓶、一束小花，给人一种典雅、秀美感。而在星级酒店大厅陈设这样的小瓶、小花，就很不协调，不易引起人们的共鸣。在陈设设计上，尺度的设计是一项不可违背的法则。

6.2.2.3 氛围协调

设计者在进行室内设计时，总要通过特定的材料和手法为他们的作品创造特定的氛围。不同的室内空间，由于其性质、功能的不同，所表现出的氛围也不尽相同。如宗教的神秘，纪念空间的庄严，居室环境的亲切，卧室的恬静，书房的典雅，新房的喜庆。同样，不同种类，不同造型，不同色彩的陈设品，也都有自己大致的设计对象，适用于不同的氛围特点。如洋娃娃适用于童房、新房；唐三彩宜陈列在客厅、书房。陈设设计时，也应根据不同室内空间的氛围特点，选择相应性质的陈设品，使二者在氛围上保持一致性。例如，在一个色调凝重的书房深色办公桌台面，陈列一个白色花瓶，插上几枝白色玫瑰花，也许会使气氛活跃些，对比强烈，效果不错。但将它移进新房，就因与喜庆氛围极不协调而大煞风景，给人以不祥之感。一尊小型的《大卫》雕塑，陈列在西式风格的客厅，就显得和谐，移至中式客厅，就显得不伦不类，放到小女孩儿房间，更是极不恰当。

协调一致是陈设设计的前提，即使对比性选择，同样是以协调性为前提的，也必须消除对比物差异面的对立，转向相互依存而达到协调一致，才会使陈设与室内呈现出和谐效果。

6.2.2.4　地位从属

在陈设与室内空间的关系上，室内空间处于主导地位，陈设处于从属地位。主导者支配从属者，从属者服从主导者。

在陈设设计时，一定要坚持从属性原则。陈设品有利于室内空间的美化，对室内空间的实用功能与整体艺术效果有积极的作用，这种陈设就是选择的对象，反之，就不在选择之列。常常有这种情况，一件品质好、艺术价值高的陈设品，孤立地看无可挑剔，但落实到具体的对象，就显得不合适，甚至犹如鹤立鸡群一样地高居于空间对象之上，反客为主。如一盏金碧辉煌的枝形吊灯之于森林风格的空间，依照从属性原则，也是不可选用的。有时，人们会有意识地选择一些与原室内空间不很和谐的陈设品，用以改变原空间关系和效果。但这种改变只能是对原室内空间关系和设计缺陷的补偿或艺术效果的突出，离开了这个前提，任何对原室内空间环境关系的改变，都是无益的，也是与从属性原则相悖离的。

6.3　室内陈设与空间布局

陈设品布局的主要目的是为构建室内空间中的景点。陈设的布局与陈设的设计原则一样，是一门学问，一门艺术，也必须遵循一定的规则。如果说，陈设设计的原则在于为不同的室内对象设计完美和谐的陈设品，那么，陈设的布局，则在于为每件陈设品找到最佳的角度与位置。因此必须把握好陈设品布局的规律。

6.3.1　确立主要景观点及秩序

不同室内空间，不仅陈设本身有大有小，有多有少，而且其布局方法也不尽相同。但无论陈设品大小多少，布局方法如何不同，在进行布局的艺术设计时，都不约而同地遵循了一条规律：首先考虑的是主要景观点的确立与空间环境中心的构成。不同的室内空间，不同的家具布置方式，决定了每个主要景观点与中心的不同位置，有的可能在正面，有的可能在侧面。然而，无论它们处于哪个面，主要景观点和中心必须是该室内空间面积最大、视点最集中的地方。在客厅中，一组沙发构成一个会谈空间。沙发对面，就是客厅的主要景观点和趣味中心，就应在这个位置上布置整个室内空间中面积最大、造型最生动、色彩最吸引人的陈设品。在卧室，主要景观点与趣味中心应在床对面的墙面，但如果对面墙壁被高大的组合橱柜占据，则可移至床侧或床后的墙面。但有一点不可忽视，无论主要景观点与空间环境中心在何处；其陈设必须最突出，最吸引人。若不能吸引人，这个主要景观点的确立的构成是不成功的。

应该说，一个室内空间陈设的陈列以少而精为佳。但是，无论如何少，如何精，一般都难以少到、精到一两件。在一般情况下，一个室内空间的各种陈设品都在三件以上，甚至多到十件以上（如装饰橱柜中的工艺品陈列，儿童房间中的玩具陈列等）。因此，陈设品的陈列就必须符合一定的章法，讲究秩序，具有秩序感。或是整齐一律，或是平衡对称，或是形的由小到大，或是色的由浅入深，但总得有章可循，有"法"可依。如果不讲章法，不顺应形式美的规律，就会杂乱无章，没有秩序，从而失去装饰意义。然而，仅有秩序也不够，在秩序中还应有变化，还应方圆相配，曲直相间，高低错落，疏密有致，具有变化性。如果只有秩序而无变化，就会显得呆板，没有生气。陈设的陈列只有在秩序性与变化性的统一中才能现出和谐，现出韵味，现出美感。

6.3.2　室内陈设布局的要点

室内陈设布局的要点有以下几点：

一是要根据该室内空间整体效果来确定布置陈设品的位置以及陈设品的品种、内容、数量、形态等；二是要根据陈设设计的意图确定各种陈设品在空间中的不同位置，以表现出陈设景观的主次关系。同一个陈设品在不同的位置，视觉感知度的强弱不同，大致可按下列次序排列：规整平面的中心→主要空间正立面的中部、几个平面中轴线的交汇处→平面中轴线的端点、不规则空间中视线的汇聚处、平面的中轴线上→两个空间的过渡处、异形空间处、空旷的界面上、平面立面的起伏处→对称平面中轴线的两侧→立面转折的阴角处。以上所示并非是一种公式，在具体运用中还必须根据空间的性质，以及陈设品的内容、形态等诸多因素来综合考虑其在空间中的感知度。

在陈设品布置中应考虑观赏者的视点与陈设品之间的距离，亦即视距。视距越长，视野越大，但对物象的感觉越模糊。在这种情况下布置陈设品时应注意：加大陈设品的尺寸和体积感；加强陈设品的色彩饱和度；加大陈设品与背景或环境之间的视觉对比因增加灯光的配置，以取得远距离观赏时具有较强烈的视觉效果和整体感。展示空间的展架设计就是为保证远距离的观看效果。

视距越短，视野越小，而物象的感觉越清晰。在这种情况下布置陈设品时应注意：陈设品的尺度宜小而亲切；陈设品的图案、线条、肌理、工艺等都要精致、细腻；陈设品的色彩宜平和而含蓄。总之，要使观赏者在近距离中感受到陈设品的艺术魅力。

陈设品在不同高度中的布局效果，人的垂直视角可分为平视、仰视、俯视三种状况。平视，是指在视平线上下13°左右，即26°左右范围的视觉高度，处于平视中的物体容易产生平和、宁静的感觉；仰视，是指在视平线以上大于13°仰角的视觉高度，处于仰视中的物体容易形成向上、崇高的效果；俯视，是指在视平线以下大于13°俯角的视觉高度，俯视物体容易产生居高、自满的情绪。由此可见，将陈设品布置在不同高度，可形成不同的视觉感受。然而，人们在观赏陈设品时的视高和视角并非一成不变。因此，在布置高大的陈设品时，应考虑到人在不同视高中的视觉效果，尽量使陈设品在各种高度中都能给人以美的感觉。

6.3.3　室内陈设布局的方法

6.3.3.1　视线的汇聚处

视线的汇聚处，是指不同方位中人的视线集中处。在此布置陈设品必然会成为空间中的视觉中心（图6-1）。

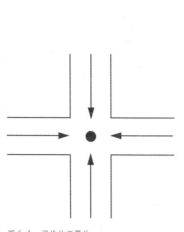

图 6-1　视线的汇聚处

6.3.3.2　布局在平面轴线的交汇处

　　平面轴线的交汇处的交汇处是指两个或两个以上平面中轴线的交点，布置在此处的陈设品自然会成为空间过渡中的景点，并具有标志和导向作用（图 6-2）。

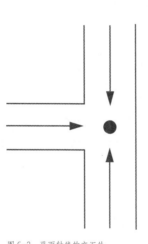

图 6-2　平面轴线的交汇处

6.3.3.3　布局在规则平面的中心

　　规则平面的中心，通常都会成为视线的汇聚处。如将陈设品布置在此处，既能吸引视线，又能起到重点布局的作用。倘若陈设品本身具有较大的体量和新颖的造型，必然会成为整个空间的第一视觉中心（图 6-3）。

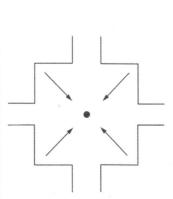

图 6-3　规则平面的中心

6.3.3.4 布局在平面的中轴线上

将陈设品有机地布局在单个平面或组合平面的中轴线上，都会起到强化空间序列，协调空间感觉的作用（图6-4）。

6.3.3.5 布局在平面中轴线的端点

中轴线的端点是人的视觉的终点，视线必然会在此停留较长的时间。在此布置陈设品，可以成为重要的景点（图6-5）。

6.3.3.6 布局在平面中轴线两侧

平面中轴线两侧的位置一般呈对称构图。对称性具有端庄、规整的感觉，若将陈设品布置在中轴线的两侧，并形成互为对景的布局，可以加强空间的庄重感（图6-6）。

图 6-4 平面的中轴线上

图 6-5 平面中轴线的端点

图 6-6 平面中轴线两侧

6.3.3.7 布局在平面转折的阴角处

平面转折的阴角处，也就是两个立面相交后形成的内凹空间。这种空间一方面具有生硬的视觉感觉；另一方面空间形态又具有需要向前推进或填实的要求。因此，在此布置陈设品，既可以淡化立面转折时形成的生硬感，又可以使内凹空间的形态得到修饰（图6-7）。

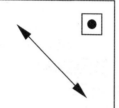

图 6-7　平面转折的阴角处

6.3.3.8　布局在平面、立面的起伏处

平面、立面的起伏处，都是人的视觉必然的停留处。在此处布置的陈设品，可以得到充分的展示效果。另外，由于视觉对空间形态的感觉因素的差异，对于平面、立面起伏处的布置原则、方法不尽相同。在立面内凹处，既可布置平面状的陈设品，也可布置立体状的陈设品。而在立面的外凸处，大多布置平面状的陈设品。在起伏连续的立面上，通常主要布置在内凹的立面中。对于平面起伏的空间，无论是外凸还是内凹，均可布置各种形态的陈设品（图 6-8）。

6.3.3.9　布局在空间的过渡处

在空间的过渡处，特别是两个形态、风格截然不同的空间，其感觉较为生硬，但如果选择合适的、体量适中的陈设品，就可淡化这两个空间过渡处的生硬感（图 6-9）。

图 6-8　平面、立面的起伏处

图 6-9　空间的过渡处

6.3.3.10 布局在异形空间中

在室内经常会出现一些不规则的异形空间。改善异形空间的最佳方法是功能上利用、形式上美化。形式上美化的主要途径就是布置陈设品。在异形空间中布置恰当的陈设品，并设计好陈设品的环境，会出现各种令人别开生面的效果。陈设品除了布置在上述一些空间位置外，还可以布置在需要强调或丰富的平面、立面或空间中，布置方式应根据室内设计的总体构思来决定（图6-10）。

6.3.3.11 布局在空旷的界面

当视觉停留在一些面积较大，但又无平面形态变化的界面上，会感到很单调。为此，在这种界面上应适当布置一些陈设品，以丰富界面的视觉感觉（图6-11）。

图6-10 异形空间中

图6-11 空旷的界面

练习思考题

1. 室内陈设设计与审美的联系。

2. 简述室内陈设设计的特点。

3. 室内陈设设计与室内陈设品布局设计有何区别？

4. 本章介绍的是陈设品布局的常用方法，根据你的观察，看看是否还有其他方法。

第7章　室内陈设与各功能空间

7.1　陈设与居室空间

居室空间按使用功能可区分为以下几个部分：客厅、卧室、书房、餐室、厨房、卫生间、贮藏室、门厅等。其中客厅、卧室、书房是陈设设计的重点空间。

7.1.1　客厅的陈设

客厅也即起居室，是一个非常重要的生活空间，它既是家人聚集交谈和进行文化娱乐活动的中心，又是接待亲朋好友、开展社交活动的场所，功能显要，使用频繁，而且最能显示居室主人的修养、习惯和审美情趣，所以客厅的陈设设计理所当然成了居室陈设的重点。

客厅陈设中考虑的基本因素是客厅的面积、室内空间的形态以及居室主人的爱好。面积的大小决定摆放家具和其他陈设品的多少；空间的形态决定家具摆放的形式；主人的爱好决定陈设艺术风格的倾向。

客厅可以是单一功能的空间，也可以是复合功能的空间，如会客兼餐饮、会客兼阅读书写等，对于这些不同功能的空间在陈设设计上都应区别对待。视听设备是与沙发配套使用的，视听设备一般放在沙发的对面，并利用低柜或组合柜存放，电视机摆放的高度以等于或略低于人坐在沙发上的视平线高度较为适宜。

对于复合功能的客厅，通常利用隔断或橱柜进行功能区的划分。隔断要带有一定的通透性，这样可以避免产生闭塞感。橱柜的高度不宜太高，一般控制在 2.2m 以下，否则显得突兀。小面积的客厅主要用低柜分隔，如果用高柜，上部最好做成通透式搁架，以保持区域间具有通透感。

客厅要选用与环境协调的窗帘，大面积窗户应装衬帘，以更好地调节室内光照。客厅窗帘的面料不宜花哨，否则会产生杂乱的视觉感觉。此外，沙发上的靠垫、桌几上的台布、台灯上的灯罩等也是起适当装饰作用的织物陈设。见图盆栽植物、盆景和插花都是客厅中必要的陈设品，对创造空间的亲切自然的气氛具有重要作用。植物的选择要考虑到墙面和家具的色彩，如墙面是深色的，则不宜配置深绿色观叶植物。大面积客厅的沙发旁或墙角，可摆放大型或中型观叶植物，小面积的客厅则宜摆放小型的观叶植物或藤蔓性植物。在茶几和橱柜上可放置盆花、盆景、插花等。

客厅中应充分利用台灯、落地灯、茶具等生活器皿以及块状地毯，体现方便、舒适、美观的效果。通常客厅中陈设艺术品是必不可少的，可利用博古架、组合柜、壁柜等集中陈列雕塑品、古玩等，也可在桌、几上摆放少量工艺品、艺术品，在客厅中还应利用墙面布置书画、壁挂以及工艺品等，但要少而精，在大面积墙面上既可布置多幅作品，也可挂置巨大的单幅画作（图7-1～图7-3）。

图7-1 客厅陈设示例一

图7-2 客厅陈设示例二

图7-3 客厅陈设示例三

7.1.2 卧室的陈设

卧室主要是供人们睡眠休息的地方，是私密性较强的空间，需要营造静谧、温馨、舒适的环境氛围。卧室除睡眠外，有时还兼有化妆整理、观赏音像、储物以及学习等功能。

卧室是使用织物陈设最多的空间，常用的有窗帘、床罩、床单、靠垫、壁挂等，大件织物的色调花型应相似，织物的选择既要有利于加强空间的温馨感和轻松感，还要根据主人的爱好，表现出个性。

卧室中宜选择小巧、叶色较淡的观叶盆栽植物，如文竹、蕨类植物、羊齿类植物等，它们的叶、茎细小，有柔软感，易使人心情放松。植株大、颜色浓、形状有硬感的植物不宜放在卧室。而叶子宽厚、性态平和的观叶植物是可以摆放的。卧室还可放些茉莉之类的芳香花卉，如放在窗旁，随风飘香更加怡人。在卧室的桌几、案头宜放置盆景，低柜上可放置小型观叶植物或插花等。在卧室布置绿色植物尤应注意安全，一般不宜布置悬挂式花盆，尤其在床的上方更不应有悬挂植物。

卧室装饰可充分表现个性，墙面可悬挂带浪漫色彩的绘画或照片，案头布置一些个人喜爱的艺术品或感情色彩浓厚的陈设，如结婚照、纪念品等，使整个空间充溢温馨的生活气息和个性色彩（图7-4、图7-5）。

图7-4　卧室陈设示例一

图7-5　卧室陈设示例二

7.1.3　书房的陈设

书房是从事脑力劳动的场所，要求环境具有舒适、宁静和文雅的气氛。同时书房的陈设布置也能显示出主人的突化素养、职业性质和爱好情趣。

书房的窗户应设窗帘，这是保证避开室外各种干扰的必要设施。窗帘的色彩花型应比较素雅，书房的坐椅上还可放置靠垫。书房中点缀一些盆景或插花是比较适宜的。在书橱、书架及书桌上摆放盆景、插花可增加房间的活力，在墙上或柱上挂置鲜花、竹篮或其他花器会增加室内的自然气息。

书房的艺术品陈设要求简洁和高品位，组合柜式的书柜内摆放少量古玩、工艺品或小型雕塑等，可与书籍相映生辉。写字台上可放少量具有观赏价值的工艺品和精美的文具。书房的墙面悬挂书画作品，可表现主人的书卷气（图7-6、图7-7）。

图7-6　书房陈设示例一

图7-7　书房陈设示例二

7.1.4　儿童房的陈设

每个人的个性特征、兴趣爱好、生活习惯、价值观念的形成，虽受社会和个人双重因素的制约，但个人的经历却是主要的，尤其是童年时期的经历。童年时期所受的影响、教育，所处的环境，对人一生的作用是不可低估的。苏联美学家阿·布洛夫在《美学：问题与争论》一书中强调，教育者和父母在儿童发育阶段，"必须特别关心所接收信息的性质，儿童接受这种信息，有时会铭记终生。"美的居室环境，对少年儿童的成长有着极为重要的作用。为儿童的成长提供一个良好的环境，是陈设设计的职责之一，设计中应遵循以下原则。

7.1.4.1　构图的趣味性

儿童房间是儿童休息、学习、游戏、发展的空间。儿童房间的陈设设计要符合儿童的生理和心理特点。儿童最突出的心理特点之一就是喜欢有趣味性的东西。儿童喜欢幻想，喜欢游戏，趣味性强的东西对他们最有吸引力。儿童房间墙面、地面设计构图要生动活泼，具有童话般的梦幻趣味，能引导儿童神思遐想，启迪他们的智慧，激发他们的灵感。儿童房间的家具，造型要新颖别致，摆设要富于变化性，轻巧灵便，易于搬动与组合。当儿童游戏需要更大的空间时，他们可以自己动手移动，腾出更多空间，游戏完毕，又很快恢复原状（图7-8）。

图7-8　儿童房陈设示例一

7.1.4.2　色彩的丰富性

少年儿童形象思维能力长于抽象思维能力。想象力强，爱做五彩缤纷的梦。这一心理特点反映到色彩上，就是喜欢丰富而艳丽的色彩。在儿童居室的陈设计中，一定要照顾儿童的这一心理特点，满足儿童在色彩上的审美需求，用热烈、饱满、艳丽的色彩去美化儿童房间，使儿童的生活空间洋溢着希望与生气，充满着想象和幻想。图7-9是一个女孩子的房间设计。它在色彩运用上注意了儿童的心理特征，色彩丰富艳丽，充满童趣。墙上有序悬挂三个立体的小木屋，金黄色的地板与室外阳光共辉映，绿色的弧形吊顶、绿色的仿植物座椅，洋溢着春天的气息。浅灰色的家具，黑色不规则小圈图案点缀着黄色的枕头和红色的床罩，气氛活跃、动人。女孩子富于幻想，追求理想的性格在色彩中得到了充分体现。

图7-9　儿童房陈设示例二

7.1.4.3　饰物的多样性

儿童房间的陈设品不仅要具有多样性，而且还应该是儿童童真、童趣的自然流露，最好是启发儿童自己动手布置自己的房间。确切地说，儿童房间的饰物应注意侧重于玩

图 7-10 儿童房陈设示例三

具或各种日用品的点缀（图7-10）。如陈设金发碧眼的洋娃娃、憨态可掬的大熊猫、轻便灵巧的小摆设、造型奇特的玩具枪、带有知识性的画片、地图、地球仪，自己随意涂抹的画幅，自己动手制作的模具、手工剪纸等。这样，既美化了空间，又培养了儿童的动手能力，还潜移默化地影响着儿童欣赏美、创造美的能力。

7.1.5 餐厅的陈设

餐厅不仅是家人日常进餐的地方，而且是家人之间及与亲朋好友之间感情交流的场所。依居室的条件不同，餐厅有三种不同的布置形式：独立式、客厅兼容式以及厨房兼容式。目前国内的餐厅形式主要是独立式，其次是客厅兼容式，至于厨房兼容式已不再普及。

独立式餐厅餐厅中如有窗户应装窗帘，餐桌上可铺设适合环境的台布。美观的窗帘、台布会使就餐空间更加幽雅。餐厅的地面可放置一两盆观叶植物，如果餐桌较大可在桌子中央放置一盆花卉或插花，墙面还可点缀以悬挂的插花筒或其他花器（图7-11）。

餐厅的墙面布置适度的艺术品或工艺品，可以增强环境的美感。艺术挂盘、雕塑小品、工艺壁毯、书画、摄影作品等都是餐厅中适合的陈设。在餐具柜的敞开式搁板上，将雕塑小品与精美的餐具、酒具一起展示，可以相得益彰，起到很好的装饰作用。特别值得一提的是，餐桌的上方可挂置一盏造型新颖的吊灯，既点明了餐桌的空间位置，又增添了餐厅的情趣（图7-12）。

图 7-11 餐厅陈设示例一

图 7-12 餐厅陈设示例二

客厅兼容式餐厅，墙面可悬挂书画等艺术品，餐桌附近可摆放观叶植物。在陈设布置中需注意的是，应明确会客区是主体地位，餐厅是处于从属状态的，装饰上不能喧宾夺主。例如，陈设的风格应服从会客区，陈设品的体量和品位也应稍逊于会客区（图7-13）。

图7-13 餐厅陈设示例三

7.1.6 厨房的陈设

厨房是住宅的重要组成部分，它对提高人们的生活质量及住宅的整体效果，有很大作用。厨房的功能比较繁杂，家务活动又比较集中，所以在厨具布置上多下工夫是十分必要的。厨房空间相对比较拥挤，应利用器皿、餐饮具的优美造型，作为主要装饰手段，再配置一些必要的绿色植物（图7-14、图7-15）。绿色植物除摆放小型盆栽植物外，点缀以吊兰、绿萝等悬挂式植物也较适宜。盆栽花卉可摆在洗涤台旁或柜内，最好随四季变化更换花卉品种。

图7-14 厨房陈设示例一

图7-15 厨房陈设示例二

7.1.7 卫生间的陈设

住宅的卫生间负有多种功能，除洗漱、沐浴、如厕三大主要功能外，还有洗衣、储物等辅助功能。根据卫生间的大小和洁具设备的状况，可分为一体式和分隔式两种。一体式卫生间的所有设备处于同一个空间之内，适合于面积较小的卫生间。分隔式卫生间是利用隔断对功能区加以适当分隔，分隔式卫生间只有当卫生间有足够大的面积时才能采用。在卫生间内可放置绿色植物，但需注意最好选用耐阴耐潮湿的植物，如羊齿类植物等，此外吊兰和四季海棠也较适宜。选择用水苔代替泥土作填充或用蚁木与水苔混植羊齿类植物，则更能增添情趣。在洗漱区内一些精美别致的化妆品瓶，是独具特色的陈设品，应摆放适当以充分发挥其装饰美化的作用。在卫生间中，卫生洁具也可作为很重要的陈设，卫生洁具的优劣，既关系到使用的舒适性、安全性和牢固性，同时也影响到卫生间的美化。高档的卫生洁具无论是造型、色彩，还是质感、触感都是经过精心设计、严格加工的，具有很高的审美价值。

艺术陶瓷是卫生间中很重要的装饰陈设，有许多艺术性很强的瓷片可运用在卫生间的墙面上。这些瓷片有以质感、肌理看好的，也有以图案见长的，它们都可使卫生间的感觉更加美观（图7-16、图7-17）。

图7-16 卫生间陈设示例一　　　　　　　　　　图7-17 卫生间陈设示例二

7.1.8 门厅的陈设

门厅是室内与室外的一个过渡空间，同时也可兼有某种储物功能。门厅是整个居室的第一景点，它给人以第一印象，往往对于感受室内环境的整体形象，起到暗示与点题作用。门厅多数为长方形，面积相对较小，按其面积可分为小型、中型和大型3类。

7.1.8.1 小型门厅

小型门厅空间狭小，不能放置家具，只能利用墙面挂置灯具或工艺品，故陈设应以简单为原则（图7-18）。

7.1.8.2 中型门厅

中型门厅空间相对宽裕一些，这时可设置储物用的组合柜或角柜，还可设吊柜与组合柜配套使用，以利用更多的空间（图7-19）。

7.1.8.3 大型门厅

大型门厅面积较大，其布置形式有两种情况：一是居室与门厅有门相隔，门厅成为一个独立的空间；二是从大居室中划分一个区域作为门厅，一般中间用隔断或组合柜进行分隔。第一种情况下的陈设布置应根据门厅的功能定位，如以贮藏为主，则应多设储物柜；若将门厅定为以待客为主，则应少设储物柜，而应放置坐椅、沙发和茶几以及绿色植物等（图7-20）。

图7-18 门厅陈设示例一

图 7-19　门厅陈设示例二

图 7-20　门厅陈设示例三

7.1.9　室内楼梯和阳台的陈设

楼梯的陈设布置，主要是楼梯下面的空当儿以及侧面的墙壁。楼梯下面宜摆放植物、石块、大体量工艺品等，一方面起到美化作用；另一方面填补了空间缺欠。而侧面墙上可以悬挂绘画、照片等，数量应根据墙面大小而定（图 7-21、图 7-22）。

图 7-21　楼梯陈设示例一

图 7-22　楼梯陈设示例二

阳台是多层住宅尤其是高层住宅中人们进行户外活动的唯一空间，它可以让您充分享受清新的空气和明媚的阳光，帮您美化居室环境。对于朝南的阳台，绿色植物花草以及健身器材是其主要陈设内容。南阳台阳光充足，通风良好，培育观花植物、观叶植物及观果植物均甚适宜。根据养植需要，有时需在阳台上搭建简易局部凉棚，防止夏日阳光的曝晒，有时又需建造简易小温室以保护植物过冬。利用阳台养植应注意不可占用地方太多，以免影响户外活动。面积较大的阳台可开辟一个健身区，并放置少量健身器材。阳台上花盆的摆放，要整齐划一或错落有致，以更好地增加整体美感。

朝北的阳台，应通过养植花木进行美化。由于北向光照较少且温度较低，因此应养植一些喜阴耐凉的观叶植物，如文竹、棕竹、龟背竹、苏铁等，可摆放在地面上，也可摆在设有阳台防护的护栏上（图7-23、图7-24）。

图7-23　阳台陈设示例一

图7-24　阳台陈设示例二

7.2　室内陈设与餐饮空间

餐饮娱乐空间的类型多样，从规模上看，有可摆放几桌的小餐馆，也有可摆放上百桌的大餐厅、宴会厅等；从经营性质上看，有营业性的和非营业性的，大多数餐饮空间都是营业性的，非营业性餐厅是指那些厂矿、机关、学校的食堂；从经营内容上看，可大致分为中式餐厅、西式餐厅、日韩式餐厅、宴会厅、快餐厅、风味餐厅和休闲式餐饮空间等几大类；根据功能关系分，又有独立式和附属式两种，附属式是指那些附属于办公楼、宾馆、购物中心的餐饮空间。

餐饮空间一般包括门厅、休息厅、餐饮区、厨房、卫生间等功能区域，其中门厅、休息厅和餐饮区是顾客消费逗留的场所，是餐饮空间室内陈设设计的重点。

7.2.1　陈设与餐饮功能区域

7.2.1.1　门厅

中等规模以上的独立式餐饮店或大型的附属式餐饮空间都设有门厅，顾客一般在门厅停留的时间较短，但却是顾客步入店内的第一空间，是给顾客以重要的第一印象的场所，所以门厅的陈设通常应该富有特色，使人一览无余而又印象深刻。

独立的餐饮店门厅陈设布置比较自由，中型餐饮店的门厅陈设一般比较简洁，常用的陈设品有绿色植物、艺术照片、工艺品、绘画、壁挂、织物、灯饰等，其平面类陈设较多，体量一般较小，造型简洁、色彩明快，在具有独特风格特色的餐饮店中还可有独特的陈设设计。大型独立餐饮店的门厅规模较大，因此多半追求豪华富丽的门厅效果，常选用的陈设品有绿色植物、工艺品、雕塑、艺术照片、绘画、织物、灯饰、信息陈设等。其立体类陈设较多，风格特色更加鲜明，陈设内容更加丰富，视觉冲击力更加强烈。附属型餐饮空间的门厅陈设布置因受附属关系的约束较不自由，如附属于宾馆的餐厅，则多与宾馆的整体环境相融合协调，或富丽或简明。附属于办公楼的餐厅的门厅，大多具有过厅的功能，其陈设布置一般很简洁，几盆绿色植物，数幅艺术图片等，加上造型新颖的灯具，就可以成为很好的陈设（图7-25、图7-26）。

图7-25　门厅陈设示例一　　　　　　　　　图7-26　门厅陈设示例二

7.2.1.2　休息厅

大型的餐厅多有休息厅，它是人们等待就餐或就餐完毕后稍作休息的地方，这里应选择一些有欣赏价值、耐看、精美的陈设品，且摆放位置应恰当。无论是独立的餐饮店还是附属型的餐饮空间，它们的休息厅的陈设布置要求基本是一致的，首先要有休息坐椅、沙发，再根据空间的大小来决定是否布置桌子或茶几，其余常选用的陈设品有绿色植物、绘画作品、艺术照片、工艺品、雕塑、织物、灯具等（图7-27、图7-28）。

图7-27　休息厅陈设示例一　　　　　　　　图7-28　休息厅陈设示例二

7.2.1.3　餐饮区

餐饮区是人们就餐的场所，是人们集中逗留的空间，这里的陈设布置应以烘托、渲染和调节就餐气氛为主要目的，常选用的陈设品有绘画、摄影、盆栽、插花、工艺品、灯

图 7-29　餐饮区陈设示例一

饰、立体挂饰、家具、织物、壁饰、雕塑、屏风等。另外，应注意将那些精美易损的陈设品布置在人们不易碰触到的位置。家具陈设在餐饮区中居主导地位，它的色彩、风格、造型对就餐环境的风格起决定性的影响。例如，在一餐饮空间中布置明清式桌椅，能使就餐环境带有鲜明的中式风格；若布置欧式桌椅，则会使就餐环境带有欧陆风情；如布置竹编桌椅、藤编桌椅，就会使就餐环境带有自然气息等。其余陈设品的布置应以烘托空间环境的主题风格为目的，要与室内空间相协调（图 7-29、图 7-30）。

图 7-30　餐饮区陈设示例二

7.2.2　陈设与风格区域

不同主题风格、不同经营内容的餐饮空间，其陈设品的选择与布置都有不同的要求。

7.2.2.1　中式餐厅

中式餐厅是具有中华饮食文化和民俗特点的场所，其室内设计的整体风格一般都具有中国文化的韵味和装饰元素。在中式餐厅的陈设设计中，首先要选择具有中国民族特色的陈设品，如明家具，木制桌椅、屏风、中国画、书法，以及刺绣、云锦、瓷器、绣屏、木雕、宫灯等民间工艺品，这类陈设品能强化餐饮空间的中式风格、美化空间环境。其次要选择一些盆栽、盆景、竹子、石子等具有自然气息的陈设品，这些陈设品具有浓郁的中国文化韵味。盆栽、盆景、竹子、石子的自然的形态，青翠的色彩，柔和的轮廓，不仅能美化空间环境，更能使空间充满生机和活力。

中式餐厅的陈设风格大致可分为传统式和现代式两类。传统式中式餐厅采用的陈设多为具有中国传统文化神韵的物品，布置方法严谨。而现代式中式餐厅的陈设则是对传统的继承和简化，其陈设品更自然，布置原则更自由。

中式餐厅有桌椅、茶几、花几等家具。它可以是完全仿古家具，也可以是简化了的现代中式家具。餐桌一般选圆桌，桌上罩白色或浅米色、红色等台布，餐具器皿整齐排列，并有餐巾折花装饰，圆桌中心一般摆放色彩艳丽、造型丰满的插花艺术品，另外花几上还有盆栽、盆景等。餐厅中落地的陈设品有装饰块毯、盆栽、落地灯等。墙面的陈设品有木雕、绘画、书法、壁灯、织物、工艺品、吉祥图案、生活用品等，这类陈设品一般体量较小，精美而富有观赏性。顶棚上的陈设品主要有灯饰、挂饰等。挂饰的种类很多，有织物、绿色植物、鸟笼、立体挂件等，都可以用来丰富空间层次，柔化空间轮廓，增添室内情趣。灯具一般选用中式宫灯、现代中式灯，并注意灯光的显色性，以不影响食物的色彩为宜，以免影响顾客的食欲，一般选用白炽灯为主的灯光色调。我国地域辽阔，各地具有不同的风土人情，因此在中式餐厅中，布置一些富有地方特色的器具、物品，突显地域的民俗文化，也是一种极好的陈设设计方法（图7-31、图7-32）。

图7-31 中式餐厅陈设示例一

图7-32 中式餐厅陈设示例二

7.2.2.2 西式餐厅

西式餐厅的室内整体风格一般都具有欧洲、北美的异国情调。西式餐厅与中式餐厅最大的区别是以国家、民族的文化背景造成的餐饮方式的不同。在我国常见的西餐厅主要以法国、英国、意大利风格为代表，而大多数餐厅则没有划定明确的风格流派。通常，中式餐厅追求热烈、欢愉的就餐气氛，西式餐厅追求安宁、高雅的就餐氛围。所以西式餐厅对陈设品的选择和布置上有着明显的差异。首先，西餐厅的家具陈设可选择一些古典的家具样式，也可采用现代风格的，甚至造型新奇独特的家具。酒吧台、冷餐台也是西餐厅特有的陈设。餐椅的坐垫和靠背常采用纺织或皮革面料。西餐厅的餐台上常铺设淡雅的台布，并布置鲜花、烛台，大型西餐厅还常布置一架钢琴来营造幽雅、浪漫的氛围。其次，要选择一些西方艺术品作为点缀，来进一步渲染气氛。常用的艺术品有雕塑、西洋绘画、工艺品、银质器皿等，并配以相应的织物陈设和绿色植物。西餐厅的灯具常选用水晶灯、铸铁灯、金属磨砂灯、庭园灯、反射壁灯等，灯具种类繁多，可根据相应的室内风格来选择和布置。西餐厅的光线一般较为柔和，但对就餐区域可相对加强其照度，以使灯光更具显色性（图7-33、图7-34）。

7.2.2.3 日韩式餐厅

日韩式餐厅在我国颇为流行，其室内设计的整体风格具有浓厚的日、韩民族的传统特色。日式餐厅多追求简洁、淡泊、自然的陈设风格，而韩国深受中国和日本的影响，既有日本的简朴之风，又独具个性。

日式餐厅的装饰自然、淳朴，多选用木、竹等自然材料，暴露其天然纹路。同时日式餐厅的陈设品也多具有朴实自然的品位，常用的陈设品有竹木类家具、纸质灯笼、瓷器、

图7-33 西式餐厅陈设示例一

图7-34 西式餐厅陈设示例二

石塔灯、枯山水、纸伞、陶器、纺织品、纸扇、书法、浮世绘、绿色植物等。日本民族传统的就餐形式为盘坐式，因此在传统的日式餐厅中，其餐桌的设置都较矮，餐桌为方形，四面布置柔软的坐垫，坐垫织物上有优美的花纹。

韩式餐厅的陈设风格与日式餐厅相似，多为暴露自然肌理的材料，其整体风格更为简朴而有力度（图7-35）。常用的陈设品有竹木家具、纸灯笼、陶瓷制品、纺织品、绘画、绿色植物等。

日韩式餐厅多追求陈设品的少而精，不似中式餐厅的热烈，也不似西式餐厅的典雅，没有古典式的华美，也没有现代式的张扬，尤其是日式餐厅，注重平和、自然的风格的营造，富有一种"禅"的意境（图7-36）。

图7-35 韩式餐厅陈设示例

图7-36 日式餐厅陈设示例

7.2.2.4 宴会厅

宴会厅一般都附属于大型的宾馆饭店，其空间较大，可满足数百人至上千人同时就餐的需求。大多宾馆饭店的宴会厅常与大餐厅的功能相结合，同时考虑到礼仪、会议、报告等多种功能的可兼容性，以提高宴会厅的使用率，因此在宴会厅的主要观赏面常设有礼仪台和主背景。宴会厅的空间较大，在装饰风格上没有明显的倾向性，这同时给陈设设计提供了更大的自由度，并可根据不同使用功能要求加以更换。宴会厅中常用的陈设有圆餐桌、餐椅、屏风、大型灯具、壁灯、绿色植物、织物、工艺品等。在西式大宴会厅中还常设置大型的矩形餐桌。

　　宴会厅的室内装饰风格一般都追求华丽高贵，墙面、顶面造型丰富优美，地面铺设簇花地毯，墙面多用木板、织物等进行装饰（图7-37）。因其空间较大，考虑到人的视线范围，墙面上不宜布置小块面的陈设，如绘画、小型壁饰等。宴会厅中所用织物较多，台布、窗帘、地毯、礼仪台帷幕，甚至餐椅的坐垫和靠背的织物等，都应在色彩上相互协调，并能与原室内环境融合，色相不宜过多，花纹不宜过杂，否则容易让人产生眼花缭乱的感觉（图7-38）。宴会厅的空间比较高大，因此选用的绿色植物一般为高大的盆栽植物，主要灯饰大都为下挂式或吸顶式的华丽的水晶灯，并配以其他白炽灯、壁灯来增加照度与显色性。壁灯的造型应与主灯相和谐。工艺品陈设在小型宴会厅比较常见，其可供选择的类型众多。

图7-37　宴会厅陈设示例一

图7-38　宴会厅陈设示例二

7.2.2.5　快餐厅

　　快餐厅是现代都市快节奏生活的产物。快餐厅的室内设计应充分体现一个"快"字。顾客在快餐厅中逗留的时间较短，因此快餐厅的室内设计可以放弃一切繁琐的装饰，营造出简洁、大方、明快的室内环境氛围（图7-39、图7-40）。快餐厅在经营中需要服务于大量的顾客，流动速度较快，因此陈设也就比较特殊，主要表现在对餐桌椅的布置上，要求在室内中布置多且整齐的家具，以提高快餐厅的经营效益。常用的陈设品有二座、四座、六座的成品钢木家具，以及摄影图片、绘画、绿色植物、壁灯、小工艺品等。快餐厅的空间一般都不大，在有限的空间内如何最大限度提高空间的利用率是快餐厅陈设设计的要点。

图7-39　快餐厅陈设示例一

图7-40　快餐厅陈设示例二

7.2.2.6 风味餐厅

风味餐厅的室内陈设设计应着重体现"风味"二字。通常,风味餐厅的陈设布置应与就餐的饮食文化相结合。风味餐厅一般经营各国或各地的风味美食,如沿海城市的海鲜、江浙一带的渔家风味、四川的火锅、北京的烤鸭等,其室内陈设风格大不相同。如海鲜风味餐厅常以蓝色为主色调,以贝壳、鱼、珊瑚、海螺等为陈设,让人联想到大海;渔家风味餐厅常以渔网、桨、蓑衣、斗笠、鱼篓等为陈设。

可见,风味餐厅中最常见的陈设品是那些具有生活气息和地方特色的用品或用具(图 7-41、图 7-42)。

图 7-41 风味餐厅陈设示例一　　　　　　　　　　　　　图 7-42 风味餐厅陈设示例二

7.2.2.7 休闲式餐饮空间

休闲式餐饮空间有酒吧、咖啡厅、茶室一种,它是人们放松心情、调剂生活节奏和社会交往的餐饮场所,其室内风格或热烈奔放,或舒适宁静,其陈设须根据不同的室内环境来区别对待。

1. 酒吧、咖啡厅

酒吧和咖啡厅是以品尝冷食、西式点心、水果饮料和酒为主的休闲环境。其室内设计应着力表现异国情调或现代风格,常见的陈设有吧台、吧椅、餐桌椅、绿色植物、绘画、壁画、摄影、雕塑、烛台、工艺品等,以营造浪漫温馨的情调为主要目的(图 7-43、图 7-44)。

图 7-43 咖啡厅陈设示例　　　　　　　　　图 7-44 酒吧间陈设示例

2. 茶室

茶文化是中国传统文化的重要组成部分。饮茶自古以来就是中国人的一种休闲方式。在有些茶楼还伴有艺人的表演，可谓休闲娱乐的场所。有些茶楼中还备有各色小吃、点心，供三五人围坐聊天享用，可谓社会交往的场所。传统茶室的室内设计具有浓厚的中国文化的神韵，常用青砖小瓦、竹雕木刻装饰，其桌椅常为木、竹、藤类制成，摆放的工艺品也具有中国特色，条幅字画、纸扇、画屏、织物、茶具器皿等为常用的陈设品。

现代茶室的室内设计在很大程度上受西方文化的影响，但仍保留了一定的中国文化的内涵。其室内的陈设设计重视时代感，常采用工艺品、玻璃或金属制品、纺织品、字画、绿色植物、小桌子、沙发或休闲椅等来作陈设品（图7-45、图7-46）。

图7-45 茶室陈设示例一　　　　　　　　　　图7-46 茶室陈设示例二

7.3 室内陈设与宾馆

随着旅游业和城市经济的发展，无论在哪个城市的黄金地段或风光优美的地方，人们都能看到宾馆建筑的身影。

高档的宾馆不仅要有美观的外部形象，而且还要有舒适的室内环境。而室内环境质量的提高，不仅需要有良好的建筑设计、室内设计，而且还需要有室内陈设设计的配合。由于宾馆具有不同的规模和多种功能区域，且要同时接待不同国家、不同地区的顾客，因此适用于宾馆内的陈设品是丰富多彩的。我国的涉外宾馆采用星级制划分，以一星至五星为等级，其中五星为最高等级。其划分的依据包括环境、规模、建筑、设备、设施、装修、管理水平、服务项目与质量等。宾馆的主要功能区域有门厅、大堂、客房、餐饮、休息、商店、娱乐健身、商务会议、办公后勤、机房、洗衣房、车库等。

在如此复杂的空间环境中，设计者要有效地组织各功能区域之间的关系，营造不同风格、不同美感的空间氛围，单靠陈设品的排列和堆砌是远远不能满足空间需求的。宾馆的室内陈设设计不仅要求设计者有良好的空间组织能力更。要求设计者有高品位的审美意识和深厚的文化艺术修养，能充分发挥其才能和智慧，创造个性鲜明的空间环境。

旅游、商务往来、社会交往以及政治交流促进了宾馆业的多元化发展，形成了包括旅游宾馆、商务宾馆、会议宾馆、中转接待宾馆、汽车宾馆、度假村、公寓式宾馆、国宾馆、迎宾馆、全套间宾馆、俱乐部等多元化现代宾馆种类。宾馆是人们住宿、休闲、娱乐、消遣的场所，是不同顾客在不同城市的家，为吸引不同顾客的光临，宾馆的陈设应具有主题鲜明、风格多样的特色。

从宾馆空间的室内陈设设计角度出发，设计师需要着重关注的宾馆功能区域是大堂、中庭、客房、走道、餐厅、会议室、多功能厅、娱乐健身房等空间。

7.3.1　大堂

大堂是顾客步入宾馆的第一接触空间，是给顾客以第一印象的宾馆室内空间，因此大堂的陈设应有鲜明的主题和独特的个性，以便留给顾客深刻的印象。豪华宾馆的大堂陈设应尽量营造高贵、典雅、华丽的空间氛围，以体现宾馆的豪华气派。大堂包括门厅、总服务台、休息厅、大堂吧、楼（电）梯厅、餐饮和会议设施的前厅，以及各种辅助设施等。顾客进入宾馆的流线是：首先进入门厅，再到总服务台办理各种手续，或在休息厅等待休息，或在大堂吧消费，或进入餐饮和会议设施的前厅，然后，入住的宾客会从楼（电）梯厅到达各楼层，经走道进入客房。由此可见，大堂是人流集中会聚的地方，大堂布置的陈设应不妨碍人的活动流线，并在空间中起到有效组织空间流线的作用，且具有供人们长时间观赏的可能性（图7-47）。

图7-47　大堂门厅陈设示例一

门厅是室内外空间的过渡空间，人们在门厅停留的时间虽然很短，但它却是宾馆迎送顾客的一个重要礼仪场所。

门厅的陈设布置宜简洁明快，使空间开敞，视线开阔且不受阻隔。常用的陈设有雕塑、绿色植物等，并可布置少量休息座供人休息等待，墙面可布置一些工艺品，灯具陈设应简明。门厅由于空间面积及层高的限制，不宜选用体积过大的陈设品，以免遮挡视线和形成不恰当的比例关系，影响空间的视觉感。常见的门厅陈设布置是在入口大门两侧对称布置绿色植物、雕塑等，也有在正对入口的位置设水景、绿色植物等陈设，休息座布置在门厅一侧。门厅墙面的陈设内容一般比较简单，可布置一些工艺品，使人有一目了然的感觉。门厅灯具陈设应以简明为原则。

大堂的总服务台是引人注目的焦点之一，可以将其看做是一件整体的陈设品，它包含服务台本身、服务台上的工艺品、服务台的灯光、服务台后的背景装饰四大部分。服务台本身的造型千姿百态，可结合建筑空间的形态组织造型，常见的有一字形、L形、弧形、U形等。服务台的长度需根据宾馆的规模来决定，一般为每间客房0.04m。服务台的用材多种多样，色彩一般以深色为主，也有配合室内环境做浅色调的。服务台上常布置插花、台灯以及一些信息陈设，如宾馆的宣传册、办理不同业务的柜台指示牌等。插花的素材需为鲜花，造型丰满，色彩热烈，可多面观赏。台灯的造型或典雅优美，或简洁大方，需根据不同的室内环境加以选择。总服务台区选用的灯具应精致美观，灯光柔和温馨，能让人产生回家的感觉。服务台的背景常以块面装饰为主，有木制、石材、软包织物等，上面可挂置壁灯、壁饰等，装饰手法多样。大堂的休息区域常布置在大堂的中心位置或大堂的一角，其面积可根据大堂的面积来确定，通常休息区域没有隔断、护栏等明显的空间划分形式。布置在大堂中心的休息区域通常用编织精美的块状地毯或花纹独特的铺地来进行区域的限定，休息座、茶几、花卉绿色植物等的陈设品的平面布置比较规则（图7-48）。

休息区域以满足其功能需求为主要目的，因此选用的陈设品比较简要，通常以家具陈设为主，装饰陈设为辅。常用陈设有沙发、坐椅、茶几、工艺品、小型插花、盆栽、台灯、落地灯等。

大堂吧是顾客在大堂内的休闲消费区域，该区域一般相对独立，考虑提供酒水、收费等活

图7-48 大堂门厅陈设示例二

动的需要，常设置吧台。大堂吧通常选用舒适的织物软包坐椅，配置小型桌子，桌上布置精美的酒水单或鲜花等，家具之间的陈设需空出适当距离，以创造宽松、舒适且适度私密的单元空间。绿色盆栽也是此处必不可少的陈设，它可以点缀环境，组织流线，并能填补空间的空白角落，使室内处处充满生机（图7-49、图7-50）。

图7-49 大堂吧陈设示例一

图7-50 大堂吧陈设示例二

中庭是大堂中最生动的空间，它的设置始于1967年亚特兰大海特摄政旅馆，由美国建筑师波特曼首先推出，并迅速流传至全世界。设置中庭需付出空间、能源、经济等各方面的代价，因此应结合宾馆的规模来考虑是否设置中庭及中庭的大小等问题。从陈设方面讲，中庭应是宾馆室内空间中最精彩的部分，其可运用的陈设较多，山水景观、绿色植物、雕塑、坐椅、茶几、华丽的灯具、钢琴、工艺品、插花、织物等都是宾馆大堂中庭常用的陈设品。由于中庭的垂直跨度较高，因此在中庭设置的陈设品的体量也会相应加大，如绿色植物盆栽就可以采用较高大的植物品种，雕塑可采用与人同样大小或更大的体量。钢琴的造型优美，色彩沉静，是豪华宾馆常用的陈设品，中庭中如果布置钢琴，一般会将其置放在平面的主要位置，并布置色彩艳丽华贵的块状地毯或设置尺度宜人的地台，以构成显明的视觉中心。中庭的顶棚材料有些能透射自然光，因此常作为休息空间

并布置休息桌椅、花伞等。休息椅可以选择舒适的织物软包面坐椅，也可选择有自然气息的藤制、竹制桌椅。顶棚下可悬挂立体雕塑、装饰品、布幔织物或灯具，该类陈设在造型、色彩上通常比较活泼、舒展，以柔化和丰富中庭贯穿空间的视觉效果。中庭的垂直界面上常用绿色植物装点建筑构件。中庭的陈设设计讲究"满、闹、动"三个字，从而使空间富有生命力，以吸引顾客的光临（图7-51～图7-53）。

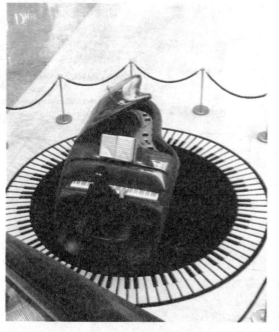

图7-51　中庭陈设示例一

图7-52　中庭陈设示例二

　　宾馆大堂内还设有大堂副理桌，陈设包括经理桌椅、客坐椅、台灯、鲜花、电话等。大堂副理负责提供咨询服务、商务和宴会安排，以及处理大堂的紧急事务。大堂副理桌一般位于大堂一侧，位置明显，空间独立安静，以便与顾客的交流商谈。大堂内通常还会在靠墙或拐角位置设置插卡电话，插卡电话本身的造型、色彩，配置的隔断、几架都可以是良好的陈设品。

　　大堂的功能区域较多，陈设品种多样，例如家具类陈设，在休息厅、大堂吧等处都有设置，因此在选择和布置该类陈设品时，其风格、形态和布置方式上不宜有巨大的差异，应注重协调统一大堂的风格特色，营造融洽的大堂氛围。现代宾馆有的构建出大片玻璃窗或玻璃幕墙，它们为室内提供自然光，并将室外景致融入室内，因此窗帘在这里的作用也不可或缺，它不但可以遮蔽强烈的光照，还能装点室内空间，使室内环境更加柔和、温馨、生动。大堂墙面的装饰也是大堂陈设的重点，由于大堂的空间较大，因此墙面的陈设品常采用大面积的壁画、壁挂、浮雕、书法、绘画等，可供人们远距离观赏。现代宾馆大堂的墙面多采用石材装饰，墙面坚硬光洁，缺乏人情味，而陈设可改变墙面的生硬感，使其具有观赏性（图7-54）。

　　由于宾馆室内的温度一般维持在人体最舒适的温度范围，且湿度较低，空气流通较差，这也是病菌最适宜生长的环境，因此宾馆不但要保持干净整洁，还要注意杀灭病菌。绿色植物的布置在这一方面有很好的作用，适当选择和布置绿色植物，不仅能净化空气，还能在一定程度上杀灭病菌，保持室内良好的空气质量。豪华宾馆的大堂有些采用华丽的水晶灯饰，有些采用造型独特的灯具或顶棚，并可根据不同功能区域要求来确定不同的照

图7-53　中庭陈设示例三　　　　　　　　　图7-54　中庭陈设示例四

度。独特的灯具照明可从功能和意境两方面满足宾馆大堂的不同要求。

　　大堂中的楼梯，自然成为人们的视觉中心，楼梯的形态和尺度，其护栏、扶手的造型和材质，踏步的材质及铺设地毯的色彩、花纹，以及搭配的灯具等都吸引着人们的眼球。楼梯处的死角通常都需要以陈设品来完善空间，绿色植物、水景是这里最常用的陈设品。

　　壁炉在西式宾馆中较常见，特别适宜寒冷地区的宾馆空间，即使不作为功能构件使用，也有良好的装饰效果。配合壁炉的陈设有餐盘、西式绘画、原木、壁灯、欧式工艺品等。

　　总之，可用于宾馆大堂的陈设多种多样，设计者在选择和布置陈设品时要考虑多方面的因素，综合宾馆空间环境的风格、主题、功能、文化、地域等各种需求，精心设计，才能创造出合理、优美的空间氛围。

7.3.2　电（楼）梯厅

　　现代宾馆的垂直交通主要依靠电梯，电梯有封闭式电梯和观光电梯两种。在建筑上，每个楼层都必须设置电梯厅，以满足人们等待电梯和消防安全的需要。虽然电梯厅的空间不大，但通过该空间的人流较大。因此，电梯厅是宾馆陈设设计的又一重点。为了缓解人们等待电梯的焦急心情，电梯厅的端头常设有工艺品，这些工艺品有壁挂、漆画、盆花、装饰画、瓷器、陶器、木雕等，并用集中照明来加强壁龛的照度，以吸引人们的注意。电梯厅的墙大多设置造型新颖、工艺精湛的壁灯。电梯厅的顶棚造型通常都很别致，并常设置精美的灯具。梯厅空间较小的情况下，一般不宜布置家具类陈设，人们通常站着等待电梯，从而决定了近距离观赏陈设的形式。

　　因此，电梯厅的陈设应选择装饰性强的物品，布置时不能妨碍人的活动流线。设置楼梯间主要是从上下交通和消防安全的方面考虑的，人们通常不会逗留在楼梯间中，所以，楼梯间的陈设一般都很简单，一幅画、一盏壁灯、一盆绿色植物都是常用的陈设，有时楼梯间甚至可以不设陈设。在高层宾馆的楼梯上行走，是一种枯燥的机械行为，因此可以沿

图 7-55 电（楼）梯厅陈设示例

楼梯的墙面作陈设点缀，行人可以边走边看，缓解疲劳。宾馆标准层的楼梯常会在楼梯转折平台处布置陈设，以供人们在上下楼梯时观赏。常用的陈设品有绘画、壁饰、壁灯，或作壁龛装饰，陈列工艺品、鲜花等。通常情况下，宾馆会在裙房位置设置商店、餐饮、健身、娱乐、商务、会议等功能区域。这些楼层的楼梯使用频率较高，特别是通往大堂的楼梯，比较宽敞，有较多的空余空间设置陈设品，可沿墙面或在楼梯两侧布置绿色植物、雕塑、绘画、摄影、工艺品等，并配置高档的灯具（图 7-55）。

7.3.3 走廊

走廊的空间形态为长条形，这决定了走廊陈设设计的独特性。人们在走廊中一般多匆匆而过，视线的焦点多凝聚在走廊的端头，因此走廊陈设设计的重点应放在走廊的端头。走廊的端头通常陈列工艺品、绘画、壁挂、插花、绿檀、雕塑、花几等，为了强调视觉效果，不少都设有壁龛，并用灯光集中照明，以形成视觉中心。走廊端头陈设品的形态应优美，色彩应鲜艳，纹理、质感应细腻，内容应丰富，并与墙面的感觉形成对比。

宾馆标准层的走廊连接各客房，走廊两侧客房门的排列规整，难免产生单调感。在客房门之间布置适当的陈设则可打破这种单调感，使走廊两侧墙面具有韵律的美感。常用的陈设有壁灯、绘画、壁饰、浮雕、绿色植物、壁龛等。走廊两侧的陈设形式以简洁为好，因为人们在走廊中不可能长时间逗留着欣赏陈设品。宾馆裙房的走廊形态富有变化，陈设设置的内容、范围也更大，在此，需注意强调各视觉凝聚处，如拐角、端头、建筑形体凹陷或突出处等的陈设品的视觉感知度。裙房走廊的陈设类别与标准层大致相同。走廊顶棚灯具一般比较简洁，为空间提供适度的照明。总的来说，走廊的陈设不宜过于华丽，但也不能太简陋，应为空间创造明亮、淡雅且富有变化的环境，使人有景可观（图 7-56、图 7-57）。

图 7-56 走廊陈设示例一

图 7-57 走廊陈设示例二

7.3.4 客房

客房是宾馆最主要的功能空间，面积占宾馆功能用房的 45% ~ 60%，客房的套型有单床间、双床间、双人床间、三床间、套间等，不同套型的客房其陈设设计也略有区别。客房是供人居住休息的功能区域，越高级的客房，其装饰陈设越要具有家的感觉。客房一定要有干净整洁的环境，这样才能吸引顾客的光顾。应选用选用浅色的、小花形、小纹样的织物，从而给人以清洁、舒适的良好感觉。

宾馆内的一般客房空间较小，且要满足顾客睡眠、起居、阅读书写、贮藏及生理卫生的需求，因此在陈设方面应着重注意家具、灯具、卫生洁具、织物的布置，无需太多太复杂的装饰类陈设品，但适当的精心点缀可收到意想不到的良好效果。豪华类客房的空间较大，功能区域相对分散，除家具、灯具、卫生洁具、织物外，有足够能空间且有必要进行其他装饰性陈设的布置。在实际运用中，设计师可参考家居环境的陈设内容，并赋予其鲜明的风格和豪华的气派（图 7-58、图 7-59）。

图 7-58 客房陈设示例一　　　　　　　　图 7-59 客房陈设示例二

7.4 室内陈设与商业空间

商业建筑主要包括百货商店、专业商店、超市、购物中心等。商业建筑的室内陈设设计的目的是为了塑造一个良好的商业购物环境。商业建筑的室内空间包括人口空间、交通及过渡空间、销售空间、休闲空间、办公空间、展示空间等，其中销售空间和展示空间是陈设设计的重点。

7.4.1 商业空间陈设的内容

商业空间中陈设设计的主要内容有橱窗陈设、招牌及灯箱广告、货架及商品陈设、信息标志、绿色陈设等。

7.4.1.1 橱窗陈设

橱窗陈设按其形式可分成三类：一是封闭型橱窗，它是将商品集中陈列于橱窗内，这类橱窗陈设既有利于传递商品信息，树立产品品牌，同时也便于顾客更直观、更专注地浏览商品。二是通透型橱窗，可在两面、三面甚至四面都能清楚地看到陈列的商品。这种橱窗空间比较宽敞，多用来陈列家具、家用电器、自行车、汽车等大件商品。三是敞开型橱窗，这是一种内部陈设与商场购物环境有机地连在一起的橱窗，商品陈列主要布置在紧临街面的大玻璃窗内，其光线充足，视觉良好，在商店内外都能看到商品。此类橱窗可在商场底层和二层、三层设置，它便于更换时令商品，适用于时装、工艺品等商品的陈列。

橱窗内陈设品的内容有情节性和非情节性之分。情节性橱窗设计往往围绕其一特定的主题，布置相关的物品、商品，并结合现代声、光、电的高科技手段，形成具有一定情节性内容的展示陈设，从而达到突出商品，引导消费的目的（情节性橱窗目前应用较少）。非情节性橱窗陈设以展现商品风貌、营造商业气氛为主，它可借助于人物模特儿和织物、装饰画、广告招贴、绿色植物、灯饰等陈设，营造出或优雅高贵，或粗犷豪放，或时尚现代的气氛。

无论是哪种类型的橱窗陈设，灯具的造型和灯光的强弱、色彩的配置都是强化橱窗气氛、增强展示效果的有效方法（图 7-60、图 7-61）。

图 7-60　橱窗陈设示例一

图 7-61　橱窗陈设示例二

7.4.1.2　招牌及灯箱广告

招牌及灯箱广告是传递商业信息的载体，它综合运用文字、图形、色彩、灯光、音像等形式表述商品的质量、特征和商店的经营方式等。优秀的招牌及灯箱广告应具有合理的视觉领域，并用简短的文字、独特的造型、生动的色彩表现商品的特色。大型的购物中心、百货商场的入口空间多悬挂大幅的招牌广告，以鲜艳醒目的图形文字吸引消费者的视线。在中庭空间中要特别注意整体气氛的营造和陈设品尺度的把握。在商店的交通空间和过渡空间中，大多采用小型招牌广告和大型的灯箱广告。在商店的销售区，灯箱广告运用较多，它既能丰富空间的色彩，也起到展示商品的作用（图 7-62）。

图 7-62　招牌及灯箱广告陈设示例

7.4.1.3　货柜、货架、展台及商品陈设

陈设设计是商业空间的重点，它是储存、陈列、

展示商品的载体,是顾客活动的主要场所,因此它的造型、尺度、色彩、质感及布置方法都极大地影响着商业空间的效果。货柜通常有封闭式、开敞式和半开敞式三种类型。封闭式货柜多为柜台售货式服务,常用于价值较高或不便让顾客直接接触的商品,如黄金珠宝、无包装的食品糕点等。开敞式货柜通常陈列可供顾客自选的商品,如生活日用品、包装食品等。半开敞式是介于封闭式与敞开式之间的一种货柜形式,它适用于需要导购的商品,如化妆品、工艺品等。在百货商店、专业商店、超级市场等各种商业空间中都离不开

货柜陈设,其形式、造型丰富多彩。如化妆品展台,它造型简洁,用材现代,并常结合灯光效果创造时尚的展示氛围。超级市场的货柜造型丰富,形式多样,色彩鲜艳,并应用播音广告和大量的商品营造浓郁的商品气氛。

任何商业空间中都少不了商品,商品本身也是一种陈设品。它的造型、色彩、质感,以及商品的包装、商品的布置等,都可成为陈设设计的重要因素。在有的商业空间中还将商品放大或缩小,如在旅游鞋专卖店里布置一只比普通鞋子大几倍的鞋子,在快餐店里布置一个巨大的汉堡等,这类陈设既点明了商业空间的主题,又使商业空间形成趣味中心(图7-63、图7-64)。

图7-63　货柜、货架、展台及商品陈设示例一

图7-64　货柜、货架、展台及商品陈设示例二

7.4.1.4　信息标志

商业空间中的信息标志,主要是指表明商品分布和各功能区域位置的指示牌、网络图,它起到介绍商店经营内容、商品种类、区域分布、房间名称以及指引通道路径等作用。此外,商店的信息标志对于完善商店的服务内容和管理制度,营造现代商业环境具有重要的意义。

商业的信息标志设计,应与室内设计、商业形象设计的总体构思相一致。标志的图形应简洁,标志的色彩应明朗,特别是文字与底色的色彩关系应对比强烈,达到易辨识的效果。如黄与黑,白与深绿,白与深红的色彩组合。标志的设置无疑是悬挂、摆放或附着,位置都应安排在易于被看到的地方,如入口空间、交通空间、过渡空间的起始界面。绝大多数信息标志需要灯光照明的配合,以强化信息标志在空间中的感知度。

7.4.1.5　绿色陈设

绿色陈设,以其自然形态柔化了商业空间,给商业环境增添了勃勃生机。在商场的过

渡空间中，线型布置的盆栽既有效地分割了空间，又使空间更具连续感。在入口空间的转折处，放置特别醒目的富有装饰效果的植物或花卉，可起到强化空间的作用。在大型的购物中心或百货商店的中庭中栽种高大的乔木，可调节空间尺度、丰富空间的感觉。出现在销售空间中的绿色陈设大多是置于地面的小型盆栽植物和置于台面、橱架之上的插花等。

7.4.2　陈设与各功能区域

7.4.2.1　入口空间

入口空间最能展现商场的风貌，这一区域的陈设设计应以新颖、奇特的造型，艳丽纷繁的色彩，明亮舒适的光来构成趣味中心，给人以难忘的第一印象，如入口空间的陈设设计通常包括：柜台、货架、橱窗、招牌及灯箱广告、信息标志、灯饰等。柜台、货架、橱窗是入口空间设计的重点，因此，商场入口空间中大多布置色彩靓丽、造型优雅的化妆品柜台等，以给人留下美好的第一印象。大型的购物中心和百货商场在入口处常设有一定的招牌广告信息标志，用以指明区域，引导人流，方便购物。

7.4.2.2　交通及过渡空间

交通及过渡空间具有引导人流和串联各空间的作用，通常包括过道、楼梯、室内小广场等区域。这些空间中人流量大，速度快，为适应这种特点，陈设品的形态应简洁醒目，做到既能快捷地传达信息，又能有效地衔接相邻空间。

大型商业空间的过道既能组织交通流线，又能划分功能区域，因此陈设品布置应注重构筑视觉导向。如在过道的两侧结合展台或货柜摆放连续的绿色植物、模特儿等，或在过道顶部有序列地悬挂广告招牌等，过道的灯饰不宜繁杂，多为排列整齐的点光源或带状光源，光线柔和，以此烘托销售空间。楼梯的陈设主要集中在顶部和两梯之间，楼梯顶部常悬挂广告招牌、信息标志。两梯之间多铺设仿制的绿色植物花卉或色彩绚丽的纺织品，有时也常在楼梯的侧墙做广告灯箱、壁灯、装饰画等。室内小广场是指过道的交汇处或楼梯的出入口形成的较宽敞的空间，可在其中央或一角设置绿色植物、雕塑、模特儿休息座或一些装饰物，吊顶的灯具及饰物也司相应活泼且富有变化。专卖店的交通及过渡空间由于空间的局限性，一般不做过多的修饰，但仍需进行陈设设计。

7.4.2.3　销售空间

销售空间是商业空间中的主体空间，此空间中的陈设设计影响着销售区甚至整个商店的风格。

销售空间中可布置的陈设品内容极为丰富常用的顶棚陈设品主要有：吊灯灯饰、织物、广告、信息标志等。墙面陈设主要有商品陈装饰画、壁灯等，有些墙面设有壁龛，壁龛中布置插花、陶器、瓷器等。落地陈设品主要有植物、模特儿、雕塑、展台、货柜、桌椅沙发等。在水平台面上的陈设品主要有台灯灯饰、插花、瓷器、陶器、小型盆景等，其中柜台和货架的陈设是重点。

销售空间中以货柜、展架以及商品为主要的陈设品，它们的选择和布置取决于商场、商店的商品特点和经营方式。货柜、展架及商品的布置可采取封闭式、开敞式或两者相结合的方式，以方便顾客和便于管理。对于货柜、展架的布置通常将高于人的视平线的货柜布置在靠墙、柱的位置，或用来划分区域；将低于人的视平线的货柜、展架布置在空间中的开敞位置，或组合成岛式布局。货柜、展架的风格、造型、色彩应协调统一，以形成开敞舒适的购物环境。大型商品的销售区还常设置洽谈区域，提供顾客与商家的沟通场所，从而方便顾客对商品进行了解和咨询，如在销售汽车、家电的商业空间中大多布置有洽谈桌椅、盆栽等，形成融洽的人本化商业氛围。

7.4.2.4 休闲空间

休闲空间是现代商业空间中的有机组成部分。商业空间的休闲空间一般集中在中庭或休息区。

1. 中庭

现代大型商业空间中常设置中庭，中庭中可以布置休闲茶座或餐饮区域，设置桌、椅、小型吧台、售货柜台、伞罩、织物、绿色植物、雕塑等陈设品，并形成具有领域感的半私密空间。中庭中的绿色植物有高大的观叶乔木，也有各种盆栽。其种类依不同地区的气候状况而有所差异。在布置绿色陈设时，可以采取点、线、面结合，平面与垂直交错的方法，以消除高大空间的空旷感和建筑构件的生硬感，有效调整中庭的空间尺度，使人倍感亲切。与宾馆的中庭不同，商业空间的中庭更注重营造商业氛围和活跃的气氛，因此其陈设品种更繁多，造型色彩更大胆。如用塑料、有机玻璃、钢等材料制作的飞禽、走兽、花草、树木；如色彩斑斓、图案大胆的风筝、编织物、旗帜、布幔，以及造型优美的招牌广告、灯箱、雕塑、庭园灯的布置等，都是商业空间中庭常用的陈设品。

2. 休息区

商店常要布置休息区以方便消费者。在大型商业空间中，有的以独立的层面作为休闲娱乐空间，其中可设置各种休闲娱乐内容。有的在每一层毗邻交通及过渡空间处，如过道交汇处的周边或电梯出入口一侧设置休息区，摆放休息坐椅、桌子等陈设品，其间点缀以小型的绿色盆栽植物。在小型商业空间中，休息区则见缝插针地分布在展台与货柜之间的较为宽敞的地方，并设有桌椅、沙发、茶几等。

7.4.3 陈设与各商业空间

7.4.3.1 综合型购物中心

综合型购物中心是由一家或几家大中型商场或商城组成，集中在一幢或几幢大的建筑中，具有多种功能要求的复合型商业空间。顾客可在其中享受群集、交往、购物、娱乐、饮食的乐趣。这类商业空间的形态较复杂，装饰的内容与形式丰富多彩，陈设设计时需要在整体构思中不乏精致周到的细部设计。

综合型购物中心的陈设类型较多，包括广告橱窗、招牌广告及灯箱、信息标志、绿色植物、模特儿、壁画、雕塑、壁灯、织物、展台、货柜、商品、桌椅等。由于综合型购物中心的空间较大，因此常出现"店中店"和室内空间室外化的现象。"店中店"现象引发了陈设设计风格的多元化，因为各区域为凸显各自的品牌形象，从而形成各自的陈设风格，有中式的、西式的、简约时尚的、怀旧自然的等，不胜枚举，这就要求设计者总体协调，使得各局部的风格与整体的风格融洽并存。室内空间室外化是指将室外的装饰元素运用到室内，成为室内的陈设元素，常见的有路灯、庭院灯、休息坐椅等，在室内营造一种步行街道或休闲广场的气氛，使商业活动不受外界环境、天气等因素的影响，让顾客身在其中，别有一番情趣。

7.4.3.2 百货商店

百货商店是现代商业空间中面积大、商品多、人流大、服务功能齐全的商业空间。现代的百货商店与购物中心有相同之处也有不同区别。百货商店多采取统一的经营管理模式，室内空间较为连贯，即使分割成若干区域也是隔而不断，仍有连续性，且多数空间较为通透，货柜、展台排列整齐有序，体现较强的秩序感。至于百货商店的室内陈设设计的内容、要求、特点与购物中心的陈设设计基本相同。

7.4.3.3 专业商店

专业商店具有单项经营商品的特点，其室内陈设设计应根据商品的特点塑造出具有个性的空间环境。

商品的不断细致化分类使得专业商店的类型出现多样化的发展趋势。在我国，常见的专业商店有经营服装、金银首饰、运动器械、旅游用品、交通工具、通信工具、家用电器、装修材料、卫浴洁具、美容美发工具、鞋帽、箱包、食品、烟酒、书、工艺品等商品的专卖店。各类专卖店的室内陈设设计各具特色。

1. 服装专卖店

服装是一种具有实用性、艺术性、时代性及流行性的商品。服装专卖店，特别是品牌服装店的室内陈设设计应强调其现代感及品牌特色。服装专卖店常见的陈设有货柜、展台、模特儿、灯箱广告、绿色植物、休息坐椅、壁灯、壁挂、绘画、吊灯等。其中橱窗、灯箱广告、模特儿是最能表现服装特色的，应作重点设计。设于商场中的服装专卖店，为了更有效地展示服饰的特色，还可以在商场的入口处布置服装模特以及各种陈设品。

图7-65 金银首饰专卖店陈设示例

2. 金银首饰专卖店

金银首饰专卖店的室内陈设设计应烘托出高贵典雅的气氛。商品的陈列柜除了具备展示功能外，还必须具有收纳和防盗功能。金银首饰专卖店的灯具陈设及灯光陈设除吊灯、壁灯外，还常在展柜内设置精致的小射灯，以充分显示金银首饰，特别是宝石的光泽、造型和工艺等。由于顾客在此类商店中挑选商品的时间较长，所以常需布置坐椅、沙发等家具陈设。在大空间中布置珠宝柜台应将货柜的上檐适当降低，并加强柜台内的局部照明，使珠宝首饰更加亮丽，以便顾客的视线更集中于柜台上（图7-65）。

3. 家用电器专卖店

家用电器专卖店的商品本身的形态、色彩就具有较强的陈设价值，因此其展柜、展台的造型都简洁现代，以衬托商品的不菲价值及现代气息。家用电器专卖店的商业氛围浓重，对陈设品的艺术要求不高，多采用灯箱广告、绿色植物等现代感较强的陈设品。另外，现代家用电器随着功能的不断增新，其形态也在不断变化，因此，家用电器专卖店的陈设设计也应顺应这种发展趋势。如设置电视墙，以图像屏来展示商品。又如小件家用电器采用透明玻璃展柜陈列，大件的则采用展台陈列等。还有为了促销需要常设置洽谈区和咨询导购处，这些区域都需布置现代新颖的陈设品。

4. 食品专卖店

食品专卖店为了给消费者提供新鲜的食品，店内多设有保鲜柜，另外还有大量的标准货架柜。货架柜一般为金属框架，能陈列大量的商品，便于消费者挑选。食品专卖店一般为中小型商店，为便于顾客挑选商品，室内的平均照度较高。对于像糕点房这样的专卖店，多在货架柜台内设置重点照明，将食品的色泽展现在顾客面前。

5. 大中型书店

书店应利用陈设设计，营造一种安静、便捷的购物及阅读环境。为便于顾客快捷地寻找到购书方位，书店中的信息标志尤为重要。现代书店中大多布置一些绿色盆栽。展架、展台是书店的主要陈设，其尺寸主要是依据书的开本大小，以便于存放。现代式的大型书店有的还没置休息等候区域，布置桌椅、绿色植物、插花、绘画、吊灯等陈设，形成幽雅的环境，并提供饮品服务（图7-66）。

7.4.3.4 超级市场

超级市场采用开架售货方式，顾客可直接在

图7-66 大中型书店陈设示例

货柜前挑选商品。超级市场具有多种经营规模，小到深入社区的便利店，大到集日用品、食品、服装、家电、蔬菜水果、熟食加工、休闲餐饮等为一体的大型超市。超市这种自由的购物方式广受人们的喜爱。超级市场是快节奏生活方式的产物，其室内陈设应采取简洁统一的方式，最主要的陈设品就是货架及商品，并设置招牌广告、灯箱、信息标志等引导购物。大型超级市场的休闲区域还常布置绿色植物、桌椅、装饰画等。

7.5 室内陈设与办公空间

办公建筑内常设有行政办公机构，企业（公司）办公机构，科研和设计办公机构，邮政、通信、金融、保险等办公执构，以及其他事业单位和服务性单位办公机构。办公建筑的室内空间主要有办公空间、会议空间、公共接待空间、变通过渡空间和配套服务空间。其中办公空间是核心部分，也是室内陈设的重点。

7.5.1 室内陈设与各功能空间

7.5.1.1 办公空间

办公空间主要指办公室，它分员工的办公室与管理层办公室。

1. 员工办公室

员工办公室大致有两种布置形式：一是单间密封式办公室；二是大中型开放式办公室。前者将员工分隔在不同房间里办公，私密性较强，受外界干扰较小。后者是在同一房间内用矮隔断分出若干相对独立的办公单元，办公人员之间便于交流，也便于管理，而且易于根据情况调整布局。

办公室布置的家具主要包括办公桌（工作台）、坐椅、橱柜、办公自动化设备等。办公桌是其主要家具，传统式办公桌多为单体式，一般台面较小，只能满足基本的办公要求。随着信息化技术的发展，办公桌多发展为组合式，即将两个不同高度的台面组合在一起成 L 形状。组合式办公桌可满足基本办公和操作电脑或办公自动化设备的需要。这种办公桌将不同工作内容加以秩序化，有利于提高工作效率，而且也增加了陈设造型的丰富与生动性。坐椅可选择中靠背的软椅，使用的随意性较强。坐椅的高度应能自由调节，以提高办公的舒适度。办公室橱柜用于存放文件资料和电脑光盘、软盘等，大小和容量可根据需要确定。由隔断围合的办公空间，一般将橱柜与隔断结合为一体，使用更为方便，空间更加简洁。

办公室应有一些个性化的陈设品，根据个人爱好可在案头、墙面布置小巧精致的绘画、书法、摄影、工艺品、雕塑等，使办公空间更富有人情味，从而有利于工作。

绿色植物是办公室不可缺少的陈设。在个人办公空间桌上可放置小型盆栽，并可随时更换，有助于调节人的紧张情绪。在大空间内以放置观叶植物为主，可充分利用"剩余空间"进行布置，如在空间序列的节点处、转折处以及边角处，点状布置体量大、造型美、色彩鲜艳的盆栽，构成一个视觉中心；在大空间的靠墙或靠窗位置，可线状布置成组、成排的盆栽构成一道绿化背景；在办公室的隔断上、橱柜中可布置垂挂植物花卉，形成室内空间的垂直绿化面积。在室内布置绿色植物，不仅能美化空间，而且可改善室内生态环境，是人本化理念在室内陈设中的具体体现（图 7-67、图 7-68）。

图 7-67　员工办公室陈设示例一

图 7-68　员工办公室陈设示例二

2. 管理人员办公室

由于其最能代表单位的形象，因而在室内陈设中应予以特殊的关注。这种办公室一般为封闭的单间、套间或者用有隔音效果的高隔断围合而成，以保证其私密性。办公室面积相对较大，通常包括事务处理空间、接待空间、小型会议空间和文秘处理空间。其中事务处理空间是办公室的主体，文秘处理空间（秘书办公空间）一般安排在办公室外侧。

办公室的陈设风格无论采取中式或西式、古典式或现代式，室内陈设都应显示出豪华、高档、庄重、大方的风貌，以及办公人员的个人爱好、文化修养等。事务处理空间中的家具，主要是办公桌、坐椅、文件（书）柜、展示柜。办公桌在室内处于中心地位，要求质量高、尺寸大，不仅使用功能好，而且要表现出强烈的艺术效果。坐椅一般采用高靠背皮革转椅，其高度可自由调节。与办公桌相配套的文件（书）柜和展示柜，除使用功能外，更能在陈设中显示出更多的思想内涵。例如，柜中摆放的书籍可体现出主人的好学精神和渊博的知识，柜中陈列的艺术品可代表单位的性质或主人的审美情趣与追求（图7-69、图7-70）。

图7-69 管理人员办公室陈设示例一

图7-70 管理人员办公室陈设示例二

展示柜内应摆放多种陈列品，它根据室内空间的情况也可放在接待会客空间内。此外，有时它也可用壁龛来代替。陈列品应有重点照明，以增强展示效果。接待空间的家具主要是沙发和配套的茶几，茶几上应放置艳丽的盆栽花卉。办公桌的面积大，为陈设品摆放提供了充足的条件，可放置小型工艺品。墙面陈设以平面艺术品为主，可悬挂书画、摄影作品、壁毯以及浮雕等。地面可铺块状的艺术地毯，既美化了空间，也起到了区分不同功能空间的作用。

窗帘的选用决定于室内陈设的风格，古典式陈设宜用织物窗帘，现代式陈设则以百叶窗式窗帘较为适宜。室内的绿化是很重要的陈设，地面可放置大、中型观叶盆栽，桌上可摆放盆栽、盆景或插花。其色彩宜清淡，以表现现代办公空间中的自然气息（图7-71）。

图7-71 管理人员办公室陈设示例三

7.5.1.2 会议空间

会议空间按面积分有小型会议室和中、大型会议室，按使用功能分有普通会议室和多功能会议室。

小型会议室的家具一般采用对坐或围聚的方式布置，陈设大多着意于制造亲和、融洽的气氛。例如，采用圆形或椭圆形会议桌和软坐椅，桌上摆放小型盆栽，以及用明亮而柔和的灯光照明等，都能很好地烘托气氛。中、大型会议室可容纳人数达数十人至上百人以上，室内布置强调整齐划一、庄重和谐。会议桌一般采用大型长方桌或环形桌。墙面悬挂的绘画，内容应是严肃的题材。墙角摆放的大型绿化盆栽，一般应为观叶植物，形体的大小应当与空间相协调。多功能会议室使用电视（投影）系统并可与网络连接，除主要满足会议功能外，还兼有教学、娱乐等用途，所以在布置上要采用活动式家具，并在灯光的配备与使用上能起兼顾作用（图7-72、图7-73）。

图 7-72 会议空间陈设示例一

图 7-73 会议空间陈设示例二

7.5.1.3 公共接待空间

公共接待空间通称接待处。接待处的陈设设计十分重要，精心安排的接待处是一项形象工程，它表示了对来客的尊重与重视，反之则会给客人以被忽视的感觉。

接待处的家具主要有接待柜台、沙发、茶几等，供客人休息的沙发和茶几家具要有较高档次。墙面应悬挂绘画或图片。地面点缀以绿化盆栽，以增加环境的生气与活力。此外，还可设置一些必要的陈列，内容应个性化，力图向来访人员传达单位（公司）精神和单位（企业）文化，并产生感染力（图 7-74）。

图 7-74 公共接待空间陈设示例

7.5.1.4 交通过渡空间

交通过渡空间主要指办公建筑中的入口大厅和走廊，它是办公空间系列的导向站和交通枢纽。做好这一室内空间的陈设，可正确地组织交通流线，使人员更加有序地活动。例如，设置醒目的视觉导向系统（指明各部门、各单位的位置），便于来人顺利地到达目的地；利用灯具或绿色植物吸引人的目光，以突出某些重点位置等。

此外，交通过渡空间除放置绿色植物外，还可放体量较大的瓷瓶、雕塑等艺术品，如有条件设置一个形态典雅的小型水体，更能使空间增加美感和生机。

7.5.1.5 配套服务空间

配套服务空间主要是为办公室工作供资料、信息服务以及为员工提供后勤障的空间，通常包括资料室、档案室、文室、晒图房、电脑机房、员工餐厅、茶水以及后勤管理办公室等。这些空间的陈一般比较简单，家具及设备按工作需要布置。其中员工餐厅既是员工就餐的地方，也是员工之间互相交流与休闲的场所，其陈设布置一方面在餐桌椅、台布、窗等的色彩上烘托气氛、刺激食欲；另一面通过绿色植物、灯光、音响等效果，制造温馨、幽雅的氛围，体现空间无处不在的对人的关怀。

7.5.2 各类办公空间陈设的特点

各种类型办公建筑的室内陈设，除了上述的共性内容之外，还有各自不同的个性，概略说来有如下内容。

7.5.2.1 行政办公空间

行政办公机构主要指党、政机关等单位。其办公室的形式大多为单间封闭型，开放型办公室较少，只有诸如税务、工商管理等专业机关的窗口部门，为便民而合署办公，则采用开放式办公室的布置方式。行政办公机构的室内陈设注重庄重性，减少商业化的东西。在重要场所，国旗和国徽是这类办公空间最为庄严的陈设。同时，绿色植物陈设也是应该广泛采用的（图7-75）。

图7-75 行政办公空间陈设示例

7.5.2.2 企业（公司）办公空间

这类办公空间的商业化气氛较浓，室内陈设中往往带有强烈的宣传意义，主要是向人们传达企业精神、企业文化以及企业的特点、优点等。宣传有直观的和寓意的两种方式：直观的如陈设企业标志、陈列企业的产品等；寓意的是赋予陈设以某种象征意义。

7.5.2.3 科研和设计办公空间

根据其工作性质，室内陈设应充分反映现代化和高科技的特点，除专业设备外，家具可采用后现代主义风格的制品，家具材料尽量采用金属、玻璃、塑料等，并摆放不锈钢制作的雕塑品及其他艺术品，以及悬挂抽象主义画派的作品等，通过这些反映单位的性质和传达科学时代的信息。这类单位的室内陈设品往往还直接表现自己的专业性质，有极强的个性。例如，建筑设计单位，摆放一些建筑模型、悬挂一些建筑造型的照片；室内设计单位，悬挂一些室内装饰的照片等都是很好的室内陈设。此外，这类单位使用的灯具较多，在布置上除要满足照度的要求外，还要在造型上有统一的艺术风格。

7.5.2.4 邮电、通信、金融、保险等办公空间

空间重点在营业大厅。特点是，开放式办公直接面对公众。在布置上应充分体现以人为本、服务至上的精神。通常营业厅以服务柜台为界面，将空间一分为二，传统的柜台高度以人站立时方便填单等活动为标准，而现代服务柜台高度（除银行的柜台外）大多以人坐着时便于进行内外对话为标准。在大厅内应摆设舒适的沙发（坐椅）和茶几，供顾客休息之用，应布置各种多媒体查询机、电子信息屏等以服务于顾客，还应设置饮水机以满足顾客临时饮水之需。大厅内应尽量增加绿化面积，多摆放盆栽植物，以改善公共场所的环

境质量。总之，应使办公环境在人们心理和生理上都能产生良好的影响。

7.5.2.5 其他事业单位和服务性单位办公机构

这类办公机构包含的业务范围很广，一般规模不大，室内陈设设计的重点应放在入口空间、高级行政办公室、会议空间、接待空间。另外，应布置一些具有本职业务特点的陈设品。

7.6 室内陈设与展馆空间

室内陈设设计应用非常广泛，除了上述空间外，室内陈设设计也运用在其他环境如娱乐、健身、展示空间中。展示空间是近几年比较流行的空间设计，陈设也在其中发挥着重要的作用。整个展示空间的陈设设计仍然从陈设物品的空间构成与组织的人流路线、色彩设计，陈设物品的风格与文化、陈设品的照明等几个主要方面来考虑。

任何博物馆都会把展示、收藏保护、宣传、教育、研究等综合在一起，因此陈设应配合博物馆的功能来设计，首先要注意人流路线，可以按照一定的线索来制定人流路线。比如在侵华日军南京大屠杀遇难同胞纪念馆中，就是逐一展现战争、屠杀、抗争、和平的场景。设计将这一流线设计与主题相结合，令人一进入就能立刻重温当年的历史，激发人们的悲愤之情，并以一种无限悼念的心情去阅读这段历史，也容易在人们的脑海里形成一个清晰的脉络。

陈设设计还要从收藏保护的角度来设计，注重展品的安全，尤其是贵重的展品。展柜的设计在其中起了重要的作用。展柜的作用是文物包装和展示，即在保护文物的同时又极佳地表现文物，这才是目的。博物馆陈列的设备中，展柜是最基本的设备。展柜的造型、颜色、材质和艺术风格极大地影响着整个展览的艺术效果。展柜在符合造型美观的基础上，还要利用高科技来"武装"自己，从而达到美观与安全保护的双重功能。

博物馆的室内陈设设计也要与其展示的物品的文化相适应、相统一。在博物馆里，历史是最好的设计师，它不需要注释任何文字，都能使人领悟到它所要表达的一切。一个国家、一个民族、一个社会都需要有创新意识，充分尊重历史，来承担起人类文化传承和创造的伟大使命（图 7-76、图 7-77）。

图 7-76 侵华日军南京大屠杀遇难同胞纪念馆陈设示例一

图 7-77 侵华日军南京大屠杀遇难同胞纪念馆陈设示例二

练习思考题

1. 你对功能空间是如何理解的？居室中哪些功能空间是陈设的重点？

2. 日本和朝鲜的陈设与中式陈设的相同和差异处表现在哪些方面？

3. 室内陈设设计与室内陈设品布局设计有哪些区别？

4. 橱窗陈设品分别有哪些形式与内容？

5. 金银首饰专卖店的室内陈设设计有哪些特点？

6. 陈设品如何配合博物馆的功能进行设计？

第8章 中国部分少数民族的室内陈设

中国是一个多民族国家，由于历史、地域、宗教、文化、经济、习俗、环境等因素的差异而形成各民族在建筑形态、室内装饰风格和陈设布置上的多样性，因而造就出了异彩纷呈、各领风光的民族陈设艺术特色，这是我国建筑设计、室内设计的宝贵财富。

8.1 藏族

藏族民居极具特色，藏南谷地的碉房、藏北牧区的帐房、雅鲁藏布江流域林区的木构建筑各有特色。藏族民居在注意防寒、防风、防震的同时，也采用开辟风门，设置天井、天窗等方法，较好地解决了气候、地理等自然环境不利因素对生产、生活的影响，达到通风、采暖的效果。

藏族代表性的传统民居主要是碉房，碉房多为石木结构，外形端庄稳固，风格古朴粗犷。碉房一般分两层，以柱计算房间数。底层为牲畜圈和储藏室，层高较低。二层为居住层，大间作堂屋、卧室、厨房，小间为储藏室或楼梯间。若有三层，则多作经堂和晒台之用。

西藏民居室内、外的陈设都显示着神佛的崇高地位，无论是农牧民住宅，还是贵族上层府邸，都有供佛的设施。最简单的可以仅设置供案，敬奉佛祖。富有宗教意义的装饰更是西藏民居最醒目的标志，外墙门窗上挑出的小檐下悬红、蓝、白三色条形布幔，周围窗套为黑色，屋顶女儿墙的脚线及其转角部位则是红、白、蓝、黄、绿五色布条形成的"幢"。在藏族的宗教色彩观中，五色分别寓意火、云、天、土、水，以此来表达吉祥的愿望。日喀则的民居在门上或绘制日月祥云图，或悬挂风马旗；昌都芒康的民居则着力渲染外墙和门窗，富于彩绘装饰，气势不凡。富有浓厚的宗教色彩是西藏民居区别于其他民族民居最明显的标志。

藏族室内常设有坐垫、靠垫、拜垫、马鞍垫等，皆系羊毛织物，其色彩鲜艳，花卉图案繁多。藏族也有帐房民居，是适应流动性生活方式的一种特殊建筑，帐房的内部陈设较简单，正中稍外设立火灶，灶后供佛，地面和四周壁上多铺以羊皮，供坐卧休息之用，同时也作为一种装饰陈设。藏族现代民居的室内功能和平面布局均有所改进，体现了现代人的生活理念。

藏族的室内陈设和装饰华丽，门窗和梁柱雕镂精致。室内立柱包以彩色氆氇做的套子，天花板上挂着华盖，墙上挂有唐卡彩画。唐卡是藏族民间的传统画，多绘在棉布或绸子上，也有用线绣成或用绢织成的。最珍贵的唐卡用珊瑚、珍珠、翡翠缀成。题材多为神佛故事。唐卡分蓝卡、黑卡和红卡三种（图8-1～图8-3）。

图 8-1 藏族室内陈设示例一

图 8-2 藏族室内陈设示例二

8.2 蒙古族

蒙古族过去是一个游牧民族。他们居无定所，随着草原和水源的变迁而转移，所以产生了便于拆装折叠的蒙古包。蒙古包有大有小，其大小按墙面的组合部架的数量来区分。古代首领开会、迎宾和宗教活动都在大型的蒙古包内进行。大型的蒙古包中部设有柱子，其装饰较讲究。现代蒙古族人几乎都有了永久性的固定住所，其建筑设计和室内设计借鉴了兄弟民族的风格。蒙古包古称穹庐，又称毡帐、帐幕、毡包等。随着畜牧业经济的发展和牧民生活的改善，这些古代的名称逐渐被蒙古包所代替。蒙古包整体呈圆形凸顶，顶上和四周由一屋至两层厚毡覆盖。普通的蒙古包，顶高 3.3 ~ 5.0m，围墙高 1.7m 左右，蒙古包大门朝南或东南。内有四大结构，分别为：围墙支架"哈那"（蒙语）、天窗（蒙语"套脑"）、椽子和门。蒙古包最小

图 8-3 藏族室内陈设示例三

的直径有 300cm 左右，大的可容数百人。蒙古汗国时代可汗及诸王的帐幕可容 2000 人。蒙古包的大小以哈那的多少来区分，通常分为 40 个、60 个、80 个、100 个和 120 个，哈那为 120 个的蒙古包，面积非常之大，可达 6000 多 m²，远看如同一座巨大城堡，十分壮观。不过，这样面积的蒙古包在草原上已十分罕见。

蒙古包是蒙古族典型的古老建筑形式，包内多设有佛龛，供有佛像，佛像前摆放供具、供品及油灯等，这里称作"圣坛"，其附近不允许摆放和悬挂污浊的东西，只能悬挂象征男性勇武的弓箭一类物品。

生活在蒙古包的牧民习惯于将内部平面划分为许多功能不同的区域。蒙古包的中央设炊饮和取暖用的炉灶，烟筒从天窗伸出。炉灶的周围铺牛皮、毡或毯。室内正面和两侧是起居处。室内周围摆设家具，主要有木柜、木箱、饭桌等，家具的形体较小，易于搬运。室内陈设布置严格按规定进行，正对顶圈的中位是火位，置有炉灶，它是家庭生活的中心。火位的正前方为包门，包门左侧是放置马鞍、奶桶的地方，右侧放置桌案、碗柜等家具，其余方向上沿木栅排列绘有民族特色花纹的木箱、木柜。蒙古包的内部地面铺以厚厚的地毯，周围壁面挂有镜框和招贴画。

从明末到清代，室内陈设也有变化，从简单到多样。清代中期以前，中等以上人家，

图 8-4 蒙古族室内陈设示例一

保持供火神的"火池"的习俗，信喇嘛教的在室内北墙西端置佛龛，靠东面增设家具，有单橱柜或双橱柜。到清代后期，富裕之家的陈设，增添有"好望阁"即立柜。碗柜和地桌等。柜上摆放帽盒，面容盒等。柜前摆放"裙凳"，供来客使用。民国年间直至新中国成立前，富裕之家，除地上家具外，还有炕柜（俗称"炕琴"），增添桌椅。炕柜中置放衣物，柜上摆放被褥枕头，陈设摆放有序。王公官员之家，在各居室内各种橱柜桌椅齐全，装饰精美（图 8-4 ~ 图 8-6）。

图 8-5 蒙古族室内陈设示例二

图 8-6 蒙古族室内陈设示例三

8.3 回族

　　回族建筑大体上表现了"以伊斯兰文化为主体，以汉族文化为我用"的特点。民居内部装饰多为阿拉伯式的，室内陈设有浓厚的伊斯兰宗教色彩。回族信奉的伊斯兰教有严格的教义，回族的风俗习惯大多与此有关。由于伊斯兰教反对偶像崇拜，因而室内特别是老年人的室内，不挂人物像和动物图片，凡有眼睛的图画都不能张贴，只是悬挂山水画、花卉画，信仰宗教的人家大都悬挂阿拉伯文字或《古兰经》书法条幅以及绘有圣地六房的挂毯。如大门正上方的门楣上一般贴有阿拉伯文字写的《古兰经》经文，正屋中悬挂山水花卉等图画及阿拉伯文条幅。装饰图案一般为程式化的几何图案或花草纹样式艺术文字（图 8-7、图 8-8）。

　　回族的室内色彩大多以白色和淡绿色等组成冷色调，客厅常常被安排在全家和所有住

图 8-7 回族室内陈设示例一

图 8-8 回族室内陈设示例二

房的中间或者是比较突出而且透亮的位置，房屋宽敞，窗户高大，摆设豪华，墙上嵌有装饰考究的书法和绘画镜框，长排的沙发布满边角，在正中的案桌上摆放着香炉，两边再放两只青瓷花瓶，香炉和花瓶上都装饰有阿拉伯文字或波斯文字和花纹图案，即所谓"炉瓶三设"。地上铺着大块的瓷砖，房顶装着石膏雕饰顶棚，华灯高挂，十分气派，显示了主人的富有与深厚的伊斯兰文化修养（图8-9）。

图8-9　回族室内陈设示例三

蓝色门帘。回族家庭的蓝色门帘历史悠久，并有一段动人的传说。唐朝中期，当大食兵助唐平定安史之乱后，许多大食兵士驻留在中国，成家立业，成为永久居民。为了保障这些留唐大食兵士家庭的安全，唐朝皇帝和皇后用蓝色御旨昭告天下。大食兵士得知御旨后，就在门上挂起了穆斯林喜爱的蓝布门帘，告诉人们不得侵扰。从此，中国的穆斯林（即后来的回族）每家的门上都挂起了蓝色门帘。后来，蓝色门帘就成了回族穆斯林家庭的标志。时至今日，蓝色门帘仍然是回族家庭内居室门面特有的装饰性标志，经久不衰，特色鲜明。

绿色窗帘。绿色是回族穆斯林喜爱的色彩之一。在他们看来，绿色意味着生命，象征天堂乐园。因此，在清真寺、拱北、麻扎等宗教建筑物上大量使用，在内居室的窗框、中堂、条幅与家具上也被广泛使用。

丰富多彩的内墙面陈设。回族家庭对内墙面的装饰颇为讲究，尤其是富裕起来的我国西北地区的回族家庭，因受新疆地区其他穆斯林民族内居饰风俗的影响，各式各样的色彩浓郁的挂毯、壁毯遮满了内墙面，再铺上厚厚的地毯，即使是严寒的冬天，一进屋就感到暖气融融。这些挂毯、壁毯和地毯的图案受中亚、波斯等地工艺风格的影响，构图华丽、线条清晰，具有高亮度、高彩度的色泽，装饰在内居室中，显现出极佳的视觉效果，释放出强烈的穆斯林文化气息。与挂毯、壁毯相媲美的是色彩斑斓的炕（床）围子。回族家庭的传统炕围子，多采用画布的形式，在长长的布匹上用彩笔勾画出各色各样、环环相扣的圆形、菱形、多角形、波浪形的大方格子图案，中间描绘出瓶装植物的枝、叶、花、果等盆景纹饰，一块块方阵并列，秩序井然，紧贴在炕壁上，与炕上图文并茂的花毡、栽绒毯交相辉映，绚丽多彩。现在的床围子，一般用的是彩色装饰，色泽鲜艳，图案清晰，具有浓厚的绘画艺术特色。

阿文与汉文中堂。这是虔诚的回族穆斯林内居室中不可或缺的装饰。一般是把绘有天房克尔白的画片或书写着经训的阿文或汉文的中堂、对联悬挂在主卧室、客厅正中间或西墙的壁面上，作为回族穆斯林家庭认主信善的标志。阿文书法的内容通常是《古兰经》言，汉文的内容则是现代对联的祝词。阿文书体有库法体、草体，汉文书体则以行书为主。与中堂相匹配的是，在中堂下面的条桌上，摆放一对以赞美真主为内容的阿文书法瓷盘，增添了室内的宗教色彩。

8.4　朝鲜族

无论什么类型的朝鲜族传统民居，只要走进房屋，第一个感觉就是有很大的一个炕。炕是朝鲜族人在室内的主要活动空间，炕大，散热面积就大，屋里到了冬天就会显得特别暖和。在延边地区朝鲜族房屋内的灶坑更是别具一格，它下陷在地下，底部低于地面，上部还有盖板，而盖板和锅台、炕面形成了一个平面。据说，这种灶坑是既好烧、又卫生。朝鲜族民居的屋内结构主要有单排和双排两种。单排式结构的房间排列如同"月"字，房间之间只有横向间隔而无纵向间壁。双排结构的又叫双筒子，房间排列如同"用"字，房间之间既有横向间壁又有纵向间壁。而无论单排、双排的结构，都会分割出许多房间。

朝鲜族民居的居室所占的面积比较大，一房之内，除掉厨房、牛房、草房、仓房之外，全部为居住的房间，占整幢住宅面积的70% ~ 80%；且间数多，但各间居室面积大小不等，大间9 ~ 13m²，小间4 ~ 7m²。传统朝鲜族民居的各间有严格的使用规定，这与儒学对生活方式的影响是密不可分的。儒家所推崇的"男女有别"、"三从四德"、"男女七岁不同席"等思想，对朝鲜族民居平面布局起着重要的作用。

朝鲜族受汉文化的影响较深，房屋建筑与汉族多有相似之处，但仍有自身的特点。朝鲜族至今仍采取席地而坐的生活方式。人们入室要脱鞋，室内不设床，晚上在地面铺被褥就寝，室内陈设比较简洁。一般设带推拉门的壁橱，用以存放衣被，室内空间显得宽敞。另外也有高大厚实的木柜、木箱沿墙排布，形成充分的收纳空间。这些家具多采取简洁朴素的装饰风格，再配以白铜附件，表现了鲜明的民族特色。朝鲜族能歌善舞，乐器是他们的生活必需品，同时也是室内环境中的陈设品。另外，朝鲜族常常将某些生活用品、生产工具挂在墙上，除了放置方便的实用意义外，这些精美的物品也具有室内陈设装饰的美学价值（图8-10、图8-11）。

图8-10　朝鲜族室内陈设示例一

图8-11　朝鲜族室内陈设示例二

8.5　维吾尔族

维吾尔族的建筑风格独特。房屋方形，有较深的前廊；室内凿壁龛，并饰以各种花纹图案。厅室布置整洁朴雅，四壁呈白色泛蓝，挂的壁毯，靠墙置床，被褥均展铺于床罩或毛毯之下，床上只摆设一对镂花方枕。室中央置长桌或圆桌，家具及陈设品多遮盖有钩花图案的装饰巾，门窗挂丝绒或绸类的落地式垂帘，并衬饰网眼针织品。地面多装饰民族图案。维吾尔族人喜欢在庭院中种植花卉、果树和葡萄，整个环境显得雅静、清新。

彩画、木雕、拼砖等手法也常用于维吾尔族建筑装饰。彩画色调浅淡柔和，在顶棚边缘和密梁等处稍加点缀，效果突出。木雕花纹多取材于桃、杏、葡萄、石榴、荷花等植物花卉，主要用于柱子、梁、枋和门窗装饰。木雕花饰多用原色材料或施加彩绘，在雕法上有线雕、浅浮雕及透雕等。拼砖所拼砌出的花纹为各种几何纹，施工中要求有高度的拼合技巧，主要用于装饰砖砌的墙面、台基、柱墩和楼梯等处。

石膏雕花也是维吾尔族民居最常采用的装饰手法之一，主要用于庭院前廊端部和室内外窗间墙壁等处，以花卉、植物、几何纹饰等作为边框陪衬，看上去像是一幅完整的装饰图画，又像是一幅镜框。

木雕大多用在门、窗、柱、梁、檩上。维吾尔族陈设品上的装饰图案有几何图形，如用方形、菱形、三角形、多边形等与线条组合而成的图案。有单体花纹样和卷草纹样，它们以二方连续进行重复、对称、异向、交错等形式组合。有花卉及果形纹样，如牡丹、玫瑰、葵花、荷花、石榴、桃、葡萄等。还有叶纹蔓纹及牙蕾，以及山水、文字、建筑等图案。

维吾尔族住宅的居室中常设有壁龛。壁龛的形式有两种：一是拱形的单体壁龛；二是以几个小龛形成的一个大龛群。壁龛的装饰主要是石膏花饰。通常，维吾尔族住宅的厅室装饰考究，墙上挂精美的壁毯，地面多装饰具有民族风格的图案。另外，大多数房屋中间放一张长桌或圆桌。家具及陈设品多用带钩花图案的装饰巾覆盖。门窗多挂置丝绒或绸类的落地式垂帘，并衬以网眼针织品。

传统维吾尔族家庭有的备有一张小摇床，这种床为木制驼轿式，床帮和床腿雕有精致的花纹，漆成各种颜色，制作十分讲究，富有装饰性。新疆地毯是著名的手工艺精品，色彩和花饰具有民族风格，维吾尔族的室内地面、走廊以及墙面多采用其作为装饰。新疆土陶制作历史悠久，具有独特风格，是维吾尔族室内爱用的陈设品。土陶分釉陶和白陶两种。釉陶的品种有碗、盘、瓶、壶等，其中尤以英吉沙陶壶最为精致，壶身镂空而不漏水，既是生活用品又是欣赏价值很高的陈设品（图8-12、图8-13）。

图8-12 维吾尔族室内陈设示例一

图8-13 维吾尔族室内陈设示例二

8.6 傣族

傣家竹楼均独立成院，并以整齐美观的竹栅栏为院墙（筑矮墙为院墙者亦常见），标出院落范围。院内栽花种果，有芭蕉叶"摇扇"，有翠竹衬托，有果树遮阴，有繁花点缀，一幢竹楼如同一座园林。绿荫掩映的竹楼，可避免地下湿气浸入人体，又避免地表热气熏

图 8-14 傣族居室外观

蒸，是热带、亚热带地区舒适的居所（图 8-14）。

傣族的传统民居，楼下四周无遮拦，人们居住在楼上，以竹篾为墙，有的开有小窗。傣族习惯于保持室内地面清洁，故一般脱鞋入室。堂屋中铺以大块竹席，日常起居饮食均在席上进行。屋中有一火塘常年燃烧不熄，人们常常围塘活动。室内陈设品的显著特点是，用品多为竹篾编制品，有的竹编器物还通体髹漆，内漆红色外漆金色，并还印有孔雀羽等纹饰，这既是生活用品，又是极具民族特色的工艺品。室内除竹制的桌、椅、床、箱、柜之外，还有傣族常用的笼、筐等用具，有简单的帐、被或毛毯，有铝、铁器以及形式花饰具有地方特色的水盂、水缸等。这些都可作为傣族民居的传统室内陈设。

竹编工艺品种类繁多，造型古朴，美观实用，是上好的工艺品。内施朱、外漆金、并压印出孔雀羽纹饰和镶嵌上五彩的琉璃图案，显得富丽堂皇，也是佛寺里祭祀的用具；简帕是傣族织锦的一种，从最初的麻、棉纺织发展到现在的丝、毛和棉混纺。它制作精致，式样美观，图案有彩蝶、孔雀、山茶花、小鹿、大象等，生动形象，具有浓郁的生活气息和民族特点，不仅为边疆各族群众所喜爱，也引起了国内外游客的浓厚兴趣；傣族蜡染艺术世代相传，经过悠久的历史发展过程，积累了丰富的创作经验，形成了独特的民族艺术风格，是中国极富特色的民族艺术之花；傣族的剪纸，民族风格浓郁；傣族彩绘木雕，制作精巧，常见的图案有龙、麒麟、孔雀、人像、佛像等，这些都是傣族民间艺术品，也是傣族的室内陈设品（图 8-15、图 8-16）。

图 8-15 傣族室内陈设

图 8-16 傣族室内常见的陈设品

练习思考题

1. 请归纳我国藏族室内陈设设计的特征。

2. 伊斯兰教义反对偶像崇拜，陈设品设置应注意什么？

3. 从材料和图案出发罗列、归纳一下我国傣族陈设品的种类。

第9章　室内陈设分类设计

陈设种类纷繁复杂，式样形形色色，分类方法多种多样。有的按陈设品制作材料的性质，将其分为木制类陈设品，竹制类陈设品，石制类陈设品，陶制类陈设品，丝绸棉织类陈设品等；有的按装饰部位，将其分为地面类陈设品，墙面类陈设品，天顶类陈设品等。

这里按照陈设品制作工艺、造型特点、材料性质相结合的原则，将陈设分为书画类、照片类、雕塑类、织物类、编制类、陶瓷类、玻璃类、照明灯具类、金属类、绿化类、建筑构件类、其他类共12个类别。

9.1　书画类

9.1.1　书法

书法从广义上讲就是指书写文字的方法，从狭义上讲特指书写文字的艺术。因此，书法不同于一般的文字书写，书法与书写的区别在于有无艺术的内涵。

书法是以线条为主体的艺术，它注重点画的用笔、字体的结构、整体的章法、气韵、意境和情感。书法作品应具有点画之美、结构之美、章法之美、气韵之美、意境之美的欣赏价值和陶冶情操、修身养性的作用。

书法作品历来都是室内装饰和陈设的重要内容。在室内环境中布置书法一是作装饰美化环境；二是表达主人的思想情感及审美倾向。

中国的书法历史悠久，它伴随中华民族几千年的文明史而发展。最早的已成体系的文字是甲骨文、籀文、大篆。秦代创造了小篆，既统一了文字，又为书法的发展和交流提供了条件。从秦代到魏晋时期，篆、隶、楷、行、草五种书体已先后形成。而后，唐、宋、元、明、清历朝对书法艺术都有很显著的发展，使中国的书法艺术成为独具华夏文化神韵的文化瑰宝（表9-1）。由于各种书体的出现，书法艺术的各种风格也开始迅速形成。

表9-1　　　　　　　　　　汉字历史年代表

文字时代	朝代和年代	文字名称	其他文字
古文字时代	商 公元前1600—前1208年 周 公元前1207—前222年 秦 公元前221—前207年	大篆 甲骨文 金文 石鼓文 周文 古文 小篆 第一次简化运动	篆草

续表

文字时代	朝代和年代	文字名称	其他文字
过渡时期		古隶	隶草
今文字时代	汉 公元前206—219年 魏到现在 220年—现在 汉到现在 公元前206年—现在	今隶 真书 简体字 1956年第二次简化运动	章草 今草　行书　狂草 960年后刷字体

在选择书法作为室内陈设时，应尽量运用在具有中国文化氛围的空间中。书法的装裱与中国的绘画相似，可托裱后挂置，也可装镜框后布置。中国画需要装裱，亦称"裱褙"、"装池"、等。它是以纺织物式纸底褙，将书画作品配上边框，再加木质轴、竿等对书画进行保存的一种方法。书画装裱样式有立轴、横披、屏条、对幅、镜片等。立轴是指将作品裱成单件智力悬挂的样式。中间画面部分叫"画心"，上方有"天头"，下方有"地脚"，左右叫"边"。样式呈长方形的叫"立轴"，窄一些的叫"单条"，特别细窄而长的叫"琴条"，大幅的叫"中堂"，特大的叫"大中堂"。立轴是装裱中最主要的样式，装裱成立轴的书法作品大多挂呈客厅、大厅、办公室等空间中。横披是一种横向挂呈的装裱样式，一般是横向长、竖向短，上下裱边，两侧裱耳，并加木杆，以利于挂置。装裱成横披的书法作品一般挂在客厅、书房、办公室、会客室以及中小型会议室中。屏条其形式与立轴中的单条相似，但一般不加轴头由成偶数作品组合挂置的系列作品形成。单独一幅叫"条屏"，虽有挂置的但不多见，成偶数的组合数如二幅、四幅、六幅称之为"二条屏"、"四条屏"、"六条屏"……数幅屏条内容一般都相似连贯，凭条一般是挂置在较大空间的餐厅、大厅之中。对幅是指成对悬挂的屏条，它也是中国书画装裱的一种样式。如果是画就叫"画对"，如果书法就叫"字对"或"对联"。对幅一般挂置在立轴的两侧，或是独立挂置在书房、餐厅、接待室等空间。镜片是指不加轴或杆的装裱样式，它有立轴、横披和斗方。镜片大多装入镜框后再挂置墙上观赏。适应挂置镜片的室内空间较如客房、大厅、中小型会议室、办公室、接待室、书房等（图9-1～图9-3）。

图9-1　书法陈设示例一

图9-2 书法陈设示例二

图9-3 书法陈设示例三

9.1.2 楹联

楹联，俗称对联，是民间流传最为广泛的一种特色文化，是中国传统文化的独特精华之一，有着诗中诗的美誉。

明初，由于朱元璋的提倡，对联出现了大普及。"春联"这个名称就是朱元璋提出来的。清人陈云瞻的《簪云楼杂说》载："春联之设，自明孝陵昉也。明太祖都金陵，于除夕忽传旨：公卿士庶家门上须加春联一副。"皇帝推广对联，身体力行，上行下效，蔚然成风。每逢除夕，形成了家家户户都贴春联的风俗，而且春联采用红纸书写。至此，对联与桃符门神完成了历史的分化，走上了独立的道路。

楹联大致可分为春联、行业联、婚联、寿联等。如春联"万里春风梳碧柳，几番时雨润红花"、"国泰邦兴民乐业，风和日丽燕衔春"。行业联是中国文化与手工业、商业及近代工业相结合的产物。宋文莹《玉壶清话》载，后唐时进士范质的朋友开一扇子店，范质为该店题一联："大暑去酷吏，清风来故人。"行业联是专门张贴于各行各业的门庭、店堂上，具有显明的职业标志和行业广告特征的一种常年使用的对联。一副工整的行业联，配以风格高雅的书法，再与室内格局、装饰堂皇的牌匾珠联璧合，以它美的形式、美的意境、美的内涵招徕八方顾客。如"经营不让陶朱富，贸易长存管鲍风"，"生意兴隆，从兴隆中找生意；财源茂盛，自茂盛里觅财源"。婚联又称喜联，是婚嫁时专用的对联，通常是在嫁娶之日贴在大门、洞房门、厅堂及洞房梳妆台两旁。婚联的内容大多是表现喜气盈门的情景和对新婚夫妇的热情赞美及良好祝愿，带有浓烈的吉祥、喜庆色彩。寿联是庆贺寿辰时所用，是一种交际性的对联。祝愿福寿康宁、快乐幸福。其感情色彩庄重而热烈。在修辞艺术上文重典雅，多以高山、流水、青松、翠柏、神龟、仙鹤、椿、萱等作比喻，寄寓延年益寿之意。

室内居室的楹联，一般挂呈在书房、客厅和卧室，楹联内容与书法的形式联系密切，陈设时还应考虑其内涵与空间风格的协调统一（图9-4）。

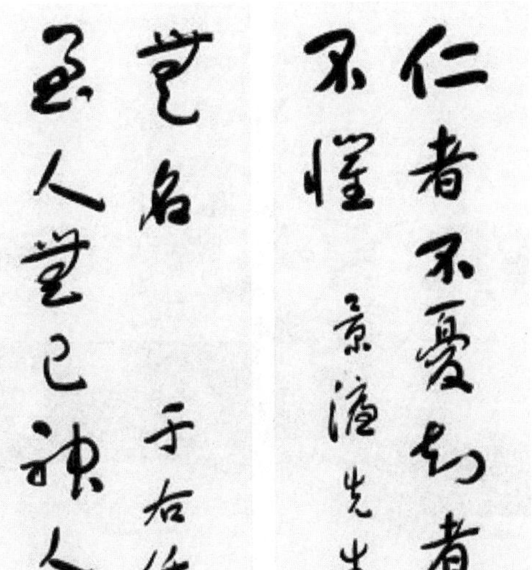

图9-4 楹联陈设例

9.1.3 绘画

绘画是一种通过线条、色彩在二维平面上描绘的社会的或自然的物象。绘画表现了作者的思想情感、审美取向和艺术水平。绘画类中主要包括中国画、油画、装饰画、民间绘画四大类，它们虽具有各自的特征，但都可以表现丰富的内容，如山水、人物、花鸟、静物、动物、建筑等内容，其形式既可以写实，也可以写意。

9.1.3.1 中国画

中国画具有悠久的历史、丰富的内容、独特的艺术形式和审美方法。中国画在唐代以前主要有帛画、壁画，魏晋时期开始有卷轴画，唐代以后，特别是元、明时期，卷轴画成为中国画的最主要的表现形式。卷轴画是中国绘画的一种独特的装裱形式，由于它具有可以挂置和搬动的优点，所以自它产生以来一直都作为室内装饰和陈设的主要内容。中国画在绘画艺术中别具一格。风格独特。它不以模仿生活的真实性为上，而以创造意味深长的意境见长，它常与中国书法相配合，具有浓厚的文化气息。它对室内空间的适应性强，常用于室内装饰，特别是在书房墙壁上挂几幅中国字画，桌上摆放一些文房四宝，能创造出浓郁的书香气氛。

中国画的种类按表现内容分主要有人物画、山水画和花鸟画。按表现形式分主要有白描、工笔画、没骨画、写意画。中国画的布置需要注意下述问题：一是根据空间的大小考虑作品的大小，中国画的大小按中国的长度单位"尺"来区分，如一尺、二尺……；二是根据墙面的形状考虑作品的形式，如墙面竖向面大通常选择立轴挂幅，横向面大一般选择横批或数幅立轴并置，小墙面则可选用册面、扇面、镜片；三是根据室内空间的性质、风格和主人的兴趣、意向确定中国画的内容、形式和风格（图9-5、图9-6）。

图9-5 中国画陈设示例一

图9-6 中国画陈设示例二

9.1.3.2 西方绘画

西方绘画主要指欧洲的绘画，简称西画。它包括油画、水彩、水粉、素描等画种，其中油画是西画的主流画种。西画具有悠久的历史、科学的表现方法、丰富的内容形式，以写实性见长。早期的西画诸如古希腊、古罗马乃至拜占庭的各种风格和材料的壁画都是附着于建筑的界面，或作为壁画，或作为顶棚画。欧洲文艺复兴中出现的"架上油画"使油画从建筑的界面上分离出来，从此，西洋画如中国的卷轴画一样，可以进行搬动、挂置，甚至可以买卖交换，因此自文艺复兴后西画的陈设功能大大加强。

西画具有较强的造型性、直观性、空间感、质量感和力度感。西画是室内陈设的重要饰品之一，尤其是在西方，西画是各室内功能空间必备的艺术品。由于西画在绘画艺术中最长于描绘事物的形状、色彩，表现事物的真实性，因此，西画也最长于烘托室内空间气氛，给人以真实感。居室中挂一幅人物画，能给人呼之欲出之感，大厅中挂一幅风景画，可使人若置身于山水之中（图9-7、图9-8）。

图9-7　西方绘画陈设示例一

图9-8　西方绘画陈设示例二

9.1.3.3　壁画

壁画是在建筑物的墙壁（包括天花板）上的绘画（现代室内墙壁绘画称作"墙绘"），它是世界上历史最悠久的绘画形式之一。壁画与一般绘画不同的是：一般绘画不大受环境条件的限制，而壁画则是一种固定形态的绘画，是建筑空间的有机组成部分，它是为特定的环境而存在的，而非外加的东西。它在装饰墙壁的同时要求保持墙壁的特质，而不能任意改变。现代室内的壁画设计，要求壁画与整个室内空间具有适应性，构图打破焦点透视的局限，造型与色彩相协调，不追求真实的空间深度，但要求保持墙面的平面性，达到稳定性，突出装饰效果。在陈设设计中，壁画虽然是从属于空间的，但并非消极服从，而在服从的同时又有自身的能动性、创造性。即利用特殊的表现手法去改变室内的空间形态，对空间进行优化调节，使其产生良好的空间效果（图9-9、图9-10）。

图9-9　壁画陈设示例一

图9-10　壁画陈设示例二

具体地说，这种能动性、创造性主要表现在以下几个方面。

（1）扩大空间。当室内空间显得较小、较深时，可以通过加强壁画空间层次的手法来扩大空间感觉。

（2）缩小空间。当墙面过长、空间过宽时，可将墙面划分成几个段落进行处理，或用壁柱等形式将画面分成中心和两翼部分，中间作画，用缩小空间的手段，使人的视觉向画面中心收缩，从而产生缩小空间的感觉。

（3）整理空间。当室内的结构过于复杂并影响人们的观赏时，可运用整一性的构图，把它们有机地组织到画面中间去，变复杂为简洁，使零乱的空间转化为整体空间。

图9-11　工艺装饰画陈设示例一

（4）升降空间。当空间显得低矮时，可用竖向分割和增加画面竖向形体结构的手法，或采用上浅下深的色彩，给人造成升高的错觉，达到在视觉上升高空间的目的。

9.1.3.4　工艺装饰画

工艺装饰画是工艺美术的一个重要组成部分，是运用工艺材料进行创作的具有装饰感的作品。工艺装饰画需要表现材料的自然美、工艺的制作美和作品的装饰美，也即表现材料、形式和内容的整体美。

工艺装饰画内容形式丰富，且处在发展和变化之中，与材料、工艺、技术的联系密切相关。以材料划分主要有磨漆画、布贴画、剪纸画、麦秸画、烙画、镶嵌画、贝雕画、羽毛画、云母画、竹帘画、树皮画、鱼骨画等（图9-11～图9-13）。

图9-12　工艺装饰画陈设示例二

图9-13　工艺装饰画陈设示例三

9.2　照片类

照片具有记录图像、传递信息、表达灵感的功能。在现代室内设计中照片已成为非常普及的陈设品。照片的内容广泛，它涵盖了世界上的一切可视的景物、人物、静物、动物等物象。

照片可以作为住宅、宾馆、餐饮、商业、办公、休闲、娱乐等建筑室内空间中的陈设品。

照片有不同的类型，从表现内容上分有人物照、风景照和静物照等；从表现形式上分有黑白照片和彩色照片。

　　静物照大多作为广告陈设，如餐饮业的食品照片，商场的产品照片等。静物照大多看中表现静物的色彩、质感，因此图片的清晰度要高，特别是表现各种质感的物象。

　　黑白照片大多具有质朴、典雅的视觉效果。旧时黑白照片使人产生对往事的怀念。用黑白旧照片作室内陈设可以有效地渲染环境气氛。彩色照片以真实的形象、生动的色彩和鲜明的时代感成为被人们广泛应用的室内陈设品。

　　以照片作陈设，可根据室内的空间特点、环境气氛和业主或主人的爱好选择不同的照片形式和内容。照片的尺寸可大可小，作为陈设的照片尺寸应根据空间的大小、照片的内容，以及照片的清晰度来确定。

　　照片的镜框有木质的、石膏的，也有用金属的。照片镜框一般不用像古典油画所用的那种很宽厚的边框。一般空间中照片挂置的高度、数量、方法等与西画挂置的高度、数量、方法等一致。

9.3　雕塑类

　　雕塑作品是人类最早用于建筑及室内的陈设之一。从古代埃及大金字塔上的雕塑作品"狮身人面像"开始至今，人类用雕塑装饰已有4000多年的历史了。4000多年来，雕塑艺术的发展经历了巨大变化，但雕塑作品作为建筑物空间装饰的历史却从未中断，而且运用范围越来越广泛，越来越普及。过去，雕塑作品多用于宗教建筑、宫殿建筑、陵墓建筑、纪念建筑的装饰。今天，雕塑作品普遍用于各类建筑空间的装饰。雕塑类作品的特点是形象生动、立体感强、空间形态丰富，装饰效果良好。所以，雕塑与建筑空间历来被人们视为孪生姐妹。在现代陈设艺术中，它对室内空间和人们的审美心理具有加强、平衡、呼应、吸引、调节等作用。雕塑类陈设内容丰富，形式多样，按其艺术手法的差异和呈现形态的不同，可以分为雕塑和雕刻两种。

9.3.1　雕塑

　　这里所用的"雕塑"与前面所用的"雕塑"的范围有宽窄之分。前面所用的雕塑是广义的，包括所有以雕和塑手法制作而成的艺术作品。这里的雕塑则是狭义的，是指一种雕与塑相结合，具有三维空间形态的装饰艺术品。它包括实体雕塑、空间雕塑、动态雕塑、立体标志等。雕塑类饰物广泛地运用于室外与室内的装饰。一般来说，大型的雕塑作品多用于室外，小型的作品多用于室内；石雕、铜雕多用于室外，泥塑、木雕（根雕）、泥雕、象牙雕多用于室内；室外雕塑侧重于限定空间、控制空间，侧重于表现气势美，壮阔美，室内雕塑侧重于增添生活情趣、烘托艺术氛围，侧重于表现韵味美，情调美。对雕塑类陈设的选择，没有固定的模式，可根据主人的兴趣爱好，室内空间的作用、性质、构图特点而定。只要能起到装饰作用，引起人们的美感，给人艺术享受，都是成功的设计（图9-14 ~ 图9-16）。

图 9-14 雕塑陈设示例一

图 9-15 雕塑陈设示例二

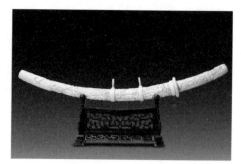

图 9-16 雕塑陈设示例三

9.3.2 雕刻

雕刻只雕不塑，主要指浮雕类作品。它既不是真正的两维平面，又不是典型的三维立体，而是介于二者之间的空间形式，被人们称为两维半空间形态的装饰艺术品。雕刻（浮雕）分为高浮雕、浅浮雕、壁刻等形式。从装饰对象上说，雕刻（浮雕）多用于宗教性、纪念性建筑物；从表现内容讲，雕刻（浮雕）最适合表现内容丰富而又具有连续性的题

图 9-17 雕刻陈设示例一

材；从装饰部位看，雕刻（浮雕）多在墙体上。随着现代科学技术和建筑艺术的发展，雕刻（浮雕）的制作材料、表现对象、涉及题材都有了长足发展，出现了与壁画相结合的彩色浮雕，用金属板制作的空间浮雕，用木材和铁板制成的透雕等新品种、新样式。它们不仅运用于公共空间的装饰，而且走进了现代家庭；不仅可以表现丰富而具有连续性的内容，而且还可以表现具有独立意义的个体形象；不仅可以附于墙面，而且可以独自成体。雕刻（浮雕）的选择主要受装饰对象室内空间特点、性质、功能的制约（图 9-17～图 9-19）。

图 9-18 雕刻陈设示例二

图 9-19 雕刻陈设示例三

9.4 编织类

编织类陈设品的生产和在室内中的运用有着悠久的历史。到了现代社会，编织类陈设品的运用范围更加广泛，已经成为现代室内装饰的重要点缀品之一，是构成室内装饰美的一个重要组成部分。制作编织物的材料很多，主要有竹、柳、藤、麻、草等。

9.4.1　竹藤编

　　竹藤是常见的编织类装饰品之一，生产历史悠久，运用范围广泛。竹编以福建古田、泉州、浙江东阳、四川自贡、湖南、广东、安徽等地最负盛名。这些地方出产的竹编制品种类繁多，造型独特，风格各异。古田的竹编细丝花篮，泉州的竹篮、提篓，造型新颖，精巧美观；东阳的竹编形式多样，编工精致；自贡的团扇形状奇特，观赏性强；湖南、广东、安徽的竹簟、竹席篾质细软、富有弹性。竹编制品既实用，又美观。客厅、书房搁置一个竹盘、竹篓既可作盛物器具，又可作装饰物品。卧室中吊一个花篮，别有一番情趣。竹编制品的选择重在三个方面：第一，工艺美：篾质匀称，接头平贴，编织工艺精巧；第二，造型美：式样新颖，形象生动；第三，纹理美：纹理自然流畅，图案精致美观。竹编陈列一个值得注意的问题是：同一室内空间的竹编制品应少而精，如果太多，就会使空间显得零乱（图9-20、图9-21）。

图9-20　竹藤编陈设示例一　　　　　　　　　　图9-21　竹藤编陈设示例二

9.4.2　草编

　　草编是比较流行的编织品之一，也是人们喜爱的室内装饰品之一。草编的产地较为广泛，其中以上海嘉定、广东高要、福建闽侯、浙江余姚等地最为著名。草编种类繁多，最常见的有提篮、坐垫、杯盘垫、壁挂等。草编也具有实用与审美的双重功能。提篮可以装东西，坐垫供人坐，杯盘垫隔热耐烫，对餐桌、茶几有保护作用。同时又由于其编织工艺精巧，花样新鲜别致、材料质朴自然，具有很强的装饰性（图9-22、图9-23）。

图9-22　草编陈设示例一　　　　　　　　　　图9-23　草编陈设示例二

9.5 织物类

9.5.1 窗帘

　　这里主要指用织物做成的遮挡窗户的陈设品。制作窗帘的织物很多，而且各具特色。丝绸、麻绒、花布、纤维布（纱）都可选用。丝绸窗帘质薄体轻，开窗后随风飘曳，极富动感。窗帘花纹丰满，高雅美观；麻绒窗帘质地坚厚，耐磨性强，富于立体感；花布色泽优雅，明净亮丽，给人优美感；尼龙、纤维窗帘柔韧轻飘，耐用易洗，装饰性强。窗帘具有实用和审美的双重功能。从实用方面说，窗帘可以遮挡外来光线，防止灰尘进入，隔音消声，保持室内清静。从审美方面看，窗帘在室内空间中是占据空间面积较大的装饰性织物，对形成室内格调情趣，造成空间节奏韵律有着很大的影响。窗帘的质地有厚薄之分，色彩有艳素之别，图案有大小不同。不同的质地、色彩、图案，其实用功能与装饰效果又有较大差异。厚质而不透明的窗帘，可以完全遮蔽窗户光线，满足人们私密要求；薄质透明的窗帘，既可过滤光线，又不至于使室内过于暗淡，不影响人们的日常活动。艳丽的热色窗帘，给人以温暖感；素雅的冷色窗帘，给人以清凉感。大型图案的窗帘，简洁、醒目，不仅使人印象深刻，同时具有使空间向内收缩的效果；小型图案的窗帘文雅、安静，不仅给人以秀美之感，同时也具有使空间向外扩张的效果。窗帘质地、色彩、图案的选择，一方面要服从和服务于室内空间的特点与装饰的整体构思；另一方面应随季节的更替而变换。从前者着眼，窗帘所占空间面积宽，往往像墙面一样成为室内家具的背景，因此，窗帘的色彩、图案应与墙面、家具的色彩、造型协调。而且，不同款式的窗帘，还具有弥补空间缺陷，改变空间环境，形成不同空间感受的作用。如高而窄的窗户，用长度反抵窗台，两侧伸过窗框的窗帘，就可在视觉上增加宽度；矮而宽的窗户，用长度齐地面的长帘布，高帘幔，就可在视觉上增加长度。从后者着眼，不同的季节，窗帘的质地、色彩、图案都应有所变化。夏季，窗帘的色彩宜素洁、淡雅，质地宜轻柔、透明，图案宜简洁、明快，给人以凉爽之感；冬季，窗帘的色彩宜艳丽、豪华，质地宜厚实、浓重，图案宜大方、醒目，给人以温暖感（图 9-24 ~ 图 9-26）。

图 9-24　窗帘陈设示例一

9.5.2 床罩

　　床罩的式样多姿多彩，有布料做的朴素型，也有锦缎、丝绸做的豪华型。有边缘简洁平直的现代型，也有加带豪华花边的古典型。有紧合床体的套型，也有松散平铺的盖片型。有用单层布料的，也有用多层布料缝合的；有用厚重织物的，也有用带网眼的纱类织物的。

图9-25 窗帘陈设示例二　　　　　图9-26 窗帘陈设示例三

　　床罩的花型和质地有：素色型、印花型、大提花型、天鹅绒型、簇绒型、绣花型以及缝编型和衍缝型等。

　　床罩的款式以盖式和裙式为主。盖式为松散平铺，裙式是紧合床体套在床上。床罩边缘一般要有装饰，可采用褶边、镶边、滚边及花边等形式。床罩有有穗和无穗之分，有穗的一般都在床罩三边设装饰穗，穗长8～30cm。为了丰富床上用品的配色感觉，近年有了使用"床笠"的新概念，同时也保护了以往被忽视的床垫。

　　床罩形式的选择，应与室内环境的艺术格调相一致。例如，室内是古典风格，床罩宜选用造型丰富、色彩华丽、质感光滑细腻的面料。室内是现代风格，床罩宜选用造型简洁、色彩明亮、质感略微粗糙的毛麻面料。

　　在床罩色彩的选择上，应注意与墙面、家具的色调相协调。例如，白色墙面与深色家具组合的房间色调，应配置中明度、中高纯度的暖色系列色彩的床罩；白色墙面与浅色家具组合的房间色调，则应配置中低明度、中高纯度的冷色系列色彩的床罩。色彩的选择还应考虑房间大小和主人的特点及个性。空间大的卧室宜选用诸如浅色大花形的床罩，以减轻空旷感。空间小的卧室宜选用偏深色的小花形床罩，以扩大空间感。老年人的卧室宜采用诸如浅橘黄之类的色调，以促进振奋愉悦的情绪；新婚者的卧室宜选用鲜艳浓烈色彩的床罩，以增加喜庆气氛。此外，床罩若按季节更换，春夏两季宜用淡雅的冷色且质地较薄的床罩；而秋冬两季床罩的色彩应趋向暖色调，且选用较厚些的面料。另外，床罩的色彩还应与窗帘的色彩基本一致，特别是面积较小的卧室，更应注意窗帘与床罩之间的统一。

　　床罩图案的选择，要尽量使之与窗帘、枕巾、台布、沙发靠背等陈设的图案相同或相近，质地上也不应有较大差别（图9-27～图9-29）。

图9-27 床罩陈设示例一

图9-28　床罩陈设示例二

图9-29　床罩陈设示例三

9.5.3　帷幔

现代建筑的顶棚往往是一个用梁板组成的平淡无奇的界面。为了使它美观耐看，设计者不得不用纤维板、金属板、玻璃、涂料和灯具等进行装修和装饰，久而久之让人产生坚硬、呆板、乏味的感觉。

图9-30　帷幔陈设示例

而帷幔色彩绚丽，形态自然，在纯度不高的空间内十分醒目，自然悬垂形成的曲线又与见棱见角的矩形梁柱门窗形成鲜明的对比，因而使门厅空间显得更加生动。红绸结彩，为我国人民习见和乐见，以此美化门厅，不仅能满足人们的视觉要求，还有助于体现民族特色，给人一种柔和感。

图9-30所示为瑞士"ABB"公司西安分公司库房，该空间要用于开业仪式现场，由于顶上的金属构件坚硬且形状不一，大小不等，利用绸布质地较轻，自然流畅的特点，不仅有美化、柔化空间的作用，又起到了导引作用。另外，使用绸布，还使该库房从大空间中"独立"出来，成为具有一定连贯性的新空间。

9.5.4　旗帜

旗帜是中国最早发明使用的，也是中国传统的陈设品，在民间广为普及，尤其酒旗最有代表性。酒旗，也称酒帘、青帘、望子、幌子，是古时酒家的象征。距今2200多年前战国末期的韩非子，他在《外储说佑上》记述了最早的酒旗广告："宋人有沽酒者，升概甚平，遇客甚谨，为酒甚美，悬帜甚高，著然不售"。

中国古代酒家多以青白布数幅，制成大帘，或将布缀于竿头，悬在店门前，招引酒客。如元曲《后庭花》唱词："酒店门前七尺布，过来过往寻主顾。"唐代杜牧写道："千里莺啼绿映红，山村水廓酒旗风。"韦应物在《江边吟》中写道："碧流玲珑含春风，银题彩帜邀上客。"宋代罗愿有："君不见菊潭之水饮可仙，酒旗五星空在天。""五星"就是酒旗上的图案。明代画家所绘南京商业繁荣景象的《南都繁会图》中，北市街内外的各种店铺酒旗、市招、招牌五花八门，使用的方法也是多种多样，有挂的、插的，也有举的和扛的。旗帜的特点之一是灵活，它可大可小，可方可尖，色彩、图案都可随室内空间需要而选用和设计。

9.5.5　地毯

地毯的品种很多，分类方法也不尽一致。按材料主要分为纯羊毛地毯和化纤地毯两类；按编织方法主要分为毛织地毯、机织也毯、刺绣地毯、无纺织地毯四类。不同材料、不同编织方法的地毯又各具特色。羊毛地毯是我国历史悠久的手工艺品之一，也是室内装饰的重要铺垫物之一。其主要特点是图案优美、色彩鲜艳、质地厚实、经久耐用、富丽堂皇、装饰效果好。化纤地毯的历史不长，它是现代科学技术的产物，化纤地毯的主要特点邑具有良好的装饰性，能调节室内环境，耐污性好，耐倒伏性好。羊毛地毯和化纤地毯均适用于各类建筑物的大厅、会议室、办公室、起居室、卧室、楼梯、走廊等处的装饰。

选择和铺设地毯时，应遵循以下原则。在指导思想上，铺设也毯不是为了炫耀财富，而是为了烘托空间气氛，聚集室内陈设，陶成虚拟空间，强化整体效果。在铺设方式上，有局部铺和满地浦两种，局部铺重点突出，满地铺整体感强。设计者和居室主人机动灵活，根据功能需要和构图特点，选择相应的铺设方法，以求得最佳的装饰效果。在色彩选择上，地毯的色彩不宜过分复杂、强烈，应明度适中，色调偏深，避免室内色彩的上重下轻，以求，导空间色彩的平衡感和稳定感。在图案造型上，地毯的构图应典雅大方，在有效地衬托室内设计的同时，又能突出自身的地位与作用（图9-31、图9-32）。

图 9-31　地毯陈设示例一

图 9-32　地毯陈设示例二

9.5.6　挂毯

挂毯是一种高雅美观的艺术品，它有吸声、吸热等实际作用，又能以特有的质感与纹理给人以亲切感。用艺术挂毯装点内部空间可以增加安逸、平和的气氛，能够反映空间的性格特征，也能反映主人的审美情趣和审美观。

挂毯艺术历史悠久，从工艺上看，有手工织的和机器织的。从原料上看，有羊毛的、丝织的、麻织的和棉织的，近年来，又出现了人造纤维的。艺术挂毯的编织方法相当多，因此，可以表现出多种纹理和质感。不同的国家和民族，对于色彩和图案各有不同的习惯和爱好，因此，很多挂毯能够明显地反映出民族文化的影响。例如，汉族的许多家庭喜欢狮虎、花鸟、松鹤图案；维吾尔族家庭则喜欢采用传统几何图案。

挂毯的规格无定式，小的长宽可能不足 1m，大的长宽可达几米和几十米。除单面挂毯外，还有一种可供双面观赏的挂毯。前者，挂在墙上；后者，既是室内的主要饰品，又是空间的分隔物。挂毯可以改善空间感。我国赠给联合国的挂毯《万里长城》，气势雄伟，景象深远，是挂毯艺术中的珍品。挂在联合国总部的主要大厅内，不仅为大厅增添了优美、高雅、雄伟的气氛，也增加了大厅的深远感（图 9-33）。一条好的挂毯可以保存几十年至几百年，能长久地焕发其艺术风采和魅力（图 9-34）。

图 9-33 挂毯陈设示例一

图 9-34 挂毯陈设示例二

9.5.7 绣品

绣品是以针引彩线在绸、布等织物上，按设计图样刺缀而成的工艺品。绣品在我国具有悠久的历史。唐代用绣品作书画、饰件十分盛行。明时期绣品工艺极为繁盛，在全国范围内逐渐形成了各领风骚的"苏、粤、湘、蜀"四大名绣。此外，还有富有特色的秦绣、京绣、瓯绣、鲁绣等都延续至今。绣品按工艺的不同可分许多品种，主要有平绣、绒绣、乱针绣、双面绣、彩锦绣、发绣、夜光印花绣以及珠绣等。

小件绣品可作居室的案头陈设，摆设在床头、桌前以及橱、柜、几、架等处，供人欣赏玩味。大件绣品可作公共建筑中的屏风、隔断。绣品具有民族气息和地方风格，通常大型绣品都摆设在具有中式风格的室内空间中。绣品的摆设空间应高雅、清洁。绣品一是欣赏其图样；二是观赏其工艺，因此绣品摆放的位置既要能远距离欣赏图样的总体效果，又要能近距离观赏其工艺水平（图 9-35、图 9-36）。

图 9-35 绣品陈设示例一

9.5.8 壁挂

壁挂在风格自然纯朴的室内空间陈壁挂有着其他工艺品少有的审美特性。它顺应了现代人生活方式上求新的趋向，审美取向上"返璞归真"的心态，也顺应了一些人释放宣泄个性的愿望。在题材上趋向亲切而有情趣；在形式上趋向于灵活多变，无拘无束；在材料

图 9-36 绣品陈设示例二

上趋向于采用更多的质朴、自然的东西。壁挂的设计要素有 4 个方面。

（1）题材美。题材美即除大空间之外，一般不用重大的题材，而多用亲切美好、生动有趣、夸张变形的人物、动物、植物与小景；轻松愉快的花、鸟、鱼、虫以及抽象的线形和图案。

（2）材质美。材质美即利用物质材料的质地和色彩，在光与涩、明与暗、粗与细、杂与纯、灰与艳之间寻求对比与和谐。

（3）制作美。制作美即通过材料的组合反映制作者的匠心，反映它们在掌握材料特性，探求新的制作方法、技巧等方面的能力与水平。

（4）形式美。形式美渗透着题材美、材质美和制作美。它是壁挂外形、色彩、图案的总概括。可以反映大小、长短、方圆、多少、细腻或者粗犷、华贵或者拙朴，繁杂或者单纯，强烈或者含蓄，抽象或者具体等数量、关系和品质（图 9-37、图 9-38）。

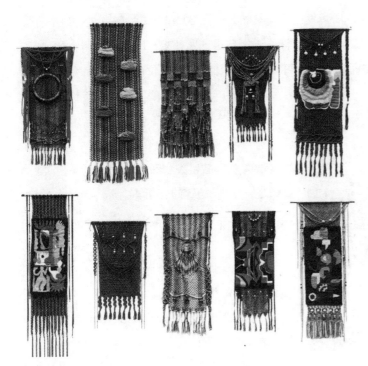

图 9-37 壁挂陈设示例一

图 9-38 壁挂陈设示例二

9.6 陶瓷类

　　中国是陶瓷古国，陶器与瓷器是我国古代的伟大发明之一，具有高度的使用价值和艺术价值，自古以来就是人们生活的必需品，室内陈列装饰品。我国陶瓷产品遍布全国各地，其中以江西景德镇、江苏宜兴、河北唐山、广东石湾等地生产的陶瓷制品最为驰名。由于各地传统不同，原料不同，所生产的陶瓷制品风格多样，特色各异。陶器和瓷器可以分为三种类型：实用型，即瓷碗、瓷盘等主要用于物质生活的陶瓷器皿；实用装饰型，即陶罐、瓷瓶等既供储存之用，又具装饰性质的陶瓷器具；装饰型，即陶塑、瓷画等主要用于装饰的陶瓷艺术品。陶瓷类装饰物品具有立体感，富于装饰性，在现代居室装饰中受到普遍欢迎。陶瓷类装饰物品的选择应一看造型是否新颖奇特，二看釉色是否均匀亮丽，三看火候是否恰到好处（图9-39、图9-40）。

图9-39　陶瓷陈设示例一

图9-40　陶瓷陈设示例二

9.6.1 陶塑

　　中国陶塑创作历史悠久，从秦陵兵马俑算起，已有2000多年的历史了。到了唐代，陶塑生产已有了长足发展，在色彩方面，广泛地运用了彩釉陶，即历史上所说的"唐三彩"。在形象塑造方面，人物、动物品类俱全，其中占有突出地位的是鞍马形象。这些陶塑制品已被广泛运用于陵墓和居室装饰之中。当今，陶塑生产已得到了普及，陶瓷艺术品已被广泛地运用了现代建筑物的室内装饰中。广东石湾生产的陶塑作品以人物和各种动物见长，人物栩栩如生，动物千姿百态，风格独特，审美价值高，装饰效果好，是陶瓷作品中的佼佼者，深受居室主人的欢迎。

　　选择陶塑作品，也要服从建筑空间的功能和室内设计整体风格的需要。一般情况下，书房客厅以奔马、飞鸟为宜；卧室以仕女形象为佳。大件作品数量应少而精，陈列位置应突出。小件作品数量可略多，但陈列设计应有序（图9-41、图9-42）。

图9-41　陶塑陈设示例一

图9-42　陶塑陈设示例二

9.6.2 瓷画

瓷画是一种艺术性很强的室内装饰品，它由传统的"彩瓷"发展而来。现在常见的瓷画多为瓶画与盘画，它是用色彩将各种艺术形象绘于瓷瓶、瓷盘上烧制而成的。瓷画作品不仅具有纸上作画的艺术效果，而且经久耐磨，可以冲洗。瓷画这种传统艺术形式，其内容既可以反映传统题材，也可以反映现代生活，反映传统题材显得古色古香，反映现代题材显得既有古典意味，又有现代气息。瓷画的陈列一般不像其他绘画作品那样依附于墙面，而是陈设于台面、陈列柜、架上。瓷盘画还应用脚架将瓷盘画竖立固定，盘底向后，画面朝前，以便人们观赏（图9-43、图9-44）。

图9-43 瓷画陈设示例一

图9-44 瓷画陈设示例二

9.7 玻璃类

玻璃，除了作为一般门、窗、墙面的装饰材料外，还可以通过艺术加工，制成各类装饰艺术品，如玻璃装饰镜、玻璃画、玻璃花瓶、玻璃小品等。玻璃类装饰品由于其材料晶莹透明、透光（或反射）效果好，极富装饰性，在室内装饰中发挥着独特的作用。

9.7.1 玻璃装饰镜

玻璃装饰镜适用于车站、宾馆及其他建筑物的大厅、门厅，现代住宅中的客厅、陈列橱柜中陈列品的背后、两侧的装饰。玻璃装饰镜最显著的装饰效果是扩大空间尺度、丰富空间层次。如，在一个较小的空间中，一面墙壁装饰大幅绘画作品，另一面墙壁装饰大型玻璃镜，镜面不仅拉远了空间距离，扩大了空间感，而且将画面引入镜中，从而丰富了色彩层次。在一个陈列橱柜中装饰镜面玻璃，通过镜面的映照，就增加了陈设品的数量感、丰富性，加强了艺术效果（图9-45）。

图9-45 玻璃装饰镜陈设示例

9.7.2　玻璃镜面画

　　玻璃镜面划分为线刻画和彩绘画两种。二者各具特色，有着不同的设计效果和审美趣味。线刻画多为松柏、虫、鱼等形象，线条苍劲有力，色彩单纯清晰，格调素洁雅淡，给人以朴素美感。彩绘画多为人物、花鸟形象，色彩亮丽，色调温暖，格调富丽堂皇，给人以豪华美感。在一般情况下，线刻画宜装饰书房等恬静空间，彩绘画宜装饰客厅等热闹空间。

9.7.3　玻璃花瓶

　　玻璃花瓶在花瓶中占据着主导地位。它品种齐全，形态各异，色彩丰富。从色彩看，有红色、茶色、白色、蓝色、绿色等多种色彩；从造型看，有根雕式、竹节式、葫芦式等不同形状，可以满足人们不同的兴趣爱好和不同的室内空间环境。玻璃花瓶的选择要注意以下几个方面的和谐。一是与陈放台面的和谐，不管是采用相近式搭配还是采用对比式搭配，都应取得和谐效果。二是与花束色彩、形状的和谐。如大红为主色调的花束，一般宜选浅红色花瓶、白色花瓶；以绿色为主色调的花束，一般则应选择淡蓝色花瓶。而无色透明花瓶，可广泛适用于各种色彩的花束。三是花的数量与花瓶大小的和谐。花束大应选大花瓶，花束小则选小花瓶，从而避免单调感与失重感（图9-46、图9-47）。

图9-46　玻璃花瓶陈设示例一

图9-47　玻璃花瓶陈设示例二

9.7.4　玻璃小品

　　玻璃小品包括玻璃烟灰缸、玻璃糖果盒、玻璃工艺品、生活器皿、玻璃玩具等。它们在室内空间所占面积不大，但装饰效果却很明显。一个小小的烟灰缸，可为室内空间增添一种情趣；一个造型别致的糖果盒，可给人们带来一种艺术享受。所以，玻璃小品的作用是不可忽视的。有时，整个室内的装饰设计，家具安排，饰物陈列都配合得体，但却因某个"小玩意儿"选择不当而影响整体效果。可见，对看似不起眼的玻璃小品的选择，也不可随心所欲，信手拿来，同样需要精心挑选，用心陈设（图9-48、图9-49）。

图9-48　玻璃小品陈设示例一

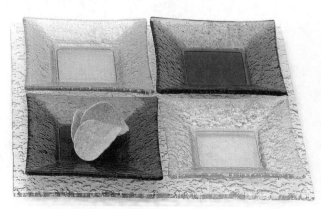

图9-49　玻璃小品陈设示例二

9.8　照明灯具类

照明与灯具在现代建筑装饰设计中扮演着一个重要角色，不仅为人们的生活创造了良好的照明条件，而且为室内空间的美化，提供了丰富的光源色彩。

灯具与室内装饰有着久远的亲缘关系。中国早在战国时期就已有了金属灯盏、灯台作为室内照明工具和装饰物品。汉代，灯具有了进一步发展，具有了品种丰富性、造型艺术化的特征。从制作材料看，陶、铜、铁等材料已普遍运用于灯具的制作；从形式种类看，有高灯、行灯、九楪火焰灯及各种动物造型灯具，品种齐全，加强了装饰意味。特别是宋元以来，灯具更是式样繁多，风格多样，形态各异：珠子灯、走马灯、八角宫灯、红纸风灯、透明羊角灯，各种纱灯、提灯、桌灯、装饰灯，应有尽有，不仅满足了多种照明需要，而且已成为装饰建筑空间、美化室内居室环境的重要陈设之一。到了现代，科学技术的发展给灯具带来了一场革命。电灯的发明与运用，灯具、光源的丰富与多样，为现代装饰提供了最科学、最丰富的人工光源，为现代建筑空间的美化提供了最灵活、最方便的照明设计。现代灯具，是普通照明灯具的艺术化，在现代装饰中具有实用与审美的双重功能。具体地说，现代灯具对建筑空间的美化功能表现在以下两个方面。

（1）丰富空间内容，渲染室内气氛。在现代装饰设计中，设计师可以利用不同形式的灯具造型，不同亮度的光源差别，不同的投射角度，丰富空间内容，渲染室内气氛，根据空间性质和设计需要，创造欢快明朗的气氛或恬静舒适的环境，给人以不同的审美享受。

（2）分割空间界限，改善空间层次。在现代装饰设计中，灯具和光源不仅能显示物体的外貌、体态、色彩，同时也可分割空间界限，改善空间层次。设计者可以利用灯饰的光色、造型、质感及排列组合的不同方式，把一个大空间分割成几个明暗不同、功能有别的小空间。这样，既不露边界，又使空间层次得到了改善和丰富。怎样才能充分发挥现代灯具的实用与审美功能呢？从根本上说，就是要正确地选择灯具、光源，科学地进行照明设计。具体言之，灯具选择与照明设计应遵循"适用、美观、协调"三条基本原则。"实用"，即要求灯具的类型、照度的高低、光色的变化，都应与空间功能、使用要求相一致，保证规定的照度水平，以满足人们工作、学习、生活等各方面的需要，从而有利人们的身体健康，提高人们的工作效率。"美观"，即要求灯具类型、照度高低、光色变化有助于拓展空间深度，丰富空间层次，使空间艺术化，起到装饰空间、美化环境的作用，努力获得最佳装饰效果，给人以视觉上的舒适感、心理上的审美感，以满足人们的精神生活和审美要求。"协调"，即要求灯具类型、照度高低、光色变化与建筑风格、空间大小、使用功能、装饰设计协调一致，以达到对建筑空间美学效果的强化。

现代灯具功能之齐全，品类之多样，是过去任何时代都不可相比的。按照明方式，可分为直接型灯具、半直接型灯具、均匀漫射型灯具、半间接型灯具、间接型灯具；按结构特点，可分为开启式灯具、保护式灯具、防爆式灯具；按用途，可分为功能型灯具、装饰型灯具。这里，根据照明需要和照明部位的不同，我们按照通常的分类方法将灯具分为室内灯具和户外灯具两类。室内灯具包括壁灯、吊灯、台灯、立灯、吸顶灯、嵌顶灯、槽灯、发光棚、浴室灯、射灯、指示灯等10余种；户外灯具包括户外壁灯、门前座灯、路灯、庭园灯、广告灯、信号灯、探照灯、摄影灯7种。

图 9-50　壁灯陈设示例

9.8.1　壁灯

　　壁灯一般安装在墙面上，又称墙灯，安装的最佳位置是距墙面90 ~ 400mm，距地面 1440 ~ 2650mm。壁灯的式样很多，在大多数情况下是与其他灯具配合使用的，常用于大门、门厅、客厅、卧室、浴室、走廊等部位的照明。壁灯一般以白炽灯和日光灯作光源，外面配以彩色玻璃罩或有机玻璃罩，具有造型精巧别致、光线舒适、柔和等特点，是一种实用价值高、装饰性强的灯具。壁灯选择的重点是光源与灯罩。在光源方面，应根据空间的功能而定。大厅、门厅、走廊可以日光灯光源为主，而客厅、卧室等场合，则以白炽灯光源为宜。在灯罩方面，应根据室内空间的大小、格调、情趣而定。小型、朴素、淡雅的空间宜选择造型典雅大方的有机玻璃灯罩，如双管形、玉柱形、矩形、烛形等样式（图 9-50），而大型、华丽、热烈的空间，则应选择豪华富丽的彩色玻璃灯罩，如花篮形、菊花形、双玉兰形等样式。

9.8.2　吊灯

　　吊灯是用钢管、链条、导线等将灯具悬挂在室内空间正中天花板下作主体照明的灯具，它的造型丰富，风格多样。吊灯一般都有灯罩，而且品种齐全。从材料看，有金属灯罩、玻璃灯罩、塑料灯罩等；从造型看，有枝形吊灯、花篮吊灯、双层裂纹吊灯、灯笼吊灯；贝壳吊灯、伞形吊灯等；以照明形式看，有普遍闪光式、直接式、间接式、下投式、暴露式等。吊灯不仅具有防爆裂、防滑脱、吊挂安全、能调控亮度、照明效果好等特点，而且罩形千姿百态，光色丰富多彩，装饰意味浓，具有广泛适用性。从富丽堂皇的大会堂、宴会厅到小巧玲珑的厨房、餐室都可使用。吊灯的选择与安装要根据室内空间的大小高低、基本功能而灵活处理。一般情况下，平朴素雅的空间应选择典雅的灯罩，富丽堂皇的空间应选择豪华的灯罩（图 9-51）。整体照明的高度应在2.1m 以上，局部照明的高度应在 1 ~ 1.8m，和天花板顶点应有 0.8 ~ 1m 的距离。2.8m 以上高度的空间不宜安装吊灯，否则会使空间显得更加低矮。

图 9-51　吊灯陈设示例

9.8.3　台灯

　　台灯又称桌灯，主要用于室内书桌、床头柜、茶几等处的局部照明。台灯形式多样，品种齐全（图 9-52、图 9-53）。从体积看，有大、中、小等不同型号；从灯座看，有陶瓷、塑料、金属等不同种类；从灯罩看，有丝绸、绢纱、塑料等不同质料；从颜色看，有红、黄、黑、白等多种色彩；从造型看，有兰花、水仙、石榴、企鹅、奔马、仕女等各类形象。台灯既开关方便、调光自由，是很好的照明器；又小巧玲珑、造型美观，是理想的装饰品。台灯的选择，一是选色彩。台灯的色彩，应与室内色调和台面色彩和谐。如一个以白色为主调的空间和台面，选择一盏相近色——乳白色台灯，可保持室内色调的统一性，但选择一盏相反色——红色或黑色，也同样可以达到和谐，它可以丰富色彩层次，在相反中达到相衬。二是造型选择。台灯的形象应与室内总体格调和台面相宜。如一个格调古朴的空间和台面，选择一盏仕女造型台灯，不仅和谐，而且还可增添其古雅气氛。

图9-52 台灯陈设示例一

图9-53 台灯陈设示例二

9.8.4 立灯

　　立灯又称落地灯，其功能与台灯相近，也是与沙发、茶几配套的局部照明灯具，主要供休息和阅读之用。立灯的种类很多，从底座看，有方形、圆形、三角形、花瓣形等不同形状；从灯杆看，有直杆式、双层升降式、雕刻镂花式等不同样式；从灯罩看，不仅材料齐全，金属、丝绸、塑料样样兼备，而且形态各异，四方形、八角形、圆形、鼓形，品类繁多。立灯既实用性强，便于移动，保证正常的局部照明用光，又具有明显的装饰作用，使室内空间别有情趣。立灯的选择，一要注意自身的协调性，即底座、灯杆、灯罩三者之间形状、色彩的协调性；二要保持与环境的协调性，即灯具造型、色彩与沙发、茶几以及室内情调的协调性。有了这两个方面的协调性，立灯就会为房间锦上添花，使房间增色不少，从而构成整体和谐美（图9-54、图9-55）。

图 9-54　立灯陈设示例一

图 9-55　立灯陈设示例二

9.8.5　吸顶灯

吸顶灯直接固定于室内正中的天花板下，是室内空间的主体灯具，多用于办公室、会议室、客厅、走廊等处的照明。吸顶灯样式很多，按照照明方式，一般将其分为普遍散光式、散光下投式、下投式三种。普遍散光式的投光范围是整个室内空间，散光下投式的范围是室内墙面、地面，这二者都是整体照明。下投式的投光范围是地面，多作重点加强照明或补充照明。从光源看，有白炽灯光源和日光灯光源两种。不同光源的灯罩也有相应的区别，白炽灯光源一般多配备乳白色玻璃罩、彩色玻璃罩和有机玻璃罩，外观多为正方形、长方形和圆形。荧光灯光源一般多采用晶体花纹有机玻璃罩和乳白色玻璃罩，外形多为长方形。吸顶灯由于多用于共享空间的主体照明，因此，在选择灯罩和光源时，一要注意形色的普遍接受性，豪华而不浮靡，活泼而不轻佻，尽量满足多数人的光色爱好。二要注意光亮的适度性，既不可太强，也不可太弱，"热"中有柔，既能增强室内的欢快气氛，又不使人感到刺眼（图9-56、图9-57）。

图 9-56　吸顶灯陈设示例一

图 9-57　吸顶灯陈设示例二

9.8.6 镶嵌灯

镶嵌灯是嵌入顶棚之中的一种隐蔽灯具，其种类也很多样。从灯光的角度，可分为聚光型和散光型两种，聚光型适合专用照明，散光型适合主体照明。从投射范围的角度，又分为广角度镶嵌灯、中角度镶嵌灯、窄角度镶嵌灯和斜角度镶嵌灯四种。广角度嵌顶灯用作普通室内的整体照明，中角度嵌顶灯用作特定区域的整体照明，窄角度嵌顶灯用作桌面等局部照明和墙面的装饰照明，斜角度镶嵌灯用作挂画、雕塑及其他陈列品的强调照明。镶嵌灯最突出的特点是使顶棚简洁大方，减少天花板的压抑感；嵌顶灯的选择，一应报据用途需要，二应根据空间实际。一般来说，除影剧院、俱乐部、宴会厅等场合外，高深空间安装镶嵌灯效果并不理想，低矮空间安装镶嵌灯效果较佳（图9-58）。

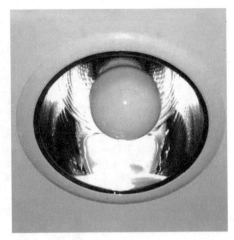

图9-58 镶嵌灯陈设示例

9.9 金属类

金属类饰物很早就运用于建筑的内部装饰。早在我国殷代，作为"半是实用，半是艺术"的青铜器就已被人们作为室内装饰陈列（图9-59）。随着科学技术的进步，金属类饰物的品种越来越繁多，形式越来越多样，材料越来越广泛，各种造型的餐具、烛台、酒具、甲胄、武器都被人们作为装饰物品陈列于室内空间。金属类饰物最突出的特点有两个方面：一是质地特别，加工方便，适应性强；二是经久耐用，不变形，不褪色。金属类饰物中最具代表性的是景泰蓝和铁画。

图9-59 金属类陈设示例

9.9.1 景泰蓝

景泰蓝，又称"铜胎掐丝珐琅"，是我国最著名的特种工艺品之一，也是著名的室内陈列物品之一，由于广泛流行于明代景泰年间，故名"景泰蓝"。景泰蓝以紫铜为胎，以彩釉作装饰，入炉烤结后打磨光亮并镀上黄金，具有珠光宝气、金碧辉煌的艺术效果（图9-60、图9-61）。景泰蓝的品种有瓶、碗、烟具、台灯、奖杯等，作为室内装饰品，可为室内增添豪华气氛和富丽美感。

图9-60 景泰蓝陈设示例一

图9-61 景泰蓝陈设示例二

图 9-62　铁画陈设示例

9.9.2　铁画

铁画，又称"铁花或铁艺"，以安徽芜湖生产的铁画最为著名。铁画的制作方法是：或用铁制成画面，然后在表面漆上黑漆；或用铁片、铁线锻打焊接成各种山水、花鸟画的形式。铁画可作挂屏、挂灯等饰物。铁画具有色彩、形象经久不衰的特点，用以装饰室内室间可形成一种古色古香的凝重感（图9-62）。

9.10　绿化类

绿化类陈设指室内栽培的植物，又称室内绿化。室内绿化是室内陈设设计中的重要内容，具有多方面的功能。

（1）改善室内气候。室内绿化，可以调节室内空间的温度、湿度，净化空气和环境。实践证明，室内栽培绿色植物，在干燥季节，其湿度比一般室内湿度高；在潮湿季节，其湿度比一般室内低。而且，由于植物能吸进二氧化碳，释放氧气，对净化室内空气有着不可忽视的作用。

（2）美化室内空间。室内绿化，可以给室内空间带进大自然的色彩，使室内空间充满着生机与活力。绿色植物有生命活力，比人工饰物更富有生气，更能增强空间的表现力；绿色植物形态自然，比人工陈设少几分雕饰，更能增加空间的天然情趣。

（3）陶冶美好情操。室内绿化，姿态万千，生意盎然，情景交融，妙趣横生。足不出户，眼可观自然美景；身在室内，心可游锦绣河山。而且，不同的植物还可引起人们不同的联想，松柏人们喜爱大自然中的花草、树木、山石、流水、动物等一切美景，欣赏它们的丰富的色彩、蓬勃的生机、不经雕琢的自然形态，渴望在生活中接触自然、亲近自然，利用自然来改善和提高生活的水准。竹使人联想到刚毅坚强，兰花使人联想到高雅纯洁，万年青使人联想到生命常绿。可以说，在陶冶性情，有益身心方面，室内绿化有着其他饰物不可取代的作用。

适合于室内绿化的植物很多。从植物科类看，有乔木、灌木、藤本、竹类、花卉等；从生态方面看，有阳生、阴生、旱生、湿生、中生、水生等；从园艺成品看，可分为盆栽、盆景、艺植、瓶花等；从审美效果看，不同的植物，不同的栽培形式，具有不同的艺术魅力和观赏价值：铁树、龟背竹叶大色绿而富于装饰性，昙花、仙人掌、令箭荷花形状独特而富于情趣美，秋海棠、西番莲、藤蔓、月季花繁叶茂而富于观赏性。

室内绿化陈设的选择与安排，应注意以下几条原则。

（1）时间性原则。根据四季变化，选择不同植物品种，使室内绿化显示出大自然中的春夏秋冬之变化。

（2）空间性原则。空间性原则包括两个方面：一方面，不同功能、造型的空间，选择不同的植物。屋檐、窗前、书房、客厅墙壁，宜选择藤本植物，让枝条下垂，飘逸多姿，别具一格。高大宽敞的室内空间宜选择乔木、灌木植物，使其与家具互相对比和衬托，增添层次与色彩。另一方面，不同朝向的空间，也应选择不同的植物。光照时间短、湿度低的北向空间，宜选择向阴耐寒的龟背竹、君子兰、棕竹、吊兰等植物，有利其正常生长。光照时间长、湿度较高的南向空间，宜选择月季、米兰、茉莉、茶花、橡皮树等喜光照、耐高温的植物，有利其健康成长。

（3）主体性原则。室内绿化，也是装饰艺术构思的一个组成部分，绿色植物虽然好，但并非越多越好，越杂越好。在进行植物的选择与布置时，也如绘画、写文章，要突出主体，有主有从，关系清楚，层次分明，应根据空间功能与特点，突出主体花木的位置，创造和谐的空间关系。

从园艺成品形式和栽培方式的角度，室内绿色陈设主要有盆栽、盆景、插花等。

9.10.1　盆栽

盆栽，即用盆、钵之类的器皿填土栽植花草树木。适合盆栽的植物很多，只要是中小型植物，均可栽于盆中，如山茶、海桐、棕竹、栀子、芍药、兰花、厚皮香、南王竺、万年青、秋海棠、常青藤等。盆栽的好处是植物形态自然，易于移动，布置方便，适用范围广，客厅、卧室、书房、办公室、走廊、门厅均适用。可为室内空间环境平添几分生气，增加许多情趣（图9-63、图9-64）。

图9-63　盆栽陈设示例一

图9-64　盆栽陈设示例二

9.10.2　盆景

盆景是我国的独创艺术，已有2000多年的历史。它是栽培技术和园林艺术的统一体，也是自然美与艺术美的融合体。在室内陈设中，精心配置盆景，可使环境情趣横生，充满诗情画意，这对提高人们的美学修养，陶冶人们的情操都是十分有益的。

盆景的最大特点是取材广泛，能在咫尺的盆钵内，再现美妙奇丽的大自然，给人以"咫尺之内而瞻万里之遥，方寸之中乃辨千寻之峻"的艺术享受。有人誉盆景是"无声的诗，立体的画"，细细想来是毫不过分的。

盆景可分两大类，一类是树桩盆景，另一类是山水盆景。树桩盆景的主体是茎干粗壮、枝细叶小、盘根错节、形态苍劲的植物。按长势又分直干式、蟠曲式、横枝式、垂枝式等多种形式。常用的树种有罗汉松、黄杨、桧柏、六月雪与石榴等。山水盆景以色泽美丽、形状奇特、雕凿容易、吸水性强的砂积石、太湖石、钟乳石等为材料，有时配上苔草以及桥、亭、人物等小点缀。山水盆景的形式也有很多种，主要有孤峰式、对称式和疏密式等。盆景具有便移动、用途广的特点，几乎所有的室内空间都可以用盆景加以陈设。但应注意，不同功能，不同风格，不同家具的空间，盆景的布置方法与形式又是灵活多变的。

客厅作为接待宾客和家人团聚的共享空间，可将大型盆景置于室内正中的几、桌上，给人热情浓郁的感觉。卧室是供人休息、睡眠的私密空间，置一盆丛林盆景于室中，给人以淡雅宁静的感觉；书房是看书写作的地方，置放一些小巧玲珑的微型盆景于书架上、书桌上，给人以幽雅别致之感（图9-65、图9-66）。

图9-65 盆景陈设示例一

图9-66 盆景陈设示例二

9.10.3 瓶养

瓶养鲜花树枝，在我国有着悠久的历史，远在唐代之前就已经出现，其后各代都十分重视瓶养鲜花树枝对室内空间的美化作用，并出现了一些专门记载、研究瓶养鲜花、树枝的典籍和文献。瓶养鲜花树枝的优越性是取材范围广、养植时间长、装饰效果好。一年四季，随手可取：春有桃花、迎春、月季、杏花等；夏有唐菖蒲、夹竹桃、玉簪荷花等；秋有芙蓉、秋菊、桂花等；冬有腊梅、银柳、天竺等。这些观赏性花木，都适合瓶养，都能美化环境。瓶养花枝的选择与养植，一要注意带苞叶鲜的粗壮枝为好；二要选择陶瓷、铜质等质量好的器皿；三要掌握科学的养植方法，如采枝的最佳时期，采后的处理方法，不同花类的保养措施等；四要做到器皿与花枝之间造型、色彩的协调，以获得最佳的艺术效果（图9-67、图9-68）。

图 9-67　瓶养陈设示例一

图 9-68　瓶养陈设示例二

9.10.4　插花

　　插花来源于佛教的供花。插花艺术在日本称为"花道"，是十分讲究的。插花本来是插鲜花，现代的绸花、蜡花和塑料花"久开不败"，也是插花的好素材。插花同其他工艺品一样，能起美化环境的作用。由于它充满生机，还能使室内气氛更活跃。

　　插花之道在于讲意境。无论是花的品种还是形态，都要耐人寻味，给人以联想和启示。许多花草，在人们的心目中，具有特殊的性格，如梅花的抗寒傲霜，牡丹的娇媚富丽等。在设计插花时，可以利用这些特性突出某种意境和主题。

　　插花之道在于讲构图。一定要精心处理浓淡、疏密、虚实、高低、大小等关系。

　　插花之道在于讲器皿。不是追求器皿的高贵，而是讲究器皿与插花的和谐与统一。用于插花的器皿相当多，瓷瓶、玻璃瓶、竹筒、陶罐等都可用。有些看来是毫无用处的废品，如罐头盒等，如果用得巧妙，也能成为很好的容器。选用容器，关键要看插花的姿态、大小和颜色。一般地说，花少而枝长时，宜用细颈瓶，花多而枝短时，应用低矮粗壮的容器（图 9-69、图 9-70）。

图 9-69　插花陈设示例一

图 9-70　插花陈设示例二

9.11 玉石类

9.11.1 玉器

　　玉器是用玉石雕刻而成的器物，是我国著名的传统工艺品。我国人民有崇尚玉器的文化传统，历史上曾有过无数精美绝伦的玉器。早在新石器时代，就出现了祭祀用的玉器，考古发现的玉龙和玉琮就是早期玉器的典型代表。玉龙制作精细，造型简洁流畅，是一个优美的高度抽象化的符号。玉琮为方柱体，中间穿圆孔，结构分成若干节，表面有的刻有细如发丝的纹饰，多为神人兽面等图案，其制作和雕刻技艺均达到了很高的水平。

　　殷商时期开始用玉器作佩带装饰物，至秦汉已十分普遍。汉代玉器的产量很大，加工精细，玉佩采用镂刻形式，做得玲珑剔透，华润美观。秦代即开始用玉器做容器，以后不断地发展，如汉代的玉制酒器、盒等，唐宋时期的碗、杯、盅、盏、盒等玉器。明清时期玉器进入了生活的各个领域，除盛器和佩饰之外，文房用具、宗教用品和艺术陈设品皆大量采用玉器，尤其陈设品日益成为主流。明清以后的玉器陈设品设计加工技艺精湛，美轮美奂，大如数吨重的山水玉雕，小如玲珑小巧的鱼虫玉雕，都有令人叹为观止的精品。

　　当代玉器是室内装饰的高档陈设，品种极为丰富，除生活器皿的造型外，多数为山水、鸟兽鱼虫、蔬果、静物、佛像等。器皿很多是仿古玉器，利用烧古、致残等多种特殊技艺，往往做得可以乱真。

　　玉器是我国传统的高档陈设品，因此在档次较高的中式风格的室内空间才用玉器作陈设；玉器的体量大小不一，大件玉器可作为公共建筑的室内陈设，设于厅堂中。中、小件玉器可作为居室室内的陈设置于案头、架上；玉器的质地优美，这是其审美的主要因素，而观赏质地，特别是光滑物体的质地，尤其适宜在近距离，故摆放玉器时要注意其与观赏者的距离不宜太远，特别是中小件玉器；以玉器作室内陈设可用灯光加强其照度；不同形态、内容、大小、色彩、质地的玉器应配有与之相适应的托架（图9-71、图9-72）。

图9-71　玉器陈设示例一　　　　　　　　　　　　图9-72　玉器陈设示例二

9.11.2 观赏石

观赏石也称"奇石"、"怪石"、"雅石"等，是指有观赏价值的石质陈设品，是一种缩景陈设。它造型奇特，色彩、花纹、质地天然成趣，是陈设或收藏之上品。观赏石在应用上可分为两类：一类是造园中用于堆山叠石、散石点缀的奇石，形体较大；另一类为室内陈设用的奇石，形体较小，玲珑剔透，与盆架座的衬托物相配，构成室内景观。

9.11.2.1 观赏石的分类

按观赏石的地域，可分为山石、平原石、溪河石、海石四大类。

按观赏石的物质构成，可分为矿物类观赏石、岩石类观赏石和古生物类观赏石三大类。矿物类观赏石是指由单晶体或晶簇构成的观赏石，其品种很多，如雄黄、雌黄、自然金、自然银、黄玉、绿柱石、水晶簇等。岩石类观赏石为质地坚韧的单矿物或多矿物集合体，品种较多，其色泽艳丽，姿态多变。古生物观赏石是指远古时期生物死后沉积形成的化石，其质地坚韧，如珊瑚石、菊石、鱼化石、鸟化石、三叶虫、大羽羊齿、硅化木等。

岩石类观赏石按欣赏的角度，可分为崇形石和崇意石两种。崇形也即以欣赏形体为目的，重视岩石形态的品位。崇形观赏石有灵璧石、英石、昆山石、宣城石、昆明石、奉化石、雪浪石、云纹石、上水石等。崇意也即重视岩石形态、色彩、纹理所产生的意境和想象。崇意观赏石有雨花石、卵石、鸡血石、举山田黄玉、青田石、巴林石、广宁绿石、珠玑石、版画石、颜坤石、黄河石等。另外，有的岩石既具有观赏形态又有欣赏神韵，如博山文石、钟乳石筹。

9.11.2.2 观赏石的特点

观赏石主要有以下特点：

（1）外形奇特。由于观赏石是自然形成的，故大多具有鬼斧神工的造型。

（2）色泽自然。大多数观赏石或色彩天然，或光泽透明。

（3）纹理生动。许多观赏石具有粗细各异、曲折回旋、疏密有致的纹理，这些纹理仿佛是对自然景观的描绘。

（4）质地坚韧。多数岩石观赏石能经受一定程度的外力敲击而不破损。

9.11.2.3 观赏石的布局要求

布置观赏石可以显示出室内环境的自然情趣和中国传统文化的儒雅气息。故在表现现代风格的室内空间中一般不宜布置大、中型的观赏石；观赏石的形体有大有小，大者多作室外景观，小者可在股掌把玩，体形中等者多置于景盘几架之上；室内空间中的观赏石大多以墙面作背景布置。少数大体量的观赏石可布置在大厅的中部或异形空间中。观赏石的景盘造型样式与盆景的景盆造型样式相似；材质主要有陶、紫砂、大理石、水磨石。对景盘的选择一是考虑与观赏石体量的关系，二是注意与观赏石风格的协调。至于景盘的材质，可根据观赏石的价值高低决定材质的档次。观赏石的几架有用木质的，也有用竹子和树根的。木质几架古朴儒雅，竹子几架轻盈清新，树根几架质朴自然（图9-73、图9-74）。

图 9-73　观赏石陈设示例一　　　　　　　　　　　图 9-74　观赏石陈设示例二

9.12　建筑构件类

建筑构件陈设，这里是指建筑内部空间中固定不动的，具有一定装饰效果的柱、门、窗、壁炉等的陈设。

9.12.1　柱式

9.12.1.1　中国柱式

中国古典建筑柱式一直以宋式为依据。柱在室内也是空间中最突出的部分，因而古代建筑工匠集中智慧精心设计造型，以装饰这个顶天立地的柱式。把整个建筑中最美的形式全部集中到柱式上，使它成为建筑空间中最典型、最美的，甚至是"不可超越"的规范。

中国古典柱式结构它是从自然形态发展起来的，柱身像树干，斗拱像树枝，因之中国自然形态的装饰风格最为突出，如菊花头、麻叶头、三伏云、蚂蚱头，柱础也同样以自然形象命名，但它的形象已高度地概括为几何形态，具有鲜明的民族特色。柱式的比例：以斗口为基数，如斗口为 3 寸，则六份 18 寸为柱圆。

中国的古建筑中一般采用木柱，在中国的木构架体系中，柱的底部柱础和顶部斗拱是赋予其民族文化特色的两大重点。到了明清时代，斗拱的截面尺寸相对减少，数量增多，使装饰的作用多于功能的作用，成为一种权势、等级、财富的象征（图 9-75 ~ 图 9-77 ）。

9.12.1.2　古埃及柱式

大约在公元前 2650 年的古王国时期，古埃及建筑师伊姆霍太普在孟菲斯河对岸开始为第三王朝国王昭赛尔修造玛斯塔巴式陵墓，由于埃及人信奉个人崇拜，所以伊姆霍太普的名字得以流传下来。这是一个颇富创造力和发明才能的"综合性人才"，伊姆霍太普的最大贡献是将当地建筑物中支撑泥墙的芦苇束转化为石头建筑中的基本要素——圆柱。在其残留的一处遗址上有 3 根秀丽挺拔半附墙壁的圆柱，它们形状酷似埃及低洼沼泽地中的纸莎草和芦苇，柱子顶端用来摆放支撑横梁的柱头则像伞状的纸莎草蓬头。古埃及建筑师在卢克索的阿蒙神庙的柱子上反复使用了这种伞状纸莎草蓓蕾式风格。在古埃及柱头艺术中

图 9-75　中国柱式陈设示例一　　　　　　　　图 9-76　中国柱式陈设示例二　　　　　　　　图 9-77　中国柱式陈设示例三

另两种形式为兽头式、人头像式。恰当地表现了神庙森严、威武，阿蒙神庙柱厅巨大空间由许多石头过梁来覆盖，故厅内巨石如林，排列密集，野性粗犷，光线透过主侧窗射向柱子，光影斑驳，给人神秘、压抑感（图 9-78 ~ 图 9-80）。

图 9-78　古埃及柱式陈设示例一

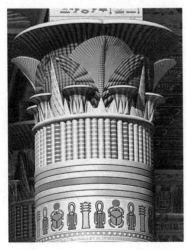

图 9-79　古埃及柱式陈设示例二　　　　　图 9-80　古埃及柱式陈设示例三

9.12.1.3　古希腊柱式

古埃及柱式是古希腊柱式的前奏曲，古希腊则使柱式这种技术与艺术的统一之作达到了最高峰。古希腊建筑的3种柱式（陶立克式、爱奥尼克式、科林斯式），构成了希腊建筑的精髓。

陶立克式形成于公元前5世纪上半叶，这种柱式无柱础，柱头平直，柱身除通长的凹槽外，无其他任何装饰，整根柱石粗壮有力，富于男子体型和性格的刚劲，其柱身比例一般为1∶5.5～1∶5.75，并随建造年份的推迟柱身越长；爱奥尼克式比陶立克稍晚，柱头的装饰比陶立克丰富得多，两端有一个号角形的涡卷式旋涡，柱子比例修长，一般为1∶9～1∶10；科林斯式出现的年代较晚，它的柱头不再采用涡卷状曲线，而是四周饰以锯齿状叶片，它可以被认为是爱奥尼克的主题变奏。雅典宙斯神庙中央大厅外围就被科林斯列柱所包围，柱高16.89m，共104根，这些柱子与陶立克式相比，更多地表现为秀丽、柔美，柱式的长细比，模仿了真人的身体比例。与象征女性柔美的爱奥尼克式和科林斯式柱的细长比非常接近。而且柱身上的直线装饰也似衣裙褶纹的遗痕，这就更像人的身材，加上柱头和檐部，很像一个戴着帽子的人亭亭玉立站在台阶（基座）上，形象优美（图9-81、图9-82）。

图9-81　古希腊柱式陈设示例一

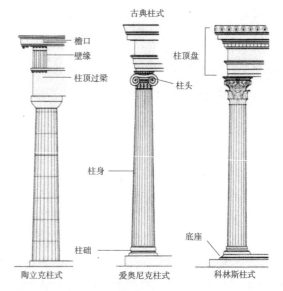

图9-82　古希腊柱式陈设示例二

9.12.2　门式

在建筑物内部沟通两个空间的出入口，有的仅设门洞，有的加门扇，门式通常是指有门窗的出入口样式。如中国故宫的红漆大门上有碗式铜门丁，狮面铜饰位于门扇两侧，更加雄伟气派。我国民居的大门很有特色，门上部有挑檐，门的两侧有抱鼓石，门上端的门簪，门扇上的铜饰，加上节日的大红喜庆对联，色彩对比鲜明的守户门神张贴于门扇上，构成了浓厚的东方情调的门式与门上装饰。中国古典风格门扇的式样多样，特别富有中国传统文化内涵，巧妙运用中国吉祥图案，布置在单扇瘦长的门扇中（图9-83、图9-84）。

图 9-83 中国门式陈设示例一

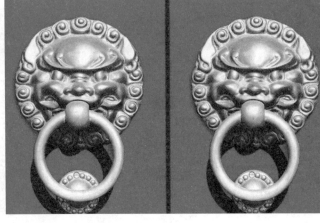

图 9-84 中国门式陈设示例二

　　在欧洲一些国家的大街小巷，经常可以看到非常漂亮的带有欧洲古典韵味的各种门式。门的式样是由门扇、门头、镶板、门楣、华盖、古典立柱、檐饰、支托、楼梯台阶、门廊等部件相互组合而成。简洁的门头通常用小齿饰块作为点缀；雕刻精美的门头，经常围绕门框的框缘线脚，采用丰富的雕刻、涡卷饰、串珠饰、交织凸起的带状装饰、连续的花卉或枝叶图案作为装饰；重点装饰部位经常采用人物雕像、神话天使、鸟兽雕塑、器物等进行装饰。欧洲古典门式，归纳起来有以下特点：比例适宜、疏密有序、繁简恰当、材质古朴、饰件精细、色彩庄重（图 9-85、图 9-86）。

图 9-85 西方门式陈设示例一

图 9-86 西方门式陈设示例二

9.12.3 窗式

　　欧洲古典窗式和欧洲的古典门式有许多共同点，若不仔细观看它们的开启方式，很容易混淆。门式与窗式好比同胞兄弟，具有分不开的"血缘关系"，它们要共同配合建筑风格的样式进行协调设计。高大的欧洲古老教堂里，用彩色玻璃镶嵌在窗口处，玻璃的装饰画面内容复杂，色彩特别浑厚丰富，色调统一协调，在壮观肃穆的气氛中，增添了几分神秘色彩，也是古老欧洲的一大特色（图 9-87、图 9-88）。

图 9-87　西方窗式陈设示例一

图 9-88　西方窗式陈设示例二

中国传统窗式很具特色。华北地区与东北地区的民居窗式由上下两部分组合而成，下扇为玻璃的固定扇，上扇为内开糊纸木格扇，开启时上部空间还可藏物。木格扇多采用丰富多彩的几何图案，起到美化居室的装饰作用；逢年过节，喜庆的民间剪纸窗花贴在玻璃窗上，更加富有民间情趣。

中国传统窗式也同中国传统门式一样，具有古老文明的内涵。窗式的外形变化比门式更加丰富多样，有方形、长方形、圆形、多边形、扇形、海棠形等多种。图案布局也多种多样，有角饰、边饰、边角结合、周边连续、满地纹饰等多种（图 9-89、图 9-90）。

拐子龙式群板图案

如意头式群板图案

福寿如意式群板图案

图 9-89　中国窗式陈设示例一

图 9-90　中国窗式陈设示例二

9.12.4　栏杆

栏杆宋时称作勾栏，也最具代表性。最早的栏杆是木质的，元、明、清木栏杆比较纤细，而石栏杆趋向厚重。

　　清末以后西方古典比例、尺度和装饰的栏杆形式进入中国。现代栏杆材料、工艺和造型更加多样和简洁，适于现代环境（图9-91、图9-92）。

图9-91　中式栏杆陈设示例一

图9-92　中式栏杆陈设示例二

　　欧洲古典栏杆形式多种，有一步一栏、二栏、三栏、多步栏板的形式。多以针叶树木材旋制圆形栏杆或选用铸铁制造栏杆。早期比较复杂，后期趋向于简练，形式更加多样化（图9-93、图9-94）。

图9-93　西式栏杆陈设示例一

图9-94　西式栏杆陈设示例二

9.12.5　斗拱

　　斗拱是我国传统木结构建筑中的一种支承构件。处于柱顶、额枋与屋顶之间，主要由斗形木块和弓形肘木纵横交错层叠构成，逐层向外挑出形成上大下小的托座。由于斗拱有逐层挑出支承荷载的作用，可使屋檐出挑较大，兼有装饰效果，为我国传统建筑造型的主要特征之一（图9-95）。

图9-95 斗拱陈设示例

9.13 其他类

9.13.1 电器

生活水平的提高使电器越来越普及，无论是家居空间，还是办公楼、宾馆、饭店、商业中心都离不了它。例如，在一个现代家居空间中，电视、音响、空调、冰箱、洗衣机、微波炉、热水器、抽油烟机、消毒柜等都是常用的电器，而我国现今普通人均住房面积较小，要在狭小的空间内合理布置这些电器，是陈设设计的一个重点。而且电器厂商为了适应广大消费群的不同需求，也有各种造型、色彩、规格的产品可供人们选择，如何根据不同的空间环境和各种电器造型的相互关系选择恰当的电器陈设，也是陈设设计要解决的问题。

9.13.2 器皿

室内器皿主要有人们常用的餐具、炊具、烟具、茶具、花瓶、果篮等各种容器，这类陈设在经过一定的艺术加工后，有其独特的艺术魅力和生活气息。例如，在厨房的墙面上错落有致地摆上几个炊具，只要构图优美、比例恰当，也未尝不是一件具有观赏价值的陈设品。又如，在客厅的茶几上摆上一个竹编果篮，果篮里衬一块素雅的碎花布，摆上几样时鲜水果，构成的画面色彩生动，具有浓郁的生活气息。

餐盘陈设在西方国家具有较悠久的历史，并形成了专门用于陈设的类别——挂盘，挂盘打破了餐盘原有的规则圆形，出现了方形和许多不规则的形状，丰富了外形，同时也削弱了餐盘的实用功能。餐盘的制作材料丰富，有木材、陶瓷、漆、铜、搪瓷等。我国在许多欧式空间中会采用餐盘陈设，以衬托空间的风格环境。

9.13.3　书籍、杂志

书籍常摆放在书房、客厅、卧室、办公室等场所，它能体现主人的文化修养，增添生活情趣，陶冶性格情操，是广受人们喜爱的陈设品。排列整齐、装帧精美的书籍是知识分子家庭中最好的陈设。杂志常摆放在客厅、卧室，供人休闲消遣时翻阅，在整洁优美的空间环境中随意摆放两本杂志，能使空间氛围更轻松、愉悦，富有生活气息（图9-96）。

图9-96　书籍、杂志陈设示例

9.13.4　各类器材

包括各类乐器，如琵琶、二胡、京胡、琴、箫、笛子等；各类兵器，如刀、枪、剑、戟等；各类运动器材，如篮球、足球、羽毛球、哑铃等。这类器材陈设多根据主人的兴趣爱好来选择，一般挂置在墙上，能营造具有个性的空间环境。

9.13.5　观赏动物

鸟、鱼、昆虫等观赏动物，以及其配置的鸟笼、鱼缸等容器都是颇受人们喜爱的陈设品。从古时起，就有在室内挂置鸟笼、鸟架，布置鱼缸，陈列昆虫，来增添生活情趣的习惯。观赏鸟类品种较多，常见的有鹦鹉、画眉、芙蓉等，它们或有美丽的羽毛，或有动听的叫声。配置的鸟笼、鸟架造型优美，该类陈设在家居或中式风格的餐饮空间中较常见（图9-97）。

观赏鱼的品种也较多，如金鱼、红鲤鱼、热带鱼等，配置不同形状、不同材质的鱼缸，不同类型的水草以及各种色彩的沙砾，加上光电效果的映照，可形成适用于不同环境的别致的陈设（图9-98）。观赏鱼在家居、餐饮、办公、休闲娱乐等多种建筑空间中都可

图9-97　观赏动物陈设示例一

设置。我国常见的观赏类昆虫有蟋蟀、蝈蝈等，多为欣赏鸣叫声。置放蟋蟀、蝈蝈的容器也有很多，如瓦罐、陶瓷、竹编等，形态各异，具有一定的观赏价值。

图 9-98　观赏动物陈设示例二

练习思考题

1. 试着从不同角度对陈设品进行分类（如材料、悬挂方式、空间形式等）。

2. 请分析盆景在审美意境方面的表现。

3. 请实地观察我国建筑斗拱的工艺特点，并绘出其结构图。

4. 电器、器皿在室内陈设中有何独特作用？

Unit 3

第3篇　家具篇

第10章 室内家具概述

10.1 家具的含义

家具，是人们维持正常生活、从事生产活动、开展社会活动所不可缺少的器物。狭义地说，乃是人们在生活、工作、社交活动中，用来坐、卧和支承、储存物品的设施。

首先，家具的使用具有普遍性。古今中外，庙宇、殿堂处处有家具。时至今日，家具更是渗透至人们生活的各方面，成了生活起居、社交旅游、工作学习、交通娱乐等诸多活动不可缺少的条件。家具种类越来越多，如果说，在生产力还比较落后的时期，家具主要用于住宅、宫殿、庙宇和作坊，生产力的不断发展，人们物质需求和意识需求的不断提高，家具的内涵已大大扩展，并且出现了许多历史上从未有过的新品种，专用商业家具、旅游家具、宾馆家具、办公家具、儿童家具、老人家具、残障人家具、卫生器具的出现就是很好的例子。家具的普遍性也可以理解为群众性。因为正是使用上的普遍性使人人都成了家具的使用者、欣赏者甚至设计者。

家具的使用功能是目的，是美学功能得以实现的基础，因为只有在家具能够很好地满足使用要求时，人们才有可能去领略它的美。但是，家具又确实能够作为艺术品供人欣赏，给人以美感，使人们从其造型中包括比例关系、色彩、装饰等方面体会设计者的思想和立意。从这个意义上说，设计家具必须掌握好功能、物质技术条件和造型三者的关系，使家具能全面地体现自己的价值。

家具的发展具有社会性。家具的种类、功能、结构、风格和加工水平，随着社会的发展而发展，可以在很大程度上反映一个国家和一个地区的技术水平、生活方式和审美趣味等。

10.2 家具的功能

家具是室内环境的重要组成部分，设计、选择和布置家具是室内设计的重要内容。室内设计的根本任务是为人们创造一个理想的生活环境，而这种环境离开家具是无法形成的。

家具的尺度、比例等直接影响使用的舒适性。尺度、比例不当的家具不但让人感到不便，还对人们的身心健康有影响。家具的位置关系空间组织，流动是否简洁、流畅，有没有交叉干扰等不足，在很大程度上决定于家具的位置。有不少场合，家具的数量相当多。以居室、客厅、办公室为例，家具占地一般约为房间面积的 35% ~ 40%，有的甚至达到了 75%。至于餐厅、教室、剧场等，其房间面积将大部分为家具所覆盖。在这种情况下，空间的气氛在某种程度上将为家具的造型、色彩、质地所控制。

10.2.1　直接服务

这是家具的首要任务，即为人们的生活起居、工作学习、交往娱乐等提供坐、卧、书写、储存等条件。从这一目的看，家具设计必须以人体工学为基础，使其大小、高低、曲直、软硬符合人的生理要求；使其空间和人的活动范围符合操作要求。

除了作为交通性的通道等空间外，绝大部分的室内空间（厅、室）在家具未布置前是难于付之使用和难于识别其功能性质的，更谈不上其功能的实际效率。因此，可以这样说，家具是空间实用性质的直接表达者，

家具的组织和布置也是空间组织使用的直接体现，是对室内空间组织、使用的再创造。良好的家具设计和布置形式，能充分反映使用的目的、规格、等级、地位以及个人特性等，从而使空间赋予一定的环境品格。应该从这个高度来认识家具对组织空间的作用。

10.2.2　划分空间

利用家具来分隔空间是室内设计中的一个主要内容，在许多设计中得到了广泛的利用，如在景观办公室中利用家具单元沙发等进行分隔和布置空间。在住户设计中，利用壁柜来分隔房间，在餐厅中利用桌椅来分隔用餐区和通道。在商场、营业厅利用货柜、货架、陈列柜来分划不同性质的营业区域等。因此，应该把室内空间分隔和家具结合起来考虑，在可能的条件下，通过家具分隔既可减少墙体的面积，减轻自重，提高空间使用率，并在一定的条件下，还可以通过家具布置的灵活变化达到适应不同的功能要求的目的。此外，某些吊柜的设置具有分隔空间的因素，并对空间作了充分的利用，如开放式厨房，常利用餐桌及其上部的吊柜来分隔空间。室内交通组织的优劣，全赖于家具布置的得失，布置家具圈内的工作区或休息谈话区，不宜有交通穿越，因此，家具布置应处理好与出入口的关系。图 10-1 为利用家具组织分隔空间。

图 10-1　用餐具柜划分厨房与餐厅

10.2.3　组织流动

在一个较大的空间内，把功能不同的家具按使用要求安排在不同的角落或区域，空间就自然而然地形成了具有相对独立性的几部分。它们之间虽无大的家具或构配件阻挡交通和视线，但空间的独立性质仍可为人们所感知。而如果这些角落和区域在使用上具有某种

固定的联系，这些角落和区域就具有组织人们流动的意义。这种情况常常出现在候车室、展门、门厅中，这些场合使用功能一般较复杂，需要特别精心地组织流动，以减少交叉、往返等弊端。

10.2.4　平衡构图

室内空间拥挤闭塞还是舒展开敞，统一和谐还是杂乱无章，在很大程度上取决于家具的数量、款式和配置。从这一点出发，便可通过调整家具来解决疏密、轻重等问题。无论从水平方向看，还是从垂直方向看，空间布局都应有一定的均衡感和稳定感，因此，在空旷的角落可以配置一些花几、小柜之类的小家具，在空荡的墙面上可布置一些搁板与吊柜等。

10.2.5　陶冶情操

家具的美育作用虽不像某些纯艺术品那样具有明确的方向性，但它在潜移默化中发挥着独特的作用，影响、调整人们的审美观点和趣味。使人们在接触它的过程中自觉不自觉地受到感染和熏陶。历史和现实已经表明，在大工业生产时期，崇尚繁琐装饰者已大大减少，喜欢简洁、明快的造型者日益增加；盲目追求家具数量者正在减少，喜欢组合配套家具者日益增加，这一切，均是人们适宜不同时期的审美观念和审美情趣变化的结果。

10.2.6　形成风格

家具可以体现民族风格。中国明式家具的典雅，日本传统家具的轻盈，早已为人们所熟知。人们常说的英国巴洛克风格、古代埃及风格、印度古代风格、日本古典风格等，在很大程度上就是指家具表现出来的风格。

家具可以体现地方风格。不同地区由于地理气候条件不同，生产生活方式不同，风俗习惯不同，家具的材料、做法和款式也不同。广东流行红木家具，湖南、四川多用竹、藤家具，都与其气候和资源有关系。

家具还能体现主人或设计者的风格，成为主人或设计者性格特征的外露。有人说，室内家具与陈设是主人和设计者的自画像，细想不无道理。因为家具的设计、选择和配置能在很大程度上反映主人或设计者的文化修养、性格特征、职业特点和审美趣味等（图10-2）。

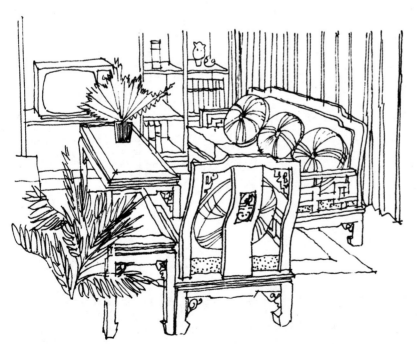

图10-2　明式家具的书房

10.3　家具设计的原则

科学地设计与选择家具，是达到室内空间个性与家具特点协调一致的基本前提，而精心设计安排家具，则是实现家具与室内空间、主体尺度协调一致的关键步骤。家具的设计，一般应遵循以下几条原则。

10.3.1　实用原则

具体地说，实用性原则包括两个方面的要求：一是因房而异，即根据不同功能的房间，提供相应的家具。如客厅是一个家庭接待宾客、好友聚会的场所，就应布置沙发、茶几等家具（中式客厅多为一张八仙桌，两把太师椅），为人们的交谈提供条件。卧室是人们休息、睡眠、更衣、梳妆的地方，就应布置床、椅、衣橱、梳妆台等家具，以满足人们的休息、睡眠等需要。二是因人而异，即根据居住者不同的年龄特点，不同的生活习惯布置相应的家具。如老人房间，家具应高低适度，过高或过低都不利于老人的起居活动。儿童房间，家具应小、少、精，有利于儿童生活、安全、学习和游戏。

家具设计的实用性原则，最根本的要求就是充分体现家具的实用价值，最大限度地满足人们的使用需要。要达到这一要求，就需要设计者的多方努力，起码应做到两点：一要认真研究建筑物内部空间的特点与要求；二要认真研究居住主体的生活习惯与工作程序，唯其如此，才有可能在主客体的统一中充分体现现代家具的实用功能。

10.3.2　经济原则

经济性原则，就是要求家具设计应该进行优化组合，尽量缩短动线、节约空间，具有简洁性。

在家具设计中，有两种不健康的倾向：展览式和仓库式。展览式即不考虑实用、方便而过分突出家具的醒目位置，以引起别人的注意，如把漂亮的衣橱置于客厅之中，把仅在某些喜庆场合和接待客人用一用的东西放在显眼的玻璃橱柜中等。仓库式即不考虑实用需要，或将家具随意堆放，或大量购置一些不必用、不常用的家具，把室内空间塞得满满的以显示其富有，将生活空间变成了堆放仓库。展览式、仓库式倾向的产生，是违背经济性原则的结果。

现代家具的设计，一定要遵循经济性原则，找到家具摆设的最佳位置，通过优化组合，尽量提高空间的利用率。在确立家具在室内的具体位置时，应特别注意两点：一是周密考虑动线安排，使动线尽可能短一些，简洁些；二是要考虑在家具周围留有足够的面积，在人的流线结点处，尽可能多出较宽空间，以利于人们停留并方便地使用家具。概言之，经济性原则就是数量上的少而精，形式上的简洁。

10.3.3　心理原则

心理原则，就是要求家具设计除从物质空间方面满足人们的实用需要外，还要在心理空间方面给人愉悦，使人产生舒适感。

家具设计的心理性原则最重要的一点就是家具设置应符合人们的视觉思维规律。人们对一个事物产生何种心理反应是受知觉影响的。人的知觉系统由视觉、听觉、味觉、嗅觉和触觉等组成，而对室内家具设计的信息感知则主要依靠视觉来完成。因此符合视觉思维规律，能在视觉上给人以舒适感的家具布置，同时也能在心理上给人以舒适感。心理性原则在家具设计中的外部呈现形态主要有两个方面。一是疏密相间，具有秩序感。家具布置得太集中，就会给人心理上造成一种压迫感；布置太分散，就会给人心理上造成零乱感。二是高低错落，形成节奏感。如果一面墙壁是齐顶的组合橱柜，对面则应安排灵巧的矮柜或轻便的沙发、床，这样就不会显得过于呆板，从而避免高大家具给人带来的沉闷感。

按照格式塔心理学中的同形同构说，事物的运动或形体结构和人的心理和生理结构有类似之处。从这个角度解释家具设计中的心理性原则，就是家具布置中的秩序感、节奏感与人心理结构的秩序、节奏是相类似的。

10.3.4 审美原则

审美性原则，就是要求家具设计力求美观，能给人们美的享受。

审美性原则在现代家具设置中的最高体现是和谐。具体表现为三个方面：一是家具与家具之间的和谐。即将色彩相近、形状相似的家具组合在一起，避免同一空间中家具色彩和形状的大起大落，给人以视觉上的美感。二是家具与室内空间的和谐。同样形状、色彩的家具，在不同的室内空间中有不同的组合方式，具有不同的审美效果。如同是一张床，一套高组合橱柜，在 $10m^2$ 的空间和在 $15m^2$ 的空间有不同的布置方式。在 $10m^2$ 的空间，组合橱柜应靠墙的一边而设，床也应在墙的另一边两面靠墙而设，这样，就可能留出较多的空间供人活动，而不至于造成拥堵感。而在 $15m^2$ 的房间，床的布置方式却应有所变化，可在房间的中轴线上作 T 形摆设，即床头靠墙，两边留出空间，既方便上下，又不会使活动区过大而给人以空旷感。三是家具设计与审美习惯的和谐。人们在长期的生活与艺术实践中，形成了一定的审美习惯，并以这种习惯去衡量审美对象的美与不美，符合这个习惯的，往往就觉得美，引起人们的美感；不符合这个习惯的，往往就觉得不美，引起人们的反感。家具设计中的审美习惯有：高大家具应靠侧墙或者在角落放置，避免近门傍窗；床铺不要正对房门，避免开门见床；带镜面或玻璃的家具不宜直面窗户，避免强烈的反光等。室内空间的家具陈列，符合这些习惯，就被认为是美的，就能给人美感。反之，就引起人的反感。当然，家具布置对人们的审美习惯应有两种态度，对于健康、科学的审美习惯应顺应，对不健康、不科学的审美习惯则应打破。

审美，是一种高雅的精神享受。现代家具布置如果缺少了美观这一重要因素，则不能给人以审美享受。即使再实用，也不能充分发挥家具的全部功能。

10.4 家具的布局要求

好的家具，除了它本身的造型、色彩和质感的设计必须完美外，布局陈列方式也很重要。布局得好，可以突出和加强家具的美感；反之，则会影响其美感效果。家具的布局应符合以下原则。

10.4.1 家具布局的原则

家具布局有以下几点原则：

（1）位置合理。室内空间的位置、环境各不相同，应结合使用要求，使不同的家具在室内各得其所。例如，餐厅通常在室外环境好、朝阳的靠窗位置放置餐桌，而在背阴面安排操作间；居室在朝阳的露台放置休闲座椅，方便阅读和休息。

（2）方便使用。同一室内的家具在使用上都是相互联系的，如书房中的书柜、书桌和坐椅；厨房中的洗、切、煮等工具与橱柜、冰箱；自助餐厅的备餐台与餐桌等。它们的相互关系是根据人在使用过程中可以达到方便、舒适、省力、省时等活动规律而确定的。

（3）丰富空间。空间是否完善，只有当家具布置以后才能真实地体现出来。如果在未布置家具前，原来的空间会有过大、过小、过长、过短等某种缺陷的感觉，但经过家具布置后，可能会改善原来的面貌而变得很合适。因此家具不但丰富了空间内涵，而且弥补了空间的不足，改善了空间环境。家具的布置应根据空间的大小、高低，对空间进行再创造，使空间在视觉上达到良好的效果。

（4）利用空间。空间设计中的一个重要问题就是经济问题，这在市场经济中显得尤为重要。如一个电影院能容纳多少观众，一个餐厅可以安排多少餐桌等，这对经营者而言不是一个小问题。合理压缩非生产性面积，充分利用使用面积，减少或消灭不必要的浪费面积，这都对家具的布置提出了相当严峻甚至是苛刻的要求，应该把它看成杜绝浪费、提倡节约的一件好事。当然也不能走极端，认为一切都应为了经济。我们应该充分发挥单位面积的使用价值。

10.4.2 家具布局的方式

家具的布局应该结合空间的性质和特点，确定家具的类型和数量，根据家具的单一性或者多样性，明确家具布局的范围，达到功能分区的合理性；组织好空间活动和交通路线，使动与静区域分明，分清主要家具和从属家具，使之相互配合，协调统一的共处在相同的空间里；安排组织好空间的形式、形状和家具的组、团、排的方式，达到整体和谐的效果，在此基础上进一步从布局格局、风格等方面进行考虑；从空间形象和空间景观出发，要使家具布局具有规律性、秩序性、韵律性和表现性，以获得良好的视觉效果和心理效应。

10.4.2.1 按家具在空间中的位置分类

1. 周边式

家具沿空间的墙面布置，留出中心位置。这样布置可以使空间相对比较集中，交通关系简单，容易组织安排，为举行其他活动提供了相对较大的面积，便于布置中心展示。大部分家具布置都采用周边式，这样可以把空间比较好的利用起来。如家庭的客厅、卧室、厨房等。

2.岛式

家具布置在空间的中心位置，留出周边空间。这样布置可以突出家具的中心地位，显示其重要性和独立性，周边的交通活动不会干扰中心区域。岛式家具布局经常用于商场、超市、办公空间、餐厅包间等。

3.单边式

家具集中布置在空间的一侧，留出另一侧的空间，通常作为走道。这样布置可以使交通区域和工作或生活区域截然分开，功能分区明确，干扰小，交通组织关系流畅。当交通线布置在空间的短边时，交通最为节约、快捷。这种家具布置方式经常用于空间功能比较复杂的情况，如走廊、阳台、楼梯休息平台等。

4.走道式

家具布置在空间的两侧，将中间留为走道。这样布置可以节约交通面积，一条交通线服务于两侧空间。但缺点是交通空间对两侧空间都有干扰。这种家具布置方式经常用于比较小的空间，人流量不大的地方，如宾馆客房、学生宿舍、衣帽间等。

10.4.2.2　按家具布置与墙面的关系分类

1.靠墙布置

靠墙布置充分利用墙面，使室内留出更多空间。

2.垂直于墙面布置

垂直于墙面布置考虑到采光方向和工作面的关系，起到分隔空间的作用。

3.临空布置

临空布置用于较大空间，可以将空间组织成若干小空间，形成空间中的空间。

10.4.2.3　按家具的布置格局分类

1.对称式

对称式适用于隆重、正规的场合，可以显得空间严肃、稳定、庄重而静穆。常用于贵宾接待室或大会堂等空间。

2.非对称式

非对称式适用于轻松、非正式的场合，可以显得空间活泼、自由、活跃且有流动感。常用于休息室、娱乐室等空间。

3.集中式

集中式适用于功能比较单一、房间面积比较小、家具类别不多的场合，可以显得空间比较紧凑、饱满，充满干劲。一般组成单一的家具组。常用于开敞式办公室等空间。

4.分散式

分散式适用于功能多样、房间面积比较大、家具类别较多的场合，可以显得空间丰富多样。一般组成若干家具组、团。无论采取何种组合方式，都要主次分明，聚散有序，错落有致。

10.5　家具的类别

我们所使用的家具种类繁多、形形色色，很难用一个单一的分类方法把它们分清楚。在实际教学和理论研究中常按以下方法分类。

10.5.1　按功能分类

所谓按基本功能分类就是按人与家具的联系方式分类。采取这种分类法有助于学生从人体工学的角度去研究家具，使家具设计更加符合人的生理特征和需求。

10.5.1.1　人体家具

人体家具主要指直接支承人体的家具，如椅、凳、沙发、床、榻等。

10.5.1.2　准人体家具

准人体家具主要指不全部支承人体，但人要在上面工作的家具，如桌子、柜台、茶几和床头柜等。

10.5.1.3　储物家具

储物家具主要指储存衣服、被褥、书刊、器皿、货物的壁柜、衣柜、书架、货架及各种搁板等。设计储物家具不仅要考虑与人的关系，还要考虑与物的关系，既充分发挥其储物的功能。

10.5.1.4　装饰家具

有些家具虽然也有一定的实用价值，但主要是用来美化空间的，具有很强的装饰性，可称装饰类家具，如博古架、屏风、花几等。

总的来说，人体家具与人的关系最密切，准人体家具、储物家具则要适当和更多地考虑人与物的关系。

10.5.2　按材料分类

10.5.2.1　木家具

木家具指的是用木材及其制品如胶合板、纤维板、刨花板等制作的家具。木家具质感柔和，造型丰富，是家庭、宾馆中常用的家具。

在北欧等盛产木材的国家和地区。木家具更是普遍，并以清新、典雅的风格著称于世。

10.5.2.2　竹家具

竹藤家具轻盈剔透，常用于盛产竹藤的地区。它不仅能满足多种功能要求，还可体现出鲜明的地方性。过去，竹藤家具多为凳、椅、茶几等，而今，不仅扩展至沙发、书架，甚至扩展至屏风、隔断等大型装饰家具（图10-3）。

10.5.2.3　金属家具

金属家具包括全金属家具以及金属框架与玻璃或木板构成的家具。这里的金属可以是钢材、铝材，经电镀处理后，还可有不同的质感和色彩。金属管材制作的躺椅、办公椅、床等富有现代感，特别适合现代气息浓郁的空间（图10-4）。

10.5.2.4　塑料家具

以塑料为主要原料制作的家具种类繁多，这主要是

图10-3　竹家具

因为生产工艺不同，致使家具的形态也不同。常见的塑料家具有模压成型的硬质塑料家具，有挤压成型管材、型材结合的家具，有由树脂与玻璃纤维配合生产的玻璃钢家具，还有软塑料充气、充水的家具。塑料家具颜色丰富，且可与其他材料结合并用（图 10-5）。

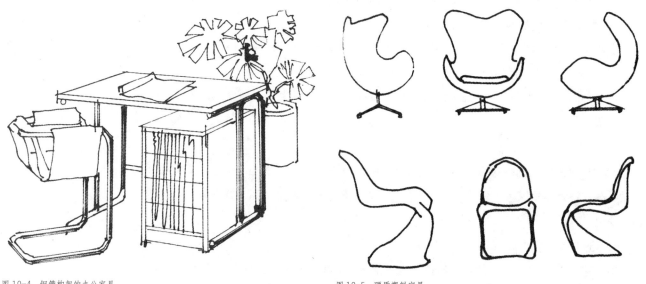

图 10-4　钢管构架的办公家具　　　　　　　　　　　　图 10-5　硬质塑料家具

10.5.2.5　软垫家具

软垫家具也称软性家具，主要指带软垫的床、沙发和沙发椅。

坐卧家具向软垫方向发展是人们物质生活水平不断提高的表现，因为软垫家具与传统家具相比具有以下优点：一是能够增加人体的接触面，减少单位面积上承受的压力，可以避免或减轻人体某些部分由于压力过于集中而产生的酸痛感；二是软垫家具有助于人们在坐卧时调整姿势，使人们在休息时自然松弛。

常见的软垫家具都是用多种材料组合的，包括弹簧、垫层和面层等。近年来，海绵用量大增，使软垫家具的制作过程显著简化。

软垫家具的造型主要取决于它的款式和比例，此外，又与蒙面的色彩、质地、图案有关系，许多皮革、丝绒蒙面的软垫家具都能给人以高贵、典雅或者华丽的印象（图 10-6）。

图 10-6 皮革蒙面的沙发

10.5.3 按结构分类

主要材料不同，结构方式也不同。即使材料相同，结构方式包括接合方法也可以有很多种。以木框架的接合方法为例，就有榫接、钉接、胶接及金属零件连接等。

10.5.3.1 框架家具

传统木家具多数属于框架式。即家具的承重部分是一个框架，在框架中间镶板或在框架的外面附面板。构成框架的杆件大都用榫卯连接，坚固性较好。面板上还可镶嵌其他装饰材料或雕刻成所需的图案。框架家具的最大优点是坚固耐，适合于桌、椅、床、柜等各式家具，不足的是难以适应大工业的生产方法，致使其中的一部分逐步为板式家具所代替。

10.5.3.2 板式家具

板式家具是用板材黏接或连接到一起的，板材多为细木板和人造板。

板式家具的主要特点是结构简单、节约材料、组合灵活、外观简洁、造型新颖、富有时代感，且便于实现生产的机械化和自动化。

板式家具的出现与发展是与现代社会的生产方式、科学技术以及人们的需求紧紧地联系在一起的。因为，板式家具适合于现代化的生产方式，也符合现代社会讲究效率、注重成本、节约能源的精神和现代人偏爱简洁大方的审美趣味。

10.5.3.3 拆装家具

用五金零件连接的板式家具也是一种可以拆装的家具，但这里所说的拆装家具主要是指从结构设计上提供了更简便的拆装机会，甚至可以在拆后放到皮箱或纸箱携带和运输的家具。

常见的拆装家具中，有一种插接的。其骨架由钢管或塑料管组成，接口制成榫卯状或套接状，在骨架构成后，再装板材，通过预先打好的孔眼，插上连接件。

拆装家具的主要特点是摒弃了传统做法，很少使用钉子和黏结剂，有些借卡口组装的家具甚至连五金零件也不用，这为生产、运输、装配、携带、储藏提供了极大的方便（图10-7）。

10.5.3.4 折叠家具

折叠家具的主要特点是用时打开，不用时收拢，体积小，占地少，移动、堆积、运输极方便。折叠式家具的堆放方式有三种，即垂直的、水平的和倾斜的。柜架类常用于家庭，桌椅类常用于会议室、餐厅和观览厅（图10-8）。

10.5.3.5 支架家具

支架家具由两部分组成，一部分是金属或木支架，一部分是柜橱或搁板。此类家具可以悬挂在墙、柱上，也可支承在地面上，其特点是轻巧活泼，制作简便，不占或少占地面面积。支架家具体积和重量都小，故多用于客厅、卧室、书房、厨房等，用于储存酒具、茶具、文具、书籍和小摆设。

10.5.3.6 充气家具

早在1926年，布劳斯就提出关于充气家具的设想，但充气

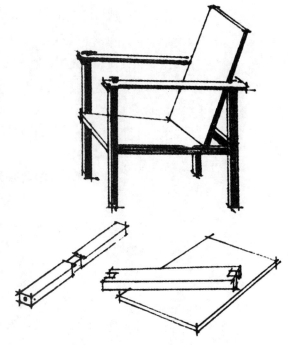

图10-7 拆装家具示例

家具的实验和生产直到最近几十年才有较大的进展。

充气家具的主体是一个不漏气的胶囊。与传统家具比，不仅省掉了弹簧、海绵、麻布等，还大大简化了工艺过程，减轻了重量，并给人以透明、新颖的印象。

充气家具目前还只限于床、椅、沙发等（图10-9）。其需要进一步研究解决的主要问题是如何防止火烧、针刺和快速修补等。

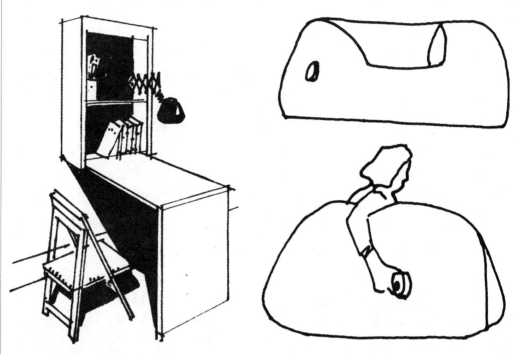

图 10-8　折叠家具示例　　　　　　　　　　　　　图 10-9　充气家具示例

10.5.3.7　浇铸家具

这里所说的浇铸家具有两类：一是硬质塑料的，一是发泡塑料的，两种都借特制的模子来浇铸。硬质塑料家具多以聚乙烯和玻璃纤维增强塑料为材料。它质轻、光洁、色彩丰富、成型自由、加工方便，最适于制作小型桌和椅。

以发泡塑料为原料制作的家具有弹性，多数是坐具和卧具。由于发泡塑料弹性不同，分硬质、半硬质和软质三大类。一般工艺过程是先作内衬，再浇发泡塑料，经过一段时间后，自然膨胀和成型，再在其外覆盖布料或皮革。

10.5.4　按使用特点分类

10.5.4.1　配套家具

传统家具都是单件的，由于风格不同，总体效果难于和谐与统一。当今生产的配套家具，功能齐全，色彩、线型、装饰配件相同或相近。既能满足实用要求，又能实现风格的统一。

10.5.4.2　组合家具

组合家具是由若干个标准单元或零部件组合的，典型的组合家具是组合沙发与组合柜。与传统家具相比，组合家具在生产和配置方面无疑是一种进步，因为它适合大工业生产的要求，可以批量生产，降低成本，提高效率；适合消费者的需求，可以由消费者自己按兴趣、爱好和经济条件决定数量、款式，甚至分期地购置。组合家具的设计工作自然还要改进，其基本方向应是进一步扩大组合范围，即不仅限于柜和沙发椅，还要包括桌、几、柜和卧具等；同时要进一步提高组合的灵活性，即用少量的单元和配件组合更加丰富多彩的家具。

10.5.4.3　多用家具

同一件家具有两种以上的功能，可以叫多用家具。多用家具有两类：一类是使用时不须改变原来的形态，如带柜床及可以睡觉的沙发或榻等；另一类是改变使用目的时必须改变原来的形态，如平时为长沙发，晚上为双人床等。多用家具收一物多用之利，用于小空间如卧室、客厅最合适（图10-10）。

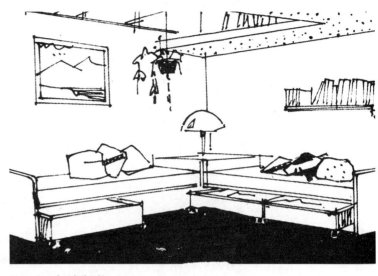

图10-10　多用家具示例

10.5.4.4　固定家具

固定家具即固定于建筑结构之上、不能随意移动的家具。包括住宅中的壁柜、吊柜、搁板及加宽的窗台板兼做小桌等。固定家具既能满足功能要求，又能充分利用空间，增加环境的整体感，更重要的是可以实现家具与建筑的同步设计与施工，无须繁重的运输和搬动。应注意的是，此类家具的设计和施工都要精心，务求位置、尺度和施工质量的高层次。

练习思考题

1. 家具及家具设计的含义是什么？

2. 家具在室内空间中的作用是什么？

3. 家具设计的原则是什么？

4. 家具布局的方式有哪些？

5. 家具分类的标准有哪些？

6. 请为4500mm×3600mm的房间选用合适的家具布置成卧室和书房，并分别说明家具在室内的作用。

第11章　家具的沿革

　　家具的发展为不同时期的政治制度、宗教信仰、风俗习惯、传统意识、审美观念、物质材料、科学技术水平所制约。研究家具的发展，可以了解家具演变的过程，更加深刻地体会家具的本质和特征；可做到"古为今用，洋为中用"，借鉴古代和外国的成功经验，在家具设计和选用中推陈出新；还可以了解家具的发展趋势，使家具设计和选用更符合时代的潮流，更符合总体环境的要求。

11.1　中国传统家具

11.1.1　跪坐为主的前期家具

　　中国传统家具的历史，可以追溯到公元前 17 世纪，距今约 3600 年的商朝，当时家具已在人们生活中占有一定的地位。这可从一些有关的象形甲骨文字中窥测当时家具的大体形象，如图 11-1 中所示的字 1、字 2 作"宿"字解，似人跪席上或卧席上；字 3、字 4、字 5 作"疾"字解，似人卧床上；字 6 或字 7 即"床"，平置作字 8 状。以及现存某些青铜器物，如商代切肉用的"俎"和放酒器用的"禁"。因此，推测当时室内铺席，人们坐于席上，家具则有床、案、俎和禁等。

　　西周以后，当中国历史进入春秋时代（公元前 722—前 481 年），人们的室内生活仍保持席地跪坐习惯。家具类型除商朝已有的几种以外，又有凭靠的几和屏风（扆）、衣架（图 11-1 中字 9）等。在装饰纹样上，最常见的有饕餮纹、龙纹、凤纹、云纹、波纹、涡纹等。

　　从战国到三国（公元前 475—280 年），供席地而坐的家具有较大的发展。根据一些出土文物来看，它的形制与品种都是比较丰富的。其中以信阳出土的大床周围绕以阑干最具特色。这是现存古代床中最早的实物。案与几的形状不止一种，有的涂以红、黑漆，其上描绘各种花纹，也有在木面上施以浮雕的雕

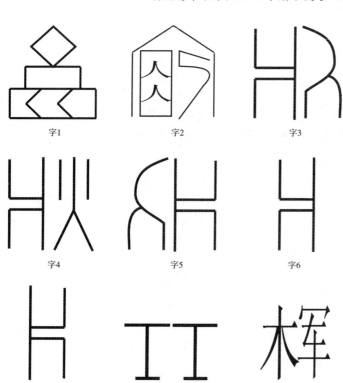

字1　　字2　　字3
字4　　字5　　字6
字7　　字8　　字9

图 11-1

花木几。它们均反映了当时家具制作和使用髹漆与漆画进行表面处理的技术水平。汉代的几、案有合而为一的趋势，即几逐渐加宽，既能置放东西，又可供凭倚，一器兼两器的功能。床的用途扩大到日常起居与接见宾客，通常有坐一人的榻，也有布满室内的大床，床的后面和侧面多设有屏风，床上有帐。几案可置床前或置床上，体现了当时以床为中心的生活方式。柜、橱形似带矮足的箱子，门是向上开的。东汉末灵帝（168—189 年）时。曾有胡床传入中国的记载，这是一种可折叠的轻便坐具，流行于宫廷与贵族间，但仅用于战争和狩猎，还未普遍使用。在装饰方面，战国时期的纹样构图相当秀丽，线条也趋于流畅，所用花纹除商、西周时期已有的几种外，又有用文字作装饰图案的。汉朝所用的装饰纹样有绳纹、齿纹、三角、菱形、波形、几何纹样等。另外，植物纹样以卷草、莲花较为普遍；动物纹样有龙、风、蟠螭等（图 11-2、图 11-3）。

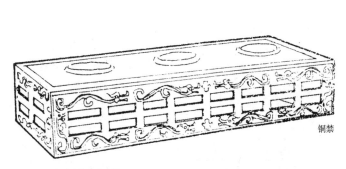

铜禁

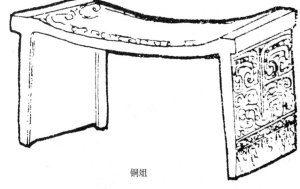

铜俎

图 11-2 商周时期家具示例一　　　　　　　　　　　　　图 11-3 商周时期家具示例二

11.1.2 跪坐习惯的改变与家具的交替

魏晋南北朝（265—580 年）是中国历史上进入各族之间大融合的一个新时期。一方面人们席坐的生活习惯仍然未改，尤其是劳动大众的起居习惯还是跪坐的，而权贵和士大夫开始改变了长期以来以跪坐为合仪的礼教观念。这一时期传统家具有了新的发展，如睡眠的床已增高，当时许多床都有帐，上部还加床顶，周围施阻可折叠的多折的矮屏。起居用的床榻加高加大，下部以壶门作装饰，一般日间既可坐于床上，又可垂足床沿。床上出现了置于身侧腋下可以倚靠的长几、隐囊（软靠垫）和弯曲的凭几（又称曲几），以适应贵族阶级随心所欲的箕踞式平坐，侧身式向后侧倚的生活方式。另一方面，西北民族进入中原地区以后，不仅东汉末年传入的胡床逐渐普及到民间还输入了各种形式的高坐具如椅子、筌蹄（一种用藤竹或草编织的细腰坐具）、方凳、圆凳等。这些新家具对当时人们的起居习惯与室内空间处理产生了一定的影响。装饰除秦、汉以来传统的纹样外，随同佛教艺术而来的有火焰纹、莲花、卷草纹、璎珞、飞天、狮子、金翅鸟等（图 11-4 ～ 图 11-6）。

从隋唐到五代（581—960 年）由于手工业的进步，推动了家具的发展，并对邻近国家如日本等产生了很大影响，当时木工已较发达，有专门制造木家具的作坊，家具的式样简明、朴素、大方，同时家具的发展也表现在工艺、结构的充分接合上，如桌、椅的构件有些做成圆形断面，既切合实用，线条也柔和流畅。床榻下部虽然有些仍用壶门作装饰，但已慢慢走向框撑结构，有些则改为简单的托脚。嵌钿及各种装饰工艺已进一步运用到家具上。这时期人们的起居习惯还未一致，席地跪坐、使用床榻，和伸足平坐、侧身斜坐、盘足坐及垂足而坐都同时存在，但逐渐向垂足而坐过渡。由于垂足踞坐习惯渐渐形成，几案由床上移至地上，高型坐具也逐渐流行，同时家具类型开始出现高型桌、案，它的出现是这一时期家具的特点之一。此外，据敦煌壁画和五代《韩熙载夜宴会图》所示，已有长桌、方桌、长凳、腰圆凳、扶手椅、靠背椅、圆椅和圆形平面的床。在大型宴席的场合，还出现了多人列坐的长桌及长凳。可见，后代的家具类型，在唐末五代之间已经基本具备，为我国家具的发展奠定了基础。这时期装饰纹样的使用，除莲瓣外，还有回纹、连珠纹、流苏纹、火焰纹等富丽丰富的装饰图案。此外，窄长花边上常用卷草构成带状花纹。这些装饰花纹不但构图饱满，风格和谐统一，线条也很流畅、挺秀（图11-7 ~ 图11-10）。

图11-4 魏晋南北朝时期的家具示例一

图11-5 魏晋南北朝时期的家具示例二

图11-6 魏晋南北朝时期的家具示例三

图11-7 隋唐五代时期家具示例一

图11-8 隋唐五代时期家具示例二

图11-9 隋唐五代时期家具示例三　　　　图11-10 隋唐五代时期家具示例四

11.1.3　家具的定型和发展期

从东汉末年开始，经过两晋南北朝陆续传入的垂足起坐的起坐方式，到两宋与辽金对峙的时期（960—1279年），历时近千年，终于完全改变了自商、周以来为适应跪坐习惯的矮型家具，这是中国家具历史上称为后期家具的定型、流行和发展阶段。

这时期为适应垂足起居方式的桌、椅等日用家具在民间已十分普遍，同时还衍生出很多新品种，如圆形和方形的高几，琴桌与床上小炕桌等。在尺度上也有所增高，造型和结构方面，这时期的突出变化首先是梁柱式的框架结构代替了隋唐时期沿用的箱形壶门结构。其次大量应用装饰性的线脚，丰富了家具的造型，如桌面下开始用束腰，桌混曲线的应用也十分普遍，桌椅四足断面除了方形和圆形以外，往往做成马蹄形。这些造型与结构的特征，都为后来明家具的进一步发展打下了基础。

两宋时期，手工业分工细密，工艺技术和生产工具比以前进步，家具得到了迅速的发展。这一时期的家具及其使用的概况是：垂足起坐的后期家具在北宋初期至中期基本定型，桌椅已多在室内使用。一人独居一桌一椅或只设一椅比较流行，但陈设尚无固定地位。北宋中期至北宋末期桌椅更加广泛使用。城市商业尤其是饭馆、酒店，为了满足顾客的需要，大量采用长凳夹桌案或一桌对面设椅，并由此而影响到家庭家具的陈设。家具位置渐趋固定化。到了南宋后期家具在多方面有了更大的发展，几乎明式家具的主要品种和形式早在此一时期即已大体具备，民间日用家具比北宋时增多。

宋代家具发展的总趋向是：有的变高了，有的变矮了。高、矮的变化主要取决于由床上使用移至地上或桌上使用。家具的装饰也由朴质趋向繁缛，但结构却由繁杂趋向简化。

辽金时期的家具基本上与宋相似，民族之间的差别小于时代之间的差别（图11-11、图11-12）。

元代时期（1279—1368年）的家具虽有发展，但比较滞缓，地区间差别较大，其特点是：桌面缩入的桌案相当流行；案形体的桌、案侧面开始有牙条的安置，而在宋代则尚

图 11-11 宋辽时期家具——长桌   图 11-12 宋辽时期家具——长桌、交椅

未有此装置。此外，高束腰圆形家具的使用和罗锅撑、霸王撑的出现也是当时家具的特征之一。罗汉床也有进一步的发展，行箱层屉加多。这些结构特点有的到明代更加成熟，成为广泛流行的做法，如罗锅撑、霸王撑等；有的则为时代所淘汰，如缩面书桌、案。

11.1.4　家具的成熟和稳定期

明代（1368—1644 年）是我国古代生产力发展水平最高的时期，也是家具发展的鼎盛期。

这一时期中国传统家具的形制日臻完善，品类也日益齐备。随着手工业的发展，家具作坊的规模也随之扩大。明代的苏州、北京，清代的广州、扬州和宁波等地逐渐形成为制作家具的中心。由于各地区的做法不同，又有"苏做"、"京做"、"广做"、"宁做"以及早期"晋做"之分。其中以"苏做"家具最为集中反映了中国传统家具的特点。清代中期以后，"广做"家具较多，它主要表现为厚重、繁琐；"京做"家具则以清官内廷家具为多。这时期的家具类型和式样除满足生活起居的需要以外，和建筑也有了更紧密的联系。一般厅堂、卧室、书斋都相应地有几种常用的家具配置，出现了成套家具的概念。

另一方面，由于海外交通的发达，东南亚一带的木材，如花梨、紫檀、红木等输入中国。这些产于热带的木材具有质地坚硬、强度高，色泽和纹理优美的特点，因而在制作家具时，可采用较小的构件断面，制作精密的卯榫，并进行精细的雕饰与线脚加工。

在这样物质条件下，再加上当时各种手木工具的铁件已应用渗碳热处理工艺，加工质地坚硬的木材具备了有利的技术手段，因而使得明时期的家具在造型艺术上和工艺、结构上有了跨越性的发展。

这时期的家具，按其使用功能来分类，可分为五大类。

（1）坐具。有杌凳、坐墩、交杌、长凳、椅子。

（2）承具。有炕桌、长方桌、方桌、条案、香几。

（3）卧具。有榻、罗汉床、架子床。

（4）庋具。有箱、架格、柜格、立柜、闷户橱。

（5）其他。有屏风、衣架、面盆架、镜台、灯台等。

从明清家具的演变过程来看，明至清初（14世纪后叶至18世纪初叶）时期的家具，不论硬木家具、大漆家具还是民间柴木家具，都以它造型简洁、素雅端庄、比例适度、线条挺秀舒展，不施过多装饰等特点，形成了一种独特的风格，博得了人们的赞赏和珍视，通常习惯上把这一历史时期的家具统称为"明式家具"。清代中后期（18世纪中叶至19世纪中叶）的家具，继承了明代家具构造上的某些传统做法，但造型趋向复杂，风格华丽厚重，线条平直僵化，雕饰增多，并间以牙、角、竹、木、瓷、玉、珐琅、螺钿等镶嵌装饰，或通体镶朱饰金、黑漆描金，同时出现了雕漆、填漆等工艺做法，却忽视了家具结构的合理性，因而家具不免趋于沉闷、拘束之风。世人称之为清式家具。这里需说明一点，所谓清初的家具，依然是明式家具的延伸，明朝虽已消亡，但工匠、工艺、理念在惯性的作用下依然延续了一段时期。因此，明代是我国家具设计制造的历史高峰，无论从当时的制作工艺，或者艺术造诣来看都达到了很高的水平，取得了极大的成就，代表了中国家具的辉煌成就。

概括地说，明式家具的成就有下列几个方面。

11.1.4.1　选材与用材一致

明式家具选材考究、用材合理，既发挥了材料性能，又充分利用和表现了材料本身色泽与纹理的美观。

在选材方面，明式家具多采用黄花梨木、它色泽鲜润，呈暗橙黄色，纹理细密清晰，而富于变化，质地坚实而不过重。另外，如紫檀木、红木、杞樟木、铁力木等硬性木材及楠木、樟木、榆木、杨木、胡桃木等中性木材也有所选用。而江南民间制作家具，则就地取材，常用榉木、黄连木、榆木、香樟木等。

在用材方面，善于依据家具结体的不同部位，审辨木材的材质、色泽和纹理，分表里，取看面，以恰如其分的尺寸进行粗细随形的处理。因此，诸多较小的构件断面。如官橱椅的靠背，S形的弯曲薄板，厚度仅有12～15mm；又如椅腿的底端，仅有直径35mm，这些都是一般材料达不到的。此外在结构上普遍采用不施胶和钉的榫卯结合，严丝合缝，工整精致，充分体现了明式家具用材上的苦心孤诣和善于发挥木质材料的特性，把自然美和技巧美凝练成一体。

11.1.4.2　结构与造型一致

明式家具基本上沿用了中国古代木构架建筑的梁柱结构，例如，多用圆腿作支撑，就像木构建筑的立柱一样。这种结构采用适当的收分，并将四腿略向外侧。立腿之间的横撑，经常辅以木牙子等构件，以起支托加固的作用，这是从木构建筑的梁枋和雀替等构件演化而成的。这种框架式的结构方法不仅稳定、实用，而且符合力学原理。同时也形成优美的立体轮廓。又如，介于桌面底与立腿之间的霸王撑，一端奇妙的勾挂榫与立腿牢牢地连接着，另一端则安设于桌面底的盒盖中。这种半隐式的支撑，既简化了家具外观的造型，又不失其结构的力学强度，并以其高弓背的拱顶形式，衬托出家具体态挺秀的稳定感。

最独具匠心的，是用于凳、椅、桌面和柜门等部件的格角榫攒边嵌板结构。这是一种把贯以穿带的心板，嵌入四周有通槽的边框中，边框四角用格角榫攒起来的构造做法。它不仅可以适应面板木材的胀缩变形，又不外露木材的截面横纹，结构精巧美观。

总之，明式家具由于巧妙而合理地使用各种榫卯结构，因而使它达到了简洁朴厚与坚固耐用的一致性。特别是在构架的组织配置上，决不拘泥迁就，务求主次井然，协调有致，浑然一体，使造型与结构和谐统一。

11.1.4.3 实用与美观一致

明式家具非常重视整体尺寸的良好比例关系，以及整体与局部、局部与局部之间的比例协调。譬如：整体长、宽、高的比例；整体与牙子、圈口的比例；大面积纵、横分割的比例；身部与腿部的比例；边框与心板的比例；腿部倾斜角度与家具整体的比例；花饰与素板面积的比例等。这种比例关系，若用数的概念去分析，可以看到它们多数都符合几何学的比率关系。

以圈椅为例（图 11-13），椅圈的圆弧半径与端部弯头半径的比例正好是 2∶1，两圈外切即形成了椅圈的轭状优美曲线。椅坐面的矩形也正好符合黄金分割比例。再从椅正面看，椅腿向外倾斜，下端的宽度与椅的座面相等，椅腿内侧呈梯形空间。当坐面的中心点与椅腿的底端两点相连时，恰好构成具有稳定感的等角三角形。这些几何学的比例关系，使家具的外观取得了美的和谐效果。

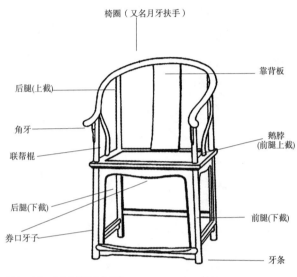

椅圈（又名月牙扶手）

后腿（上截）
角牙
联帮棍

后腿（下截）
券口牙子

靠背板

鹅脖
（前腿上截）

前腿（下截）

牙条

图 11-13 明家具圈椅结构示意

此外，在家具的配套关系上，也有着严格的比例规制，例如桌子高度与椅子高度的尺寸，民间匠师中素有"尺七，二尺七，坐着正好吃"的顺口溜。这些比例关系都贴切地符合人体的使用功能，如椅子靠背的 S 形曲线与人体脊柱的自然曲线互相吻合；椅子搭脑的弧形凹线十分适合人的后脑挽曲度；圈椅静扶手正适于人体坐下时双手自然舒展的姿态。可以这样认为，一件功能合体、造型优美的家具，在很大程度上是取决于人体尺度的比例关系的。明代家具在确定各种比例尺寸时，正是以人体活动的合理尺度与曲度作为依据的，完全体现了实用与美观的一致。

11.1.4.4 细部处理与整体效果一致

明式家具擅长利用木构架结体的每一部件进行艺术加工，借以获得烘托和加强主体效果的作用。有用于横、竖支架角点之间的各种替木牙子、托角牙子、云拱牙子、云头牙子、弓背牙子；有用于四周边框之间的椭圆券口、方圆券口、海棠券口等，这些都是结构并兼作装饰的部件，既起支撑和加固的作用，又在上面起线打挖或做浅浮雕，起着烘托的装饰作用。常见的边缘轮廓线型，有混面压边线、平面双皮条线、素混面、素凹面等多种装饰方法。此外，还采用霸王撑、对角十字撑、吊挂楣子、镂空楣子等结构形式，借以增强家具的坚固性和装饰性（图 11-14 ～ 图 11-19）。

明式家具的配件和饰件也搞得十分讲究，有合页、面页、抱角、钮头、吊牌、提环等数种，形式雅致，灵巧精丽，既着眼于实用，又起到美化的作用。饰件多为白铜制成，色泽柔和，与整体家具的造型颇为协调。可以说，饰件的每一细部处理以及安装部位都是经过一番精心设计的，因而能与整体的装饰效果结合起来，起到画龙点睛的作用。

明式家具的雕刻装饰也别具一格，通常是以小面积的精致浮雕或镂雕，点缀于部件的适当位置，构图灵活、形象生动、刀法圆润、层次分明，并与大面积的素底形成强烈对比，颇有华素适度的装饰效果，使家具的整体更益显得简洁明快。常见的雕饰纹样有夔龙、螭虎、风纹、云纹、绳纹、玉环、间柱、栏杆、番莲、牡丹、锦纹以及自然界的花、草、鸟、兽等。

此外，明式家具的表面涂饰也不拘一格，各得其宜，且富有中国民族的特色。有用漆饰的，工艺精磨细饰，全身披灰抹漆达七铺十四道工序之多，反复进行磨、披、揩的交替操作，颇具柔光润泽的装饰效果。有的还使用木贼草（节节草）或砂叶植物的叶子来打磨细滑，以达到纹理清晰、暗红透亮的效果。还有用蜡饰的，即采用透明的蜂蜡和树蜡在素底上进行揩擦，使木质的天然纹理更加透彻鲜润，呈现出硬木家具朴素简雅的风采。

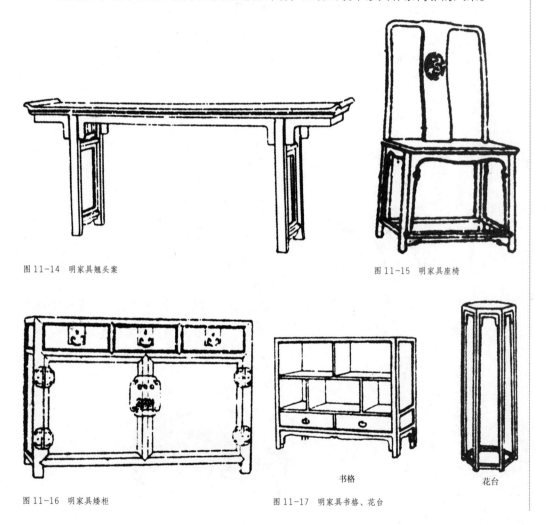

图 11-14　明家具翘头案

图 11-15　明家具座椅

图 11-16　明家具矮柜

书格　　花台

图 11-17　明家具书格、花台

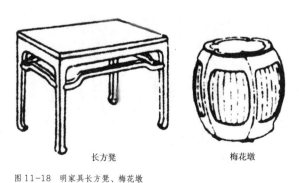

长方凳　　梅花墩

图 11-18　明家具长方凳、梅花墩

图 11-19　明家具榻（又名罗汉床）

11.2 国外家具

11.2.1 古代家具

奴隶制的建立，促进了体力劳动与脑力劳动的分工，也使从事家具生产成为可能。古代家具的成就突出反映在古埃及、两河流域、古希腊和古罗马的家具上。古埃及很早就开始营造宫殿、庙宇和陵墓。从发掘材料看，从古王国时代起，贵族们就开始使用凳和椅。古埃及家具的风格特征与所有者的社会地位相关联，装饰性超过适用性。贵族们用的家具以金、银、宝石、象牙为材料，镶嵌雕凿得极华丽；宫廷家具还以金箔作装饰。椅子是当时家具中最为重要的品种，国王的宝座被视为权势的象征。储藏家具有柜、箱等，也有用兰草、棕榈纤维编织的筐。埃及家具造型规则，华贵中暗示权威，拘谨中具有动感（图11-20、图11-21）。

两河流域指现在的幼发拉底河与底格里斯河的中下游。古时，家具高大，常用涡形图案，还有坐垫、丝穗等饰物。从华丽的风格上看，他们更加讲究物质和精神的享受。

古希腊人吸取埃及和西亚人的先进文化，古希腊家具在公元前5世纪达到了很高的水平。其主要特点是造型适合生活要求，具有活泼、自由的气质，比例适宜，线型简洁，造型轻巧，优美舒适，充分体现了功能与形式的统一，而不是过分追求华丽的装饰。古希腊家具中最有代表性的品种是凳、椅、箱（图11-22、图11-23）。

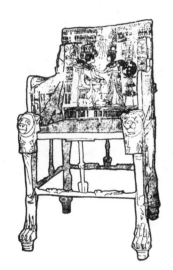

图11-20 古埃及座椅示例一

图11-21 古埃及座椅示例二

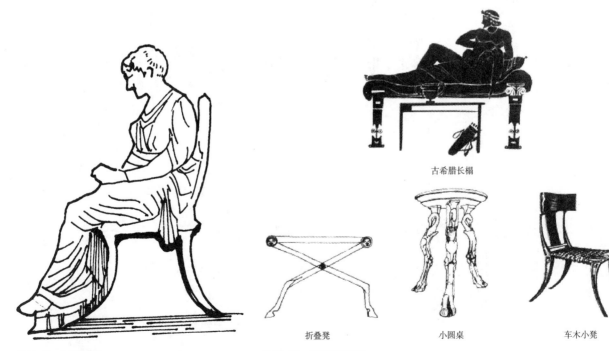

古希腊长榻

折叠凳　　　　小圆桌　　　　车木小凳

图11-22 古希腊座椅

图11-23 古希腊家具示例

古罗马家具是古希腊家具的继承和发展，是奴隶制时代家具的高峰期。现存的古罗马家具都是大理石、铁或青铜的，包括躺椅、床、桌、王座和灯具。古罗马的上层人物大都热衷于住宅建设，其中的家具自然也很讲究。从现存家具看，板面很厚实，桌腿喜欢用狮脚，还常用浮雕或圆雕作装饰（图11-24）。

11.2.2　中世纪家具

中世纪的家具深受宗教的影响，祭司、主教们用的座椅古板笨重，靠背很高，为的是突出表现他们的尊严与高贵。封建领主们用的家具也很粗糙，事实上，已成为落后、保守的社会面貌的反映。这时期的家具常用鸟兽、果实、人物图案作装饰，除使用木材外，还大量使用金、银、象牙等，家具的外形僵直生硬，象牙镶嵌的马西米阿奴斯王座就是一个典型的例子（图11-25）。

12世纪后半叶，"哥特式艺术"兴起，哥特式家具主要用在教堂中，其主要特色是挺拔向上，竖线条多；座面、靠背多为平板状。这种造型深受哥特式建筑的影响，哥特式建筑以尖拱代替罗马的圆拱，在宽大的窗子上饰有彩色玻璃，广泛运用簇柱和浮雕，顶部有高耸入云的尖塔……所有这一切，在家具中都有程度不同的反映，图11-26就是哥特式家具的一部分。

图11-24　古罗马家具示例

图11-25　中世纪家具马西米阿奴斯王座

图11-26　中世纪哥特式家具示例

11.2.3　文艺复兴时期家具

文艺复兴时期的家具在哥特式家具的基础上，吸收了古代希腊、罗马家具的特长。在风格上，一反中世纪家具封闭沉闷的态势；在装饰题材上，消除了宗教色彩，显示出更多的人情味；镶嵌技术更为成熟，还借鉴了不少建筑装饰和要素，箱柜类家具有檐板、檐柱和台座，并常用涡形花纹和花瓶式的旋木柱（图11-27）。

11.2.4　巴洛克家具

巴洛克家具完全模仿建筑造型的做法，习惯使用流动的线条，使家具的靠背面成为曲面，使腿部呈S形。巴洛克家具还采用花样繁多的装饰，如雕刻、贴金、描金、涂漆、镶嵌象牙等，在坐卧家具上还大量使用纺织品做蒙面（图11-28、图11-29）。

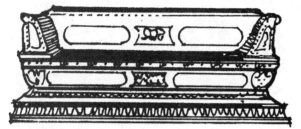

图11-27　文艺复兴时期家具示例

11.2.5　洛可可家具

洛可可家具是在巴洛克家具的基础上发展起来的。它排除了巴洛克家具追求豪华、故作宏伟的成分，吸收并发展了曲面曲线形成的流动感，以复杂多变的线形模仿贝壳和岩石，在造型方面更显纤细和花哨，不强调对称均衡等规律。

洛可可家具以青白为基调，在此基调上饰石膏浮雕、彩绘、涂金或贴金。洛可可艺术的出现不是偶然的。第一个因素是18世纪初人们更加追求自由的生活；第二个因素是法

图11-28　巴洛克家具示例一

图11-29　巴洛克家具示例二

国各阶层对路易十四生前的浮夸作风表示反感和厌弃；第三个因素是新王朝女权高涨，装饰风格和家具风格在很大程度上迎合了上层妇女的爱好（图11-30）。

图11-30　洛可可家具示例

11.2.6　新古典主义家具

19世纪初，欧洲从封建主义进入资本主义。新兴的资产阶级对反映贵族腐化生活、大量使用繁琐装饰的巴洛克和洛可可风格表示厌恶，极力希望以简洁明快的手法代替旧风格。当时的艺术家崇敬古希腊艺术的优美典雅、古罗马艺术的雄伟壮丽，肯定地认为应以古希腊、古罗马家具作为家具设计的基础，这时期便称为"新古典主义"时期。

新古典主义家具的发展，大致分为两个阶段：一是盛行于18世纪后半期的法国路易十六式、英国的亚当兄弟式及美国联邦时期出现的家具；二是流行于19世纪初的法国帝政式、英国摄政式。这两个阶段各有自己的代表，即分别为路易十六式和帝政式。

路易十六式家具以直线和矩形的造型为基础，家具的腿多为带有凹槽的圆柱形。脚部常有类似水果的球形体。这些家具不大使用镀金等装饰，而较多地采用嵌木细工、漆饰等做法。曲线少了，直线渐多。最常用的材料是胡桃木、桃花心木、椴木和乌木。座面、扶手等多用丝绸、锦缎作蒙面，色彩淡雅，大多为中间色。路易十六式家种类繁多，除桌、椅、凳外，还有梳妆台、高方桌和牌桌等（图11-31）。

图11-31　路易十六式家具示例

1804年，拿破仑称帝。他意识到艺术和装饰是显示统治者力量的手段，所谓"帝政式"就是这一时期的风格。帝政式家具恪守对称的原则。常用狮身人面像、战士、胜利女神及花环、花束等与战争有关的纹样作装饰。帝政式家具的色彩配置是大量使用黑、金、红，即用桃花心木的紫黑色、青铜镀金件的金色与蒙面天鹅绒红色相调和。它追求的是绚丽多彩，体现的是关于战争的纪念题材（图11-32）。

11.2.7　现代家具

从19世纪中期起，家具设计逐渐走向现代，即从重装饰走向重功能，从重手工走向重机械。

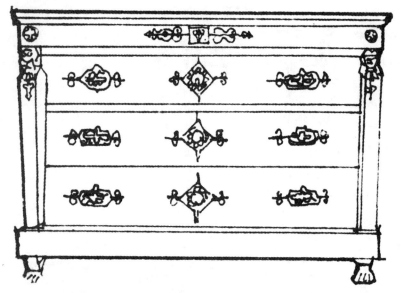

图 11-32　帝政式家具示例

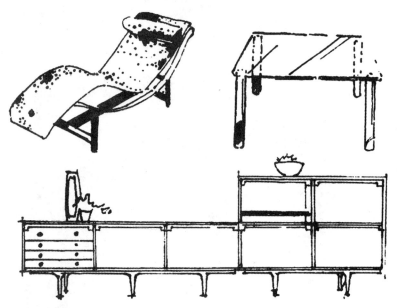

图 11-33　现代家具示例一

图 11-34　现代家具示例二

此前的种种家具，在家具史上，都有一定的地位，但是，由于它们很难满足现代生活的要求，不能不遇到挑战而变革。19 世纪末兴起的工艺美术运动对现代家具的发展起了促进作用，包豪斯学校家具造型设计组的建立则可作为现代家具确立的标志。

包豪斯特有的艺术风格明显地反映在布劳斯的家具设计中。布劳斯 1920 年就读于包豪斯，1924 年留校当教师，是杰出的家具设计师和建筑师。他设计的钢管木面凳，曾用于包豪斯学生宿舍，钢管椅的椅面是麻布和皮革的。

第二次世界大战后，美国家具业迅速发展，丹麦、挪威、瑞典、芬兰四国的家具也很快闻名于世。上述四国的家具不像英国、法国家具那样崇尚装饰，也不像美国家具那样刻意求新，而是充分利用北欧的木材资源，着力表现木材的质感和纹理，用清漆罩面以显示木材的本色，具有淡雅、清新、朴实无华的气质（图 11-33）。

1965 年之后，意大利的家具业异军突起。它有意避开北欧诸国的锋芒，不以木材为主要材料，而是以更加便宜的塑胶为材料，在发扬传统的基础上探求新风格（图 11-34）。

20 世纪 70 年代，家具的设计进一步切合工业化生产的特点，组合家具、成套办公家具成了这一时期的代表作。80 年代后，家居设计风格多样，出现了多元并存的局面。高科技派着力表现工业技术的新成就，以简洁的造型、裸露材料和结构表现所谓"工业美"；新古典主义又称形式主义，则注重象征性的装饰，表现对古典美的怀恋之情。也是在这个时期，仿生家具、宇宙风格等家具纷纷问世。从国家看，美国、法国、日本的家具业都有很高的地位（图 11-35 ～图 11-37）。

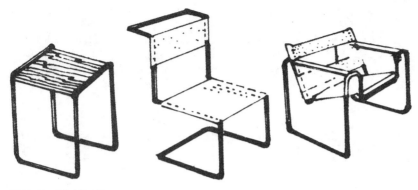

图 11-35　现代家具示例三

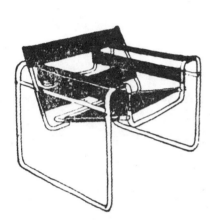

图 11-36　现代家具示例四

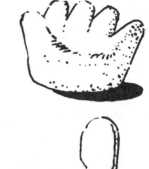
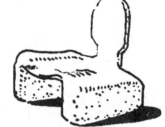

图 11-37　现代家具示例五

练习思考题

1. 家具的发展体现了哪些意义？
2. 明代家具的特征是什么？
3. 巴洛克和洛可可家具风格特色及区别是什么？
4. 简述中国传统风格家具的发展变化及其特点。
5. 简述现代家具的多元风格及表现。

第 12 章 家具设计与人体工程学

家具是为人服务的，因此，家具设计包括它的尺度、形式、方法，必须符合人体尺度及人体各部分的活动规律，以达到安全、方便、舒适的目的。

人体工程学对人和家具的关系，特别对在使用过程中家具对人体产生的生理、心理反应进行了科学的实验和计测，为家具设计作出了科学的依据，并根据家具与人和物的关系及其密切的程度对家具进行分类，从人的工作、学习、休息等生活行为出发分解成各种姿势模型，以此来研究家具设计，根据人的立位、坐位的点来规范家具的基本尺度及家具间的相互关系。家具的舒适度主要取决于尺度和尺寸是否恰当。因此，我们在家具设计中要注意家具的尺度，以满足人们的合理使用要求。

12.1 家具设计与心理

家具设计除了满足使用功能外，还要满足人们心理功能上的各种需要。从人体机能的心理特征来看，主要有下述几方面。

12.1.1 形象的心理感觉

美是一种快感，如果一件事物不能给人以美感，它不可能是美的。也就是说，这种快感是我们意志力和欣赏力的一种感动。概念形象往往不能引起人们心理上的快感，因为它是由许多类似形象的重复，是一般的、本质的观念。而只有突破概念化、程式化的形象，才能使人产生视觉的、触觉的快感，从而满足人们心理功能的审美要求。如果在家具设计上能运用这种形象认识的心理感觉，能使家具获取很好的美学功能的效果。

12.1.2 心理感觉对生理的影响

一件家具的微细处理的好坏，往往能给使用者的心理产生很大的影响，形成不同常感觉效果。在家具的微细设计上，我们可以利用这一心理现象来防止产生僵硬生涩、锐棱毕露的感受，而是以恰如其分的处理，使人感到清新悦目，圆润细柔而富有情趣。例如沙发的扶手，倘如做工细腻、涂饰润滑，手感舒适，能使人产生惬意的快感心理；又如包衬沙发的面料，若选用质地粗柔的织物，人坐上去就会觉得比人造革更舒适些。但如果对沙发的色彩、材料的选择不当，则给使用者带来不愉快的心理感受，甚至产生某种反感；带着这种心理和消极的情绪去使用沙发，不多时，就会使人感到腰酸背痛，无所适从。这无疑是由于心理情绪在视觉和触觉等外感器官的作用下而引起灼人体生理上的疲劳感。

12.1.3　造型心理

从家具造型心理特征来看，人们通常是选择与自己的爱好和性格接近的家具，当然这也与人的年龄、职业等有关，如老人一般偏爱古典或传统的弯腿，带线型，有装饰，较稳重的家具，青年人则更喜欢轻巧、明快、式样新颖，富于现代感的家具；而儿童的心理是偏爱于幻想、有联想力和象征性强的家具。因此，设计中要掌握好造型心理特征，使家具的造型设计具有鲜明的性格，如素雅、古朴、富丽、轻巧等，而应避免不伦不类的无个性的家具。此外，造型心理还有助于表达某种特定的形式，形成一种款式思潮，即通常称为"流行性家具"。事实上，我们经常利用这种造型心理，通过市场信息的传播手段，为及时推行新产品作出了很有意义的实践性成果。

12.2　人体的基本尺度

家具设计最主要的依据是人体尺度，如人体站立时的基本高度及伸手最大的活动范围，成坐姿时的下腿长度和上腿的长度及上身的活动范围，成睡姿时的人体宽度、长度及翻身的范围等都与家具尺寸有着密切的关系。因此学习家具设计，必须首先了解人体各部位固有的基本尺度（图12-1）。

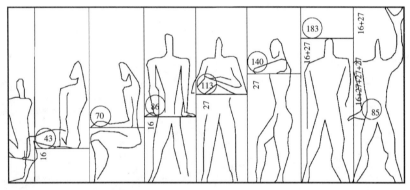

图12-1　勒·柯布西耶的人体尺度图（单位：mm）

我国幅员辽阔，人口众多，人体尺度随年龄、性别、地区的不同而有所变化；由于人们生活水平的提高，人体尺度也在发生变化，因此我们只能采用平均值作为设计时的相对尺度依据。而且也不可能以此作绝对标准尺度，因为一个家具服务的对象是多元的，一张坐椅可能被个子较高的男人使用，也可能被个子较矮的女人使用。因此对尺度的理解是既要有尺度，离开了人体尺度就无从着手设计家具；但对尺度也要有辩证的观点，它具有一定的灵活性。

这里沿用中国建筑科学研究院于1962年发表的《人体尺度的研究》中有关我国人体的测量值作为家具设计的参考（表12-1）。

表12-1　　　　　　　　　不同地区人体各部位平均尺寸　　　　　　　　单位：mm

编号	部　位	较高人体地区 （冀、鲁、辽）		中等人体地区 （长江三角洲）		较低人体地区 （四川）	
		男	女	男	女	男	女
A	人体高度	1690	1580	1670	1560	1630	1530
B	肩宽度	420	387	415	397	414	386
C	肩峰对头顶高度	293	285	291	282	285	269
D	正立时眼的高度	1573	1474	1547	1443	1512	1420

编号	部 位	较高人体地区（冀、鲁、辽）		中等人体地区（长江三角洲）		较低人体地区（四川）	
		男	女	男	女	男	女
E	正坐时眼的高度	1203	1140	1181	1110	1144	1078
F	胸廓前后径	200	200	201	203	205	220
G	上臂长度	308	291	310	293	307	289
H	前臂长度	238	220	238	220	245	220
I	手长度	196	184	192	178	190	178
J	肩峰高度	1397	1295	1379	1278	1345	1261
K	1/2 上肢展开全长	867	795	843	787	848	791
L	上身高度	600	561	586	546	565	524
M	臀部宽度	307	307	309	319	311	320
N	肚脐宽度	992	948	983	925	980	920
O	指尖至地面高度	633	612	616	590	606	575
P	上腿长度	415	395	409	379	403	378
Q	下腿长度	397	373	392	369	391	365
R	脚高度	68	63	68	67	67	65
S	坐高	893	846	877	850	850	793
T	腓骨头高度	414	390	407	402	402	382
U	大腿水平长度	450	435	445	443	443	422
V	肘下尺度	243	240	239	220	220	216

12.3 坐卧家具的功能尺度设计

12.3.1 坐椅的功能尺度设计

根据人体工学原则，坐椅尺寸应与人体测量学中的有关测量值相适应，以便满足人们对舒适性和提高工作效率的需要。靠背、填腰要能符合脊椎曲线的自然形状，并能分担脊椎所承受的部分重量，以便减少人体的疲劳程度。

12.3.1.1 座高

座高是指座面距地面的垂直距离。如果座面呈倾凹面状，座高则为座面前沿至地面的垂直距离。座高是影响人体舒适程度的重要因素之一。若座面过低，则会造成体压分布过于集中，人体呈前屈状，从而加大了背部肌肉负荷，同时由于人体重心也低，使人起立时感到困难；若座面过高，则两足不能落地，使大腿前部近腘窝处软组织受压，时间久了会造成血液循环不畅，易使小腿发胀与麻木。所以在设计椅的座面高度时，适宜的座高应为400 ~ 440mm，即：

椅座面高 = 小腿腘窝高 + 鞋跟厚（25 ~ 35mm）- 适当间隙（10 ~ 20mm）

沙发的座前高可比坐椅的座前高略低20 ~ 40mm，使腿向前伸，靠背后倾，以有利于脊椎处于自然状态。

12.3.1.2 座面宽度

座面的宽度可分为座面前沿的座前宽和后沿的座后宽。座宽应保证人体臀部得到座面的全面支持，并有一定的宽裕，使人随时可以调整坐姿，还应满足较宽人体的使用要求。

对于扶手椅，扶手内宽即座宽 B 为：

$$B（扶手前沿内宽）= 人体肩宽 + 冬衣厚度 + 活动余量$$

12.3.1.3 座面深度

座面深度是指座面前沿至后沿的距离，座深对人体的舒适程度影响较大。座面过浅，则大腿前沿软组织受压，久坐麻木；座面过深，则背部支撑点悬空，使靠背失去作用，同时腘窝处还会受到压迫。恰当的座深 T，应略小于坐时大腿的水平长度。

$$T = 坐姿大腿水平长 - 60mm（间隙）$$

对于沙发和其他休息用椅，由于靠背斜度较大，座面深度可达 80 ~ 120mm。

12.3.1.4 座面倾角与靠背斜角

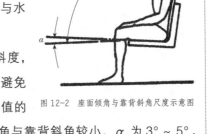

座面与水平面之间的夹角称为座面倾角 α，靠背与水平面之间的夹角称之为靠背斜角 β（图 12-2）。

一般椅子的座面均有一定倾角，靠背有一定的斜度，这样才能使身体向后倾，把身体全部交与靠背托住，避免身体向前沿滑动。座面倾角和靠背斜角互为关联，其值的

图 12-2 座面倾角与靠背斜角尺度示意图

选取与椅子的功能要求有关：一般工作用椅，座面倾角与靠背斜角较小，α 为 3° ~ 5°，β 为 95° ~ 98°；而休息用椅，如沙发则略大，α 为 4° ~ 6°，β 为 98° ~ 112°。

12.3.1.5 靠背高度

靠背高度一般应在肩胛下沿为宜，高度值约为 360 ~ 410mm，这样既便于使背部肌肉得到充分休息，又便于上肢活动。对于供人们坐着工作的工作椅，为了便于上肢进行前、后、左、右的活动，靠背以低于腰椎骨上沿为宜，高度值约为 310 ~ 360mm。

12.3.1.6 扶手高度

休息用椅和部分工作用椅还可以设置扶手，以便用来减轻两臂和臀部的疲劳，便于上肢肌肉得到休息。若扶手过低，会使两臂不能自然下垂落在扶手表面上；过高则会使两臂架起不能自然下垂。一般而言，扶手上表面至座面的最佳垂直距离 200 ~ 250mm，同时扶手还应前端高、后端低，其斜度一般以 ±10° ~ ±20° 为宜（图 12-3）。

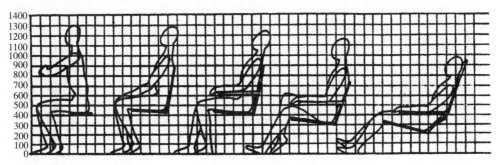

图 12-3 休息用椅和工作用椅尺度示意图（单位：mm）

12.3.1.7 椅类家具功能尺度的国家标准

我国国家标准和行业标准对人在工作、学习、生活中使用的扶手椅、靠背椅、折椅、长方凳、方凳、圆凳、长条凳等的功能尺寸作了以下规定。

（1）扶手椅标准功能尺寸见表 12-2。

（2）靠背椅标准功能尺寸见表 12-2。

（3）折椅标准功能尺寸见表 12-3。

（4）长方凳、方凳、圆凳、长条凳标准功能尺寸见表 12-3。

表 12-2　　　　　　　　　　　　椅类功能尺寸标准　　　　　　　　单位：mm

类　别	扶手内宽 B_1	坐前宽 B_2	坐深 T_1	扶手 H_2	背宽 B_3	背长 L_1	尺寸级差 s	背斜角 β	坐斜角 α	角度级差 A
扶手椅	≥ 460		400 ~ 440	200 ~ 250	≥ 440	≥ 275	10	95° ~ 100°	1° ~ 4°	1
靠背椅		≥ 380			≥ 300	≥ 275	10	95° ~ 100°	1° ~ 4°	
折椅		340 ~ 400				≥ 275	10	100° ~ 100°	3° ~ 5°	

表 12-3　　　　　　　　　　　　椅类功能尺寸标准　　　　　　　　单位：mm

类　别	宽 B	深 T	直径 D_1	尺寸级差 s	深度比 α
长方凳	320 ~ 380	240 ~ 280		20	1.314
正方凳	260 ~ 300	260 ~ 300		20	
圆凳			260 ~ 300	20	
长条凳	长 L	宽 B		$\Delta L50$	$\Delta L50$

12.3.2　床的功能尺度设计

床是供人们睡觉用的卧具，用以消除人体每天的疲劳。因此，床的设计必须着重考虑床与人体的关系，重点放在床的尺度与弹性结构上，使之达到支撑人体的最佳状态，使人体得到良好的休息（图 12-4）。

12.3.2.1　床的宽度

床的宽度尺寸直接影响到人的睡眠的舒适程度。通过实验得知，当人的睡眠宽度小于 500mm 时，较难以熟睡；当睡眠宽度大于人体肩宽的 2.5 倍时，较易熟睡。

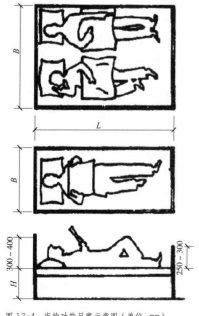

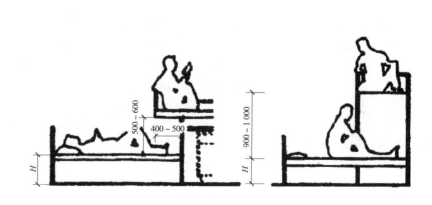

图 12-4　床的功能尺度示意图（单位：mm）

通常，单人床宽≥ 800mm，双人床宽应不小于 1200mm。

12.3.2.2　床的长度

床的长度是指两边床头板内侧或床架内侧的距离。为了使床能适应大多数人的身长需要，床的长度应以较高的人体高度为标准来设计。

12.3.2.3　床的高度

床高即床面的高度，其值应与坐具的座面高度一致，便于坐卧两用，同时还应考虑脱衣、穿衣、脱鞋等一系列与床有关的动作。这样，床高应为 400 ～ 460mm。双层床间净空高必须保证下铺使用者在就寝和起床时有足够的动作空间。

12.3.2.4　床类家具功能尺寸的国家标准

床类家具功能尺寸的国家标准见表 12-4。

表 12-4　　　　　　　　　床类家具功能尺寸的国家标准　　　　　单位：mm

床面长 L_1		床面宽 B_2		床面高 H_1	
双床屏	单床屏			放置床垫	不放置床垫
1920	1990	单人床	720 800 900 1000 1100 1200	240 ～ 280	400 ～ 440
1970	1950				
2020	2000				
2120	2100	双人床	1350 1500 1800		

12.4　桌台类家具的功能尺度设计

12.4.1　桌面高度

桌台类家具属于凭依类家具，它不完全支承人体，仅供人们凭靠或伏案工作，所以和人体有着十分密切的关系，也和椅子的座面高度紧密相关。桌面过高易导致肌肉疲劳，降低工作效率，长期使用过高的桌面还会产生脊柱侧弯、视力下降等弊病；桌面过低又易于造成前部肌肉疲劳，使人驼背，同时腹部受压妨碍呼吸和血液循环。适宜的桌高为：

书写用桌面高差 H=1/3 坐姿时人体上身高 –（20 ～ 30）mm

阅读用桌面高差 H=1/3 坐姿时人体上身高

课桌用桌面高差 H=1/3 坐姿时人体上身高 –10mm

12.4.2　桌面尺寸

桌面尺寸是指桌面的宽度和深度，其尺寸的确定是以人坐着时可达到的水平活动范围为依据；同时还要考虑桌面的使用性质和所放置物品的大小。对于写字台，人手的活动范围见图 12-5。

一般而言，双柜写字台宽为 1200mm，深为 600 ～ 750mm；单柜及单层写字台宽为 900 ～ 1200mm，深为 500 ～ 600mm，大班台宽大于 1800mm。餐桌及会议桌的桌面尺

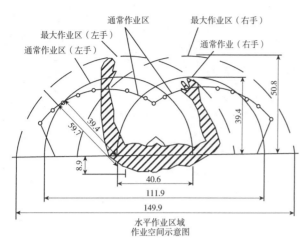

图 12-5　桌面尺度示意图（单位：cm）

寸是按人均占用周边长为依据进行计算的。一般人均占用周边长为 550 ～ 600mm，较舒适的长度为 600 ～ 750mm。圆桌的人均占用周边长为圆桌的圆周上的一段长度，这样圆桌的直径计算公式为：

$$D = 人数 \times 每人占用周长 / 3.14$$

如 10 人用圆桌的直径为（取每人占用周长为 500mm）：

$$D = 10 \times 500 / 3.14 = 1590（mm）$$

常见的餐桌尺寸如图 12-6 和表 12-5、表 12-6 所示。

会议桌、梳妆台、打字台及茶几、炕桌的尺寸如表 12-7、表 12-8 所示。

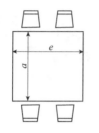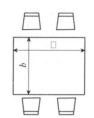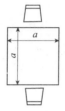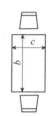

图 12-6　餐桌尺寸示意图

表 12-5　　　　方形、长方形餐桌的参考尺寸　　　　单位：mm

类型＼长宽尺寸	a	b	c	d	e
进餐	850 ～ 1000	800 ～ 850	650	1300	1400 ～ 1500
小吃	750 ～ 800	700	600	1000 ～ 1200	

表 12-6　　　　　　圆形餐桌的参考尺寸　　　　　　单位：mm

人　数	4	6	8	10	12
直　径	750 ～ 900	900 ～ 1100	1100 ～ 1400	1400 ～ 1700	1800 ～ 2100

表 12-7　　　　会议桌、梳妆台、打字台的参考尺寸　　　　单位：mm

规格＼类型	会议桌			梳妆台			打字台		
	宽	深	高	宽	深	高	宽	深	高
大	1400	750		1200	600	700			
中	1000	750		800	500	700	1150	600	600
小	600	750		700	400	700			

表 12-8　　　　　　茶几、炕桌的参考尺寸　　　　　　单位：mm

规格＼类型	长茶几			茶几（休息用）			炕桌		
	宽	深	高	宽	深	高	宽	深	高
大	1100	550	500	650	460	580	1000	600	350
中	1000	500	450	600	420	550	850	600	320
小	900	450	450	400	500	800	600	320	

12.4.3　立式用桌功能尺度的确定

立式用桌主要指货柜台、营业台、讲台、陈列台、服务台、出纳台等各种工作台，其高度是根据人体站立姿势和屈臂自然垂下的肘高来确定的。根据我国人体的平均身高，站立用桌的高度以 910 ～ 965mm 为宜。对需要用力工作的立式用桌，其桌面高度可以略降低 20 ～ 25mm。表 12-9 为各种立式用桌的参考高度。

表 12-9　　　　　　　　立式用桌的参考高度　　　　　　　　单位：mm

类　型	需用力工作	平面阅览、实验平台	不需用力工作	平面书写、讲台、柜台等
高度	760 ～ 800	850 ～ 920	900 ～ 1000	900 ～ 1000

12.4.4　桌台类家具功能尺寸的国家标准

我国国家标准对桌台类家具功能尺寸的规定如表 12-10 及图 12-7 所示。

表 12-10　　　　　　　　写字台（桌类）功能尺寸标准　　　　　　　　单位：mm

类　别	宽 B	深 T	相脚净空高 H_7	中间净宽高 H_3	中间净空宽 B_4	侧柜抽屉内宽 B_5	宽度级差 B	深度级差 T	宽深比 α
双柜写字台	1200 ～ 1400	600 ～ 750	≥ 100	≥ 580	≥ 520	≥ 230	100	50	1.8 ～ 2.0
单柜写字台	900 ～ 1200	500 ～ 600	≥ 100	≥ 580	≥ 520	≥ 230	100	50	1.8 ～ 2.0
单层桌	900 ～ 1200	500 ～ 600		≥ 580			100	50	1.8 ～ 2.0
方圆桌	边长 86（直径 0.2）750 ～ 1000						50		

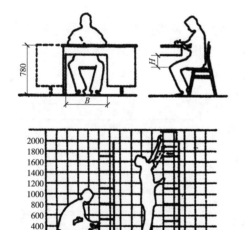
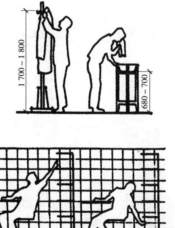

图 12-7　桌台类家具的尺度示意图

12.5　储存类家具的功能尺寸设计

储存类家具是存放生活中的器物、衣物、消费品、书籍等的家具。

储存类家具的范畴很广，主要包括衣柜、书柜、陈列柜、视听柜、食品柜、餐具柜等。尽管此类家具的使用功能各不相同，但均应处理好人与物两方面的关系，合理地划分空间，方便人们存取（图 12-8）。

12.5.1　搁板高度与人体动作范围

柜类搁板高度和空间的合理分配，主要以人体高度方向所能及的动作尺度为依据。

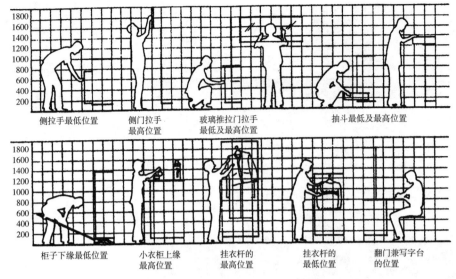

图12-8 储存类家具的功能尺度示意图（单位：mm）

以2000mm为分界线，是站立时上臂伸出的取物高度的最高限，若再高就要站在凳子上存取物品了。

以1800mm为分界线，是站立时伸臂存取较舒适的高度。

以1500mm为分界线，是视平线的高度。

600～1200mm为分界线，是站立时取物较舒适的范围。

以600mm为分界线，是蹲时取物的舒适高度，若再低则存取不便。

炊事案桌的使用尺度：站立时伸臂高度，以1950mm为上限高度；较舒展的高度，以1700mm作为搁板上限或吊柜顶面高度。

12.5.2 储存区划分

根据前面的尺寸分析可知，柜（或搁板）的高度不宜超过1900mm，如超过1900mm则要用凳子来协助存取物品。在1900mm以下的范围内，根据人体的动作行为及使用的舒适性及方便性，又可划分为若干个储存区（表12-11）。

表12-11　　　　　　　储存区划分标准　　　　　　单位：mm

第 四 区	1550
第 二 区	1200
第 一 区	900
	600
第 三 区	300
第 五 区	0

第一区：站立时手能方便达到的范围，为最佳区。

第二区：站立时手臂需抬起所能达到的范围，为良好区。

第三区：需要弯腰下蹲后手能达到的范围，为不良区。

第四区：手需向上伸直后才能达到的范围，为不良区。

第五区：必须下蹲并弯背才能达到的范围，为不良区。

根据这一储存区的划分，可得出柜类的各种开启方式的限位尺寸（表12-12）。

表12-12　　　　　　柜类各种开启方式的限位尺寸　　　　　　单位：mm

类　别	适用范围	舒适范围	尺寸标定位置
搁　板	100～2200	700～1700（立）400～1300（坐）	搁板上沿
抽　屉	0～1500	700～1500（立）400～9000（坐）	抽屉上沿
开　门	300～2000	400～1800	拉手
翻　门	0～1500	800～1400	门下沿
推　门	400～1700	500～1300	拉手

12.5.3　搁板深度与视线范围

设计柜类产品的深度时，除了要考虑储放物品的需要外，还要考虑人的视线范围。但人的视线范围不仅与搁板的深度有关，而且与搁板的间隔距离也有关，搁板之间的距离越大，能见度越好，但空间浪费较多；反之，搁板之间的距离越小，则能见度越差。

12.5.4　储存空间与物品尺寸

储存类家具的内部空间设计是以所储存的物品尺寸为依据的。要使所设计的储存空间适合于物品的储存，必须对各类物品的不同规格尺寸及尺寸范围有所了解。

12.5.5　柜类家具功能尺寸的国家标准

国家标准对柜类家具底面距地面净空高作了统一规定，即亮脚型柜类的底面距地面的净空高 H 不小于 100mm；包脚型柜类的底面距地面的净空高 H 不小于 60mm（表 12-13）。

表 12-13　　　　　　　　柜类家具功能尺寸的标准　　　　　　　单位：mm

类　别	尺寸内容	尺寸范围	级　差
衣柜	宽	≥ 500	50
	挂衣棒下沿至地板高	≥ 850（挂短衣）	
		≥ 1350（挂长衣）	
	挂衣棒上沿至顶板高	40 ~ 60	
	挂衣空间深	≥ 500（竖挂）	
		≥ 450（横挂）	
	折叠衣物放置空间深	≥ 450	
	顶层抽屉上沿距地面距离	≤ 1250	
	底层抽屉下沿距地面距离	≥ 60	
	抽屉深	400 ~ 500	
书柜	宽	750 ~ 900	50
	深	300 ~ 400	10
	高	1200 ~ 1800	第一级差 200 第二级差 50
	层高	≥ 220	
文件柜	宽	900 ~ 1050	50 10
	深	400 ~ 450	
	高	≤ 1800	

练习思考题

1. 家具按基本材料可分为哪几类？

2. 家具造型的要素有哪些？

3. 家具造型的法则有哪些？

4. 测量生活中坐卧类、桌台类、储存类家具的功能尺度。

第 13 章　家具设计的材料与构造

　　家具是由各种材料和通过一定的结构技术制造而成的，所以家具设计除了功能的基本要求之外，与材料和结构技术有直接的联系。材料是构成家具的物质基础，结构反映了材料在家具构造中的工艺技术手段。

　　由于材料、结构等物质技术条件是实现家具的手段，必然地要反映制造过程中一系列工艺的、经济的与家具耐久性等内在质量问题。良好的家具设计，在很大程度上取决于对各种材料及结构技术的合理运用。另外，家具由于不同的材料和不同的结构方试，常常表现出不同的结构特征。如中国传统家具所表现出的纯朴、端庄与当时梁柱木构架技术条件下的框架结构是一致的。现代家具新材料、新技术和新工艺不断发展，出现了板式结构、拆装结构、折叠结构、薄壳结构、充气结构等类型。特别是家具用材的日新月异，促使家具日趋轻便、实惠，适用性也越来越大，表现出与前迥然不同的家具特征。所以，材料与构造是对家具设计有着直接影响的两个重要因素。因此，如何在满足家具功能要求的情况下，充分考虑及利用各种不同材料的特点和合理确定工艺结构等各个不同方面的构造问题，就成为家具设计的重要手段。

13.1　家具材料

　　原材料是家具生产的物质基础。按其用途，一般分为主要材料和辅助材料两类，而主要材料又因其性质之不同，有多种类别，如木材、金属、塑料、竹、藤等。其中木材是自然界分布较广的材料之一，由于它具有质轻而强度高，易于加工，并有美丽的天然色泽和纹理等特性，所以板、方材是家具业应用最广泛的传统材料，至今仍然占主要地位。

　　我国木材综合利用发展迅速、前景广阔，各种人造板广泛地被应用于家具制造，同时塑料、金属等各种新材料也为家具提供了更大的可能性。用作家具的辅助材料主要有胶料、五金件、玻璃，皮革、纺织品及其他等。

13.1.1　木材

　　我国树种繁多，约有 7000 多种，其中材质优良，经济价值较高的有千余种，适用于家具的主要材有 30 余种，如落叶松、红松、白松、水曲柳、榆木、桦木、色木、椴木、柞木、麻栎、黄菠萝、楸木，长江流域的杉木、本松、柏木、擦木、梓木、榉木；南方的香樟、柚木、紫檀等。

13.1.1.1　木材的一般特性

木材是在一定自然条件下生长起来的，它的构造特点，决定了木材的性质。

1. 质轻强度较大

木材是优良的轻质材料，一般的木材容重常在每立方厘米 0.5 ~ 0.7g（铝 2.7g，铁 7.87g，铜 8.93g）。但单位重量的强度却比较大，各种不同木材顺纹抗压极限强度平均值约为 2500kg/cm²。

2. 易加工和涂饰

木材经过采伐、锯割、干燥便可使用。加工比金属方便，它可以用硬度不太大的简单手工工具或机械加工进行锯、刨、雕刻等切削加工，还可以用胶黏合、钉接、榫接等多种方法，比较容易而牢固地进行产品构件的结合；由于木材的管状细胞容易吸湿受润，因而油漆的附着力强，易着色和涂饰。

3. 热、电、声的传导性小

由于木材的纤维结构和木材细胞内部留有停滞的空气，因此隔音和绝缘性能好，热传导慢，热膨胀系数也小。

4. 天然纹理和色泽

木材因年轮和木纹方向的不同而形成各种粗、细、直、斜纹理，经多种方法能刨切成种类繁多的美丽花纹。各种木材还具有不同的天然色泽，材色美观，这是其他材料所无法比拟的。

5. 吸湿性和变异性

木材具有吸湿性，容易发生方向尺寸的变化和强度变化，木材还具有变异性，即同一树种的木材，因产地、生长条件和树干部位的不同，而材性也不同。除此，木材还容易受虫菌的侵蚀等。这些都是木材的主要缺点，但可以通过各种加工处理，而得到一定程度的克服或消除，如木材的人工干燥处理，木材改性处理，防腐处理以及各种人造板代替实木板等。

13.1.1.2　家具对木材的选用

如上所述，木材具有很多优点，但也有一些缺点，在家具的具体应用上，还由于使用部位和使用条件的不同，而对材质的要求有所不同。因此合理选材与用材对家具产品的强度、外形及成本都有直接的影响，其选材的主要技术条件及适宜树种如下。

1. 技术条件

（1）重量适中，材质结构细致，材色悦目，纹理美观。

（2）弯曲性能良好。

（3）胀缩性和翘曲变形性小。

（4）易加工，切削性能良好。

（5）着色，胶接，油漆性能好等。

2. 适宜树种

（1）家具外部用材应选用质地较硬，纹理美观的阔叶树材。主要有水曲柳、榆木、桦木、色木、柞木、麻栎、黄菠萝、楸木、梓木、榉木、柚木、紫檀、柳桉等。

（2）家具内部用材，要求较低，可选用材质较松，材色和纹理不显著的树材。主要有红松、本松、椴木、杉木等。

13.1.1.3 锯材

将各种树种的原木，按一定规格和质量经纵向锯割后称为锯材。它是家具业应用最广泛的传统材料，按其宽度与厚度的比例而分为板材和方材。

1. 板材

锯材的宽度为厚度的三倍或三倍以上的称为板材。板材依据断面年轮与板面所成的角度可分为径向面板和弦向板。由于径向于缩只是弦向的一半，所以径切板可比弦切板的干缩变形小，亦较弦向板翘曲为小。板材按厚度不同又可分为：

（1）薄板：厚度在 18mm 以下。

（2）中板：厚度为 19 ～ 35mm。

（3）厚板：厚度为 36 ～ 65mm。

（4）特厚板：厚度在 66mm 以上。

2. 方材

锯材的宽不足厚的三倍称为方材。方材按宽、厚相乘积的大小可分为：

（1）小方：宽、厚相乘积在 54cm^2 以下。

（2）中方：宽、厚相乘积为 55 ～ 100cm^2。

（3）大方：宽、厚相乘积为 101 ～ 225cm^2。

（4）特大方：宽、厚相乘积在 226cm^2 以上。

13.1.1.4 薄木

厚度为 0.1 ～ 3mm 的薄木片称为薄木，厚度在 0.1mm 以下需要作基底的称为微薄木。为了提高贵重木材的利用率，近年来厚度在 0.05 ～ 0.08mm 的微薄木得到应用和发展。薄木按不同的锯割方法，可分为以下几种：

（1）锯制薄木。表面无裂纹，装饰质量较高，一般用作复面材，但加工时锯路损失较大，而很少采用。

（2）刨制薄木。纹理为径向，纹理美观，表面裂纹少，多用于人造板和家具的复面层。

（3）旋制薄木。专称为单板，纹理部是弦向的，单调而不甚美观，表面裂纹较多，主要用来制造胶合板或做弯曲胶合材料。

此外，多层胶合刨切薄木是近年来从国外引进的一种表面装饰新材料，扩大了木材树种的利用，也为家具的表面装饰提供了优质材料。

13.1.1.5 曲木

木材弯曲又称曲木。在家具生产中，制造各种曲线形零、部件的加工方式分为锯制加工和弯曲加工两大类。锯制加工不仅降低了强度，而且加工复杂，涂饰质量差，木材消耗也大，因此已逐渐减少使用。随加工技术的发展，曲木加工已由锯制方式逐渐改变为弯曲制方式。常用的弯曲方法有以下几种。

1. 实木弯曲

实木弯曲是将木材进行水热软化处理后，在弯曲力矩作用下，使之弯曲成所需要的各种形状，而后干燥定型。

采用实木弯曲的方法，对树种和等级有较高的要求，有一定的局限，因此近年来已逐渐被胶合弯曲工艺所替代。

2. 薄木胶合弯曲

它是将一叠涂过胶的旋制薄木（单板）先配制板坯，表层配置纹理美观的刨制薄木，然后在压模中加压后弯曲成型，亦称成型胶压。它具有工艺简化，弯曲率小，木材利用率高和提高工效等优点。主要可用于各类椅子、沙发、茶几和桌子等的部件或支架；使家具具有造型轻巧、美观和功能合理的特点，并为家具设计的创新提供了新的途径。

3. 胶合板弯曲

胶合板弯曲有两种情况：一种是把胶合板成叠配制板坯；另一种是用单张胶合板进行弯曲。

胶合板的弯曲性能，在横纤维方向弯曲时，与方材相似，而顺纤维方向弯曲可能达到的最小曲率半径，比横纤维方向弯曲小 1.5 ~ 2 倍，但弯曲半径过小，容易开裂，成 45° 弯曲较适宜。

4. 锯割弯曲

这样可以制造一端弯曲的零件，如桌腿、椅腿等，还可以采用在方材一端锯割后再弯曲的方法。在每个相等间距的锯口内插入一层涂胶薄木（单板），然后在弯曲设备上弯曲胶合。通常锯口间距为 1.5 ~ 2mm，锯口宽度应比单板厚度大 0.2mm，如果锯口小，可以不插入单板而直接涂胶后弯曲。

13.1.1.6 人造板

人造板有效地提高了木材的利用率，并且有幅面大，质地均匀，变形小，强度大，便于二次加工等优点，是制造家具的重要材料。其构造种类很多，各具特点，最常见的有胶合板、刨花板、纤维板、细木工板和各种轻质板等。目前人造板代替原来的天然实木板而广泛应用于家具制造。

1. 胶合板

胶合板是用三层或多层奇数的单板纵横胶合而成，各单板之间的纤维方向互相垂直、对称。它的特点是幅面大而平整，不易干裂、纵裂和翘曲，适用于家具的大面积板状部件，如柜类家具的各种门、旁、顶、底，背板和床、桌的面板，还可用于椅子的成型座面板和靠背板等。

胶合板品种很多，在家具生产中常用的有：厚度在 12mm 以下的普通胶合板和厚度在 12mm 以上的厚胶合板，以及表面用薄木贴面或塑料贴面做成的装饰胶合板。

2. 刨花板

刨花板是利用木材采伐和加工中的废料、小径木、伐区剩余物或一年生植物秸秆，经切削成碎片，加胶热压制成。刨花板具有一定强度，幅面大而平整，但不宜开榫和着钉，表面无木纹，但经二次加工，复贴单板或热压塑料贴面以及近年来发展的无纺布装饰贴面和塑料木纹薄膜等就能成为坚固、美观的家具用材。刨花板常以实木镶边和塑料封边后应用于桌面、床板和各种板式柜类家具的旁、顶、底板等。

各类刨花板的厚度尺寸为 6mm、8mm、10mm、13mm、16mm、19mm、22mm、25mm、30mm…等，其中 13mm、16mm、19mm、22mm 为家具生产中常用规格。

近年来，中密度纤维板（纤维刨花板）由于质量轻（最低为 0.525g/cm^3），变形小，原材料消耗少，用胶量较低的特点，所以在家具上的应用也有所发展。

3. 纤维板

纤维板是一种利用森林采伐和木材加工的剩余物或其他禾本科植物秸秆为原料，经过削皮、制浆、成型，干燥和热压而制成的一种人造板。根据容积重的不同，可分为硬质、半硬质和软质三种，用于家具生产多数为硬质纤维板，它具有质地坚硬、结构均匀、幅面大、不易胀缩和开裂，目前广泛应用于柜类家具的背板，顶、底板，抽屉底板，搁板等衬里的板状部件。

4. 细木工板

它是一种拼板结构的板材，板芯是用一定规格的小木条排列，胶合而成，二面再胶合两层薄木（单板）或合板。

细木工板具有坚固、耐用、板面平整、不易变形、强度亦大的优点，可应用于家具面板、门板、屉面等，多采用于中，高级家具的制造。

细木工板的幅面尺寸与普通胶合板相同，其厚度可按需要确定，一般为 20mm、22mm 和 25mm 等。

5. 复面空心板

它的内边框是用木条或刨花板条构组而成，在板的两面胶贴薄木、纤维板、胶合板或塑料贴面板，大面积的空心板内部可放各种填充材料，例如：用单板条或胶合板条组成方格形、瓦楞形、波浪形，还有六角形纸质蜂窝状板芯等。由于它重量轻，正反面都很平整、美观，并有一定的强度，是家具的良好轻质板状材料，可用于桌面板，床板和柜类家具的门板、旁板等。

近年来钙塑板、泡沫塑料板和以各种植物壳、秆等为原料的新型轻质人造板也广泛应用于家具制造。

13.1.2 金属

在自然界里已发现的 103 种元素中，具有良好的导电、导热和可锻性能的称为金属，如铁、锰、铝、铜、铬等。但纯金属由于强度低而很少应用，在生产中大量使用的是由两种或两种以上的金属所组成的合金，如铸铁、钢、铝合金、碳素钢等。它们的性能远比组成它的金属要好，所以是应用很广的金属材料。

13.1.2.1 钢材

钢是应用最广泛的一种金属材料，常有碳素钢与合金钢之分。由于碳素钢的价格较低，工艺性好，因而是我国金属家具的主要用材，应用较多的是普通碳素结构钢中的 A 类和 B 类钢，通常制成板材、管材及型材直接用于家具制造。

1. 钢板

钢板按厚度分为薄板和厚板。用于家具制造的钢板主要是厚度在 0.2 ~ 4mm 之间的冷轧（或热轧）薄钢板，薄钢板的宽度在 500 ~ 1400mm 之间。

用塑料与薄钢板复合而成的塑料复合钢板，是一种新型材料，表面复合层为 0.23mm 半硬质聚氯乙烯薄膜，具有防腐、防锈、不需涂饰等性能，在 −10 ~ 60℃能长时间使用，工艺条件与热轧薄钢板相同，可应用于家具制造，规格为 0.35 ~ 2.0mm × 1000mm × 2000mm。

2. 钢管

有焊接钢管和无缝钢管两大类。焊接钢管生产效率高，成本低，我国目前家具用钢管材主要是用厚 1.2 ~ 1.5mm 的带钢经高频焊接制成，按其断面形状可分为圆管、方管和异形管。方管又可分为正方管和长方管，异形管又可分为三角管，扁线管等。

3. 型钢

根据断面形状，分简单断面型钢和复杂断面型钢（异形钢）。用于家具的大多数是简单断面型钢，主要有以下几种。

（1）圆钢。圆形断面的钢材。热轧圆钢的直径为 5 ~ 250mm，其中 5 ~ 9mm 的为线材；冷拉圆钢直径为 3 ~ 100mm。

（2）扁钢。宽 12 ~ 300mm，厚 4 ~ 60mm，截面为长方形并稍带钝边的钢材。

（3）角钢。分等边和不等边角钢两种。角钢的规格用边长和边厚的尺寸表示，目前生产的角钢规格是 2 ~ 25 号，即边长的厘米数。同一号角钢常有 2 ~ 7 种不同的边厚。

13.1.2.2　铝合金

以铝为基础，加入一种或几种其他元素（如钢、镁、硅、锰等）构成的合金，称为铝合金。它比重轻，有足够的强度，塑性及耐磨蚀性也很好。根据生产工艺，铝合金可分为变形铝合金和铸造铝合金。应用于家具的主要是变形铝合金中的防锈铝合金。

1. 防锈铝合金

它是铝锰系或铝镁系组成的变形铝合金。其特点是耐腐性能好，抛光性好，能长时间保持光亮的表面，具有良好的防锈性和比铝高的强度。因此，可用来制造家具的结构件和装饰件。通常经压力加工成各种管、板、型材等半成品供应，它的代号以"LF"加顺序号表示，如 LF1、LF2 等。

2. 铸铝合金

它是用来直接浇铸各种形状的铸件，它流动性好，但塑性差，可以通过变质处理和热处理提高其机械性能。铸铝合金以合金锭供应，它的代号以"ZL"加顺序号表示。

13.1.2.3　铸铁

由于铸造生铁中的碳以石墨形式存在，断口为灰色，所以也叫灰口铁。它的代号以"HT"加最低抗拉强度和最低抗弯强度的两组数字表示，如 HT10 ~ 26，HT15 ~ 33 等。

铸铁主要特点是熔点低，流动性好，其铸造性优于钢，价格也低廉，可适用于铸造家具的生铁铸件。如各种医疗用家具的底座和剧场椅的支架等。

13.1.3　塑料

塑料是一种可以塑制成型的化学物质，它与木材、金属或其他材料的相对情况来说是很年轻的，可是它的发展速度却很快，新品种不断出现，目前生产的品种已有约 400 种。由于现代塑料加工成型技术的不断提高，因而塑料在家具设计与制造上的应用在近年来得到日益发展。

13.1.3.1　塑料的一般特性

塑料的种类很多，不同的塑料具有不同的性能，这里主要介绍以合成树脂为基础的"工程塑料"，由于它可以塑制成型，最适宜应用于家具。综合起来，有下述一些主要特性。

（1）资源丰富。由于塑料是以煤、电石、石油或天然气以及农副产品为主要原料，所以原料来源极其丰富，有广阔的发展前景。

（2）质轻、强度高。一般塑料的比重为 0.83～2.1，只有钢的 1/8～1/4，铝的 1/2 左右，但按单位重量来计算强度，则有些塑料的强度却很高，如用玻璃纤维增强的塑料的单位拉伸强度可达 1700～4000kg/cm²。

（3）成型工艺简便。从工艺上来讲，它是少或无切削加工，可以一次成型。从生产效率来看，是木材和金属加工所无法比拟的。

（4）优良的化学稳定性。有良好的抗腐蚀能力和减磨、耐磨性能。

塑料有许多优点，但也有它的缺点，例如机械强度和耐热性较差，在载荷作用下，塑料还会慢慢地产生变形；此外，塑料在日光、大气、长期应力或某些介质的作用下，会发生老化现象，表现为缓慢的氧化、变色、开裂以及强度下降等。

塑料的这些缺点可以通过共聚、共混等多种途径改性，或用玻璃纤维增强等方法予以改进。

13.1.3.2　家具对塑料的选用

塑料的品种、规格、性能繁复多样，所以家具对塑料的合理选择与应用也就成为设计和加工的重要环节。目前可供家具选用的塑料诸多作为其零部件的应用，而最适用于全塑型的也不过是有限的几种材料，这就必须仔细衡量、分析它们的性能，寻找采用符合要求的一种。家具对塑料的选用，一般要考虑以下 4 个方面。

（1）选用的塑料品种，各项性能要符合家具的应用要求，例如要有一定的强度和必要的耐热、耐磨和耐候性。塑料初步选定后，通常还要进行模拟试验或实物试验。

（2）选用的塑料要具有良好的工艺性，易于加工成型，以便能够用较高的生产效率进行批量生产。

（3）塑料的成本要低廉，要避免大材小用或优材劣用。

（4）塑料的表面处理和色彩能符合家具不同使用部位和使用条件的外观要求。

13.1.3.3　常用塑料的种类与性能

家具所使用的塑料，仅是我国塑料工业产品中的一部分，现将可供家具选用的塑料，及其主要性能，按类予以介绍。

（1）聚氯乙烯（PVC）。产量占塑料中的第一位，是具有一定强度的热塑性塑料，根据使用要求的不同，以及制品的硬度，可分为硬质和软质两种不同的品种。

（2）改良有机玻璃（亚克力）。透光性好，尺寸稳定，易成型，质较脆，表面硬度不够，易擦毛。

（3）苯乙烯－丁二烯－丙烯腈（ABS）。不透明，呈浅象牙色，具有坚韧、质硬、刚性三种组元的优良综合性能，还有良好的耐候性，制品表面光滑，尺寸稳定，易于成型加工。此外，能配成各种颜色，还可镀铬。

（4）聚乙烯。分高压、中压、低压三种，有良好的化学稳定性和摩擦性能，吸水性小，易成型，承受载荷小，低压质地坚硬，可做结构材料用。

（5）聚丙烯。20 世纪 60 年代发展起来的新颖热塑性塑料，主要特点是比重小，约为 0.9，并有特殊的刚性，机械性能优于聚乙烯，耐热性好，易成型，但收缩率较大，厚制件易凹陷，耐磨性不高。

（6）聚酰胺（尼龙）。能载荷的热塑性塑料，品种多，同金属相比，尼龙有自润性，有优良的机械强度和耐磨、耐腐性能，刚性较差，是近年来应用较广泛的一种工程塑料。

（7）聚碳酸酯。透明，呈微淡黄色，可染色，具有良好的机械强度，和较高的冲击韧性，模塑收缩均匀，尺寸稳定，适于制造精确的制件。

（8）玻璃纤维层压塑料（玻璃钢）。是一种用玻璃纤维增强的塑料，其增强效果依赖于塑料本身的性能和玻璃纤维的长度及其含量的不同而有差异，它的某些物理和机械性能可达到钢材的水平，强度高。

13.1.4 竹材

竹属禾本科竹亚科植物，我国竹种很多，计22属，200余种，竹材资源丰富。

其中主要有毛竹、刚竹、淡竹、慈竹、水竹和若竹等，主要分布于长江流域以南地区。为家具的优良用材。

13.1.4.1 竹材的一般特性

竹材质地坚硬，篾性好，还具有很高的力学强度，抗拉、抗压能力均较木材为优，且富有韧性和弹性，抗弯能力很强，不易断折，但缺乏刚性。竹材在高温条件下，质地变软，外力作用下极易弯曲成各种弧形，急剧降温，可使弯变定形，这一特殊性质，给竹家具生产的加工带来了便利，并形成了竹家具的基本构造形式和造型特征。

13.1.4.2 竹材的选用

各种竹材有它的共同特性，但每一种竹材又有它的不同材质特点，家具对竹材的选用，按其使用部位的不同，主要考虑条件有以下两点。

1. 骨架

竹家具骨架用材，要求质地坚硬，劲直不弯，力学性能好的竹材。一般要求圆径在40mm以下，30mm粗的用得最多。

2. 编织

竹家具编织用竹，要求质地坚韧，柔软，竹壁较薄，竹节较长，节部不高隆，壁篾性好的中径竹材。

竹家具的生产，根据使用的不同要求，还要对竹材进行防腐蛀、防裂等特殊处理和油光、刮青、喷漆等表面处理。

除此，竹竿色泽受竹种、竹龄、竹的产地生长条件的不同而有差异，所以家具制作选材时应该考虑色泽的因素。

13.1.4.3 主要竹材的种类与特性

1. 淡竹

主要产地：江苏、浙江、河南、山东等。

主要特性：竹竿高5～15m，径2～6cm，节间较长，可达30～40cm，竹壁中等偏薄，竹竿均匀细长，篾性好，易于劈篾，刮青处理后，竹表色泽很美，是制作家具的优良竹材。整杆使用和劈篾使用均佳。

2. 水竹（烟竹）

主要产地：长江流域以南广为分布。

主要特性：竹竿高5～10m，径4～6cm，节间长20～40cm，竹型中等偏薄，竹杆端直，质地坚韧，力学性能好，劈篾性能亦佳，水竹是竹家具及编织生产中较常用的竹材。

3. 刚竹

主要产地；浙江、江苏、长江流域一带普遍栽培。

主要特性：竹竿高 10～15m，径 3～10cm，中部节间长 20～45cm，竹竿质地细密，坚硬而脆，韧性较差，竹竿虽直，但劈篾性差。常用于制作大件竹家具的骨架材料。

4. 慈竹（甜慈竹）

主要产地；长江流域以南一带地区。

主要特性：竹竿高 5～10m，径 4～8cm，节间长可达 60cm，竹壁薄，竹质柔软，力学强度差，但劈篾性能极好，能劈作极薄的篾和分成极细的丝，柔韧结实，是竹编的优良竹材。

5. 毛竹（楠竹）

主要产地：秦岭，汉水流域至长江流域以南广大地区。

主要特性：是我国分布最广、产量大、经济价值最高的竹种。粗大端直，竿高达 20 多米，径达 16cm 或更粗，竹壁厚在 0.5～1.5cm 之间，节间长 40cm，材质坚硬，强韧，劈篾性能良好，可劈作竹条作竹家具骨架，十分结实耐用。

6. 桂竹（五月季竹，麦黄竹，小麦竹）

主要产地：长江流域各省，河北、河南、四川等。

主要特性：竿高达 15m，径可达 14～16cm，中部最长节间长达 40cm，竹竿粗大，竹材坚硬，篾性也好，为家具优良竹种。

7. 黄若竹

主要产地：黄河流域以南至长江流域，江苏南部及浙江西北部。

主要特性：喜生于沙质土上，竿高 8～9m，径 4～6cm，中部节间长 27～42cm，韧性大，篾性甚好，易劈篾。可整材使用做竹家具，结实耐用。

8. 甜竹

主要产地：河南等地。

主要特性：竹竿高 5～10m，径 2～6cm，节间长 25～30cm，竿环微隆起，抗寒性较强，成株快，篾性好，是我国北方重要竹种之一。

9. 石竹（灰竹）

主要产地：浙江、江苏等。

主要特性：竿高 8m，径 3～4cm，最长节间长 30cm，直立，竹壁厚，约占径的 1/3～1/2。竿环隆起，不易壁篾。多整材使用，用作竹家具的柱脚，坚固结实。

13.1.5　藤材

在家具生产中，用藤大量缠绕家具骨架和编织藤面制成藤家具；藤也可以编成织面用于座面、靠背面和床面等，与木、金属、竹结合使用，发挥各自材料特长，制成各种形式的家具；藤在竹家具中可作为辅助材料，用于骨架着力部位的缠扎及板面竹条的穿连。

藤的一般特性是在饱含水分时，极为柔软，干燥后又特别坚韧，所以缠扎有力；由于藤韧性强，编织面坐卧舒适，经久耐用。在家具生产中，藤材加工前须经漂白处理，藤经过漂白，色泽白净、光洁、美观。

藤主要分为广藤、土藤和野生藤三类。

13.1.5.1　广藤

广藤纤维光滑细密，韧性极强，抗拉强度大，长久使用不易脆断，质量最佳。广藤常用机具加工成藤皮使用。

13.1.5.2　土藤

土藤性质与广藤大致相似，只是质量稍次。土藤在山区或丘陵地带均可种植，是可以大量发展的农副业。

13.1.5.3　野生藤

各种野生藤有大青藤、尖叶藤、八月瓜藤等，纤维形态和物理特性都与土藤相似，只是较为粗糙，藤心为实体，藤体粗细不均匀，坚硬而易脆断，除八月瓜藤外，都不能撕作藤皮，常作整藤使用。

随着化学工业的发展，各种塑料藤条如丙烯塑料藤条相继问世，扩大了材料来源，塑料藤条色彩多样，光洁度好，质轻，易洗涤，但在使用中应尽量避免日光曝晒。

13.1.6　辅材

在家具制造中，还要使用各种辅助材料，如胶料、五金件、玻璃、皮革、纺织品等。每一种辅助材料按其不同的组成材料和功用，又包括很多的品种，下面就目前用于家具生产中的主要辅助材料按类作以下介绍。

13.1.6.1　胶料

在家具的木结构中，榫结合和胶贴、平拼等工艺都要用胶，合理地使用胶料对胶接强度有着直接影响，是保证产品质量的重要条件。胶料的种类很多，可分为蛋白胶合剂和合成树脂两大类。

在家具生产中应用蛋白胶合剂中的动物胶最为悠久，如骨胶、皮胶等。动物胶干强度很高，与尿醛树脂相似，但其耐水性差，为提高耐水性，在生产中常用甲醛溶液与它配合使用。其他蛋白胶，如豆胶、血胶、干酪素等应用较少。近年来合成树脂胶的使用越来越广泛，从胶合强度和耐水性来看，酚醛树脂胶最高，尿醛树脂胶次之，聚醋酸乙烯树脂胶（常称乳白胶）次于前二者，但它加入尿素或三聚氰胺，或者与热固性树脂（尿醛树脂、酚醛树脂）一起使用，可以改善其耐水性和耐热性。乙烯—醋酸乙烯共聚树脂胶是无溶剂的常温固化胶合剂，主要特点是冷固胶合速度快，不用停放就可立即加工，它是近年来发展中的一种胶合剂。

13.1.6.2　五金件

在家具装配结构上，五金件是不可缺少的辅助材料，尤其现代家具，应用人造板日益广泛，这需要有更多的式样新颖、安装方便、耐用而价廉的家具专用五金件，以适合于各类家具的使用要求。五金件的种类很多，主要可分为合页（铰链）、连接件、紧固件、拉手、其他等5类。

1. 合页（铰链）

合页是柜门与柜体的活动连接附件，用于柜门的开启和关闭。按构造的不同，又可分为普通合页、长形合页、脱卸活合页、门头合页、暗合页、翻板合页等。

2. 连接件

它是拆装型家具的连接件，主要用于家具部件的装配连接，具有多次拆装性能的特点，按照连接件的作用原理，可分为：

（1）螺栓式连接件：由标准件机螺钉与各种形式的螺母配合连接。按构造形式主要有：空心螺钉式、圆柱螺母式、倒刺式、涨开式、抓刺式、角尺式和拉板等。

（2）偏心式连接件：由偏心锁片与吊杆锁紧的连接。适用于刨花板部件的装配，有锌合金压铸和钢板冲压制两种。

（3）楔形式连接件：主要包括各种床的连接件和各种挂扣式连接件，用于拆装、悬挂、组合等家具。

3. 紧固件

它是利用钉接材料将家具零件或部件紧固连接成一体。常用的有：机螺钉、木螺钉、自攻螺钉、铆钉、圆钢钉、泡钉、骑马钉、拼钉、鞋钉等。每一种紧固件有若干型和多种规格，可根据需要按国家标准（GB）选用。

4. 拉手

各种家具的柜门和抽屉，几乎都要配置拉手，除了直接完成启、闭、移、拉等功能要求外，拉手还具有重要的装饰作用。制造拉手的材料主要有硬木、金属、塑料或两种材料的组合等。家具拉手的种类，主要有外露式、嵌入式和吊挂式等，在造型上，样式繁多，最常见的有圆形、方形、菱形、横线形、竖线形、斜线形、曲线形及其他组合形等。

5. 其他

在家具上常用的其他五金件，还有各种插销、碰珠、锁、搁板插座、拉杆（牵筋）、滚轮、滑轨以及各种装饰五金件、如套脚、嵌条等。

13.1.6.3 玻璃

在家具上应用的一般是平板玻璃，包括镜子玻璃等。它的规格最大长度是2000mm，最大宽度是1800mm，厚度有2mm、3mm、5mm、6mm等，其中3mm厚可做镜子用，5mm的一般做桌面玻璃板使用。

13.1.7 家具生产的主要机械设备

13.1.7.1 圆锯机

木工圆锯机是一种箱式结构圆锯机，应用于木材加工企业，结构简单，维修方便的大功率圆锯机，具有重量轻，精度高，功效快的特点（图13-1）。

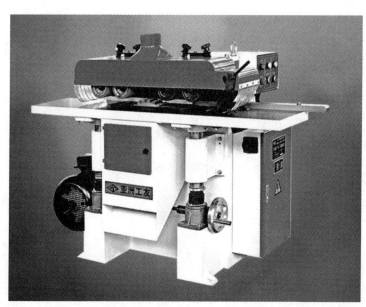

图13-1 圆锯机

13.1.7.2 卧式锯床

它专门应用于锯切红木板、柚木、紫檀、花梨等名贵木材，具有锯路小，锯切面光滑无锯纹，速度快等特点。该锯床控制应用方面采用人机界面 /plc/ 变频器调速。

13.1.7.3 带锯机

它可以进一步把板材或方木撕成小料，配有导板，不需画线，一机多用，能适应各种木工作业。

13.1.7.4 线锯机

它的锯条长度 350mm 最大锯削厚度 50mm 功率 0.75kW。用于锯不规则的形状。

13.1.7.5 刨木机

它包括高速刨木、木工压刨，自动上木机，自动锯木机，电动木刨，该机床可自动送料刨床，用于刨削一定厚度的木材，如木板、木方等，适用于各种家具木模车间生产。

13.1.7.6 钻孔机

钻孔机的钻排钻孔范围大，所有钻头采用快速接头，方便快捷。钻孔深度、钻孔距离采用光电感应开关，定位快速、准确。经配备尺寸数字计算器，可提高工作效率。

13.1.7.7 刨花机

木料压紧装置由气缸将木料压紧在平台上，木料往复运动装置由液压缸驱动装入木料的滑台沿平台往复运动，由刨花刀刨销出刨花。由于采用气缸压紧装置和液压往复运动装置，使得木料与刨花刀的接触压力均匀，木料的往复运动速度均匀，因此可以加工出厚度均匀的薄片刨花。

13.1.7.8 砂光机

它是一种表面处理机械，由电动机驱动砂带转动。电机通过带动装有砂带的轴转动，也有电机直接带动砂带运转的。它的用途是用砂带将被加工件表面比较糙的地方进行磨砂，使其变得光滑，手感更好（图 13-2）。

13.1.7.9 喷漆台

喷漆时，进入喷漆室的漆雾首先与水幕相遇，被冲刷到水箱内。其余漆雾在通过多级水帘过滤器时完全被拦截在水中。水箱内的水由水泵提升到水幕及多级水帘过滤器顶的溢水槽，溢流到水幕板上形成水幕（图 13-3）。

图 13-2 砂光机

图 13-3 喷漆台

图13-4 木材干燥机

13.1.7.10 木材干燥机

木材干燥机指从木材中逸散水分，即用人工方法强制使木材中的水分蒸发逸散，使木材的含水率降至与当地平衡含水率相当的水平，避免木材发生霉变或在储存、运输和使用的过程中受虫菌的侵蚀和木材劈裂、变形。而木材干燥机就是能有效去除木材中水分的设备（图13-4）。

13.1.7.11 作榫机

作榫机的加工原理：除了钻头做回转运动外，钻头和不动的空心方轴还做往复运动，空心方凿把钻头钻出的圆孔凿成方形榫孔（俗称榫眼）。

作榫机有直榫作榫机和燕尾榫作榫机两类，前者又分为单头和双头两种，后者又分为立式和卧式两种。单头直榫开榫机有4～6根主轴，分别由单独的电动机驱动。6轴开榫机有4个工位，各轴的配置为：1个圆锯轴、2个水平铣刀轴、2个垂直铣刀轴和1个中槽铣刀轴，分别用来截齐端头和铣削榫颊、榫肩、中槽等（图13-5）。

13.1.7.12 封边机

封边机适用于中密度纤维板、细木工板、实木板、刨花板、高分子门板、胶合板等直线封边修边等，可一次性具有双面涂胶封边带切断封边带黏合压紧、齐头、倒角、粗修、精修、刮边抛光等功能，封边细腻、光滑、手感好，封线平直光滑（图13-6）。

图13-5 作榫机

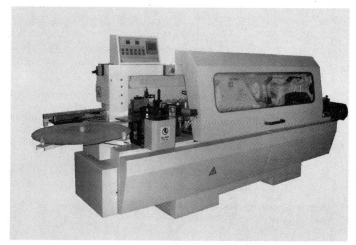

图13-6 封边机

13.1.7.13 剥皮机

它可将原木、枝丫材、板皮、废单板、竹材、棉秆及其他非木质纤维秆茎切削成一定规格的片料，作为制造刨花板、纤维板、非木质人造板制浆造纸的基本原料（图13-7）。

13.1.7.14 油漆喷涂机

它主要用于对线条型工件。喷枪可多角度进行调整，一次可以完成工件上表面及四个侧面的喷涂作业。适合喷涂的涂料有：UV、PU、PE、NC、水性漆、氟碳漆、金属漆以及其他适合于喷涂作业的涂料等（图13-8）。

图 13-7　剥皮机

图 13-8　油漆喷涂机

13.2　家具构造

结构是构成形态的基本单元。家具结构是家具设计的重要组成部分，它包括家具零部件的结构、用料、工艺以及它们之间的装配关系等局部的和整体的结构问题。

家具的结构相似人身的骨骼系统，用以支承外力和自重并将荷重传到结构支点而至地面。所以家具结构是直接为家具的功能要求服务的，但它本身在一定的经济条件下，一定的材料和技术条件下，以及牢固而耐久的要求下有它自己不同的技术结构方式。

就家具结构来说，合理的结构可以增加产品的强度，节省原材料，便于机械化、自动化加工，选用具有工艺性的结构，可以降低产品成本；同时各种结构，由于本身所具有不同的技术特征，常常可以得到或加强家具造型艺术的多样变化。所以，家具设计除了满足家具的功能要求之外，还必须寻求一种结构简洁、牢固而经济有效的构造，并安排和组织它们各自之间的变化和多样性，以赋予家具不同的丰富表现力。因此，优秀的家具设计，是家具功能、造型与合理的构造的真正统一。

13.2.1　家具的构造类型

家具是由满足不同功能要求及结构技术条件的各种零部件组成，由于这些构件的材料、质地和基本结构方式各有特点，互有区别，如实木的榫结合、金属的铆、焊接合和各种人造板的连接件结合等，因此产生了许多不同的结构类型。同时，随新材料、新技术、新工艺的不断发展，家具的构造类型出现了一些区别于一般家具的独特构造类型，如薄壳结构、充气结构等。

13.2.1.1　框架结构

框架结构作为典型的中国传统家具结构类型，被广泛地沿用。它主要有两种构成形式：一种如同我国古代建筑的木构架梁柱结构（图 13-9），即由家具的立柱和横木所组成的木框来支承全部荷重，这种结构中的板材只承担分隔和封闭空间；另一种如同一个箱子，由家具的周边组成一个方整的框架，在框架内嵌板，分担横撑和竖撑所受的荷重。框架结

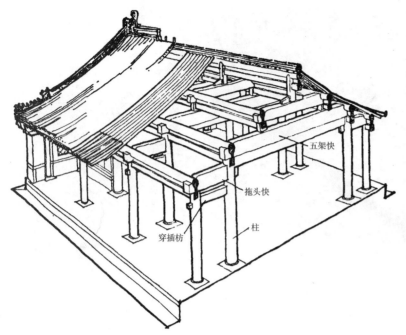

图 13-9　中国传统木构建筑的梁柱结构

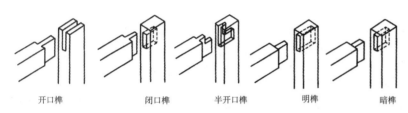

开口榫　　　闭口榫　　　半开口榫　　　明榫　　　暗榫

图 13-10　榫接合示例一

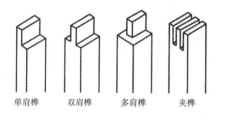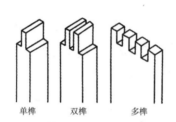

单肩榫　　双肩榫　　多肩榫　　夹榫　　　单榫　　双榫　　多榫

图 13-11　榫接合示例二

构的零部件接合方式主要是榫接合，常见于中国传统家具（图 13-10、图 13-11）。

13.2.1.2　板式结构

它是由家具的内外板状部件承担荷重的一种结构类型。在这种结构中，各种板状部件通过与它的材料性质相适应的连接方法组成的家具，称之为板式家具。

板式结构由于简化了结构和加工工艺，便于机械化和自动化生产，是目前广为应用和发展的一种家具结构类型。

板式家具的结构，包括板部件本身的结构和板部件之间的连接结构。

1. 板构造

板式家具对板部件的基本要求，就是要有一定的厚度，防开裂，防变形，并能承受一定的荷载，以及能装置各种连接件而不影响板部件的自身强度。目前在家具生产上除了实木拼板，大多采用细木工板和各种复面空心板、人造板等。不同的板材，又有与它相适宜的封边方法，如塑料封边、薄木封边、榫接封边、金属薄板封边等。

2. 板的连接结构

板部件之间的连接，可借助紧固件或连接件采用固定的或拆装的连接方法。板部件之间的连接强度，必须保证家具在使用时不会产生摇摆、裂角和影响门，抽屉的开启，力求结构处理与造型外观的一致性（图 13-12）。

13.2.1.3　拆装结构

家具各零部件之间主要用各种连接构件结合，并可进行多次拆卸和安装，称之为拆装结构。

拆装式家具不仅便于远途运输和室内外搬运，也可以提高工厂成品仓库的利用率，目前拆装结构除了应用于板式家具中，在金属、塑料等家具中也广为采用。

为了保证拆装式家具的拆装灵活性和零部件的互换性，要求零部件的加工精度及其装配性能都远比框架、板式结构家具为高。因此各种拆装连接件是拆装式家具中的重要组成部分。主要有以下三种。

1. 框角连接件

各种常见的框角拆装结构. 除了可以用螺钉结合以外，较多的是采用各种五金连接件结合（图 13-13）。

2. 插接连接件

插接拆装结构是金属拆装式家具较多采用的结合方法，插接连接件有直二向，直角二向，平四向三种类型，以及它们的各种多向组合。

插接结构具有灵活组合和调节的功能，在工艺上有一定的标准规范，包括材性、尺寸和连接程序，这对于机械化生产是有极为显著的优点的（图 13-14）。

3. 插入连接件

拆装式家具运用插入结构甚多，插入的方法也各不相同，这取决于材料和家具的功能的不同要求（图 13-15）。

13.2.1.4　折叠结构

能折动或能叠放的家具，称之为折叠式家具。常见手桌、椅类。主要特点是使用后或存

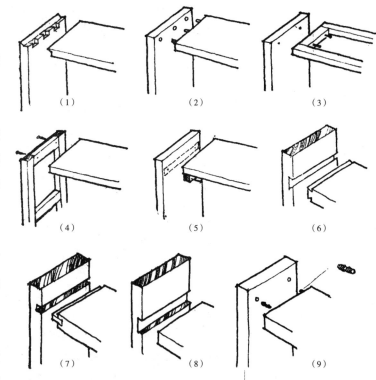

（1）　　　　（2）　　　　（3）

（4）　　　　（5）　　　　（6）

（7）　　　　（8）　　　　（9）

图 13-12　板的连接结构示例

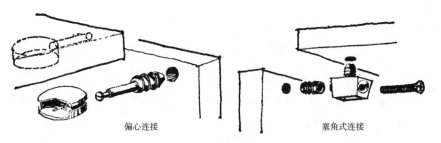

偏心连接　　　　塞角式连接

图 13-13　框角连接示例

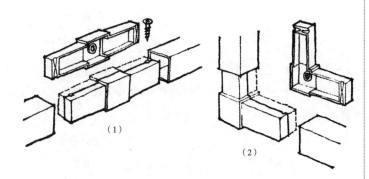

（1）　　　　（2）

图 3-14　插接连接示例

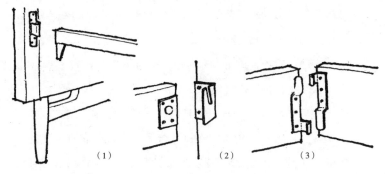

（1）　　　　（2）　　　　（3）

图 3-15　插入连接示例

放时可以折叠起来，便于携带、存放和运输，所以折叠式家具适用于经常需要变换使用场地的公共场所，如餐厅、会场等，在住房面积较小的居室中，折叠式家具也常作为备用家具。

1. 折动式家具

金属制或木制的折动式家具，都有几种不同的折动结合方法。常用的有两种：部件之间的铆结合或螺栓结合和零部件之间的铆结合或螺栓结合。凡是用螺栓结合的还可拆卸存放和搬运。

折动式家具的设计，既要有结构的灵活折动，但也要保证家具的主要尺度，如椅子座高、椅夹角等。

折动结构都有两条或多条折动连接线，在每条折动线上可设置不同距离、不同数量的折动点，但必须使各个折动点之间的距离总和与这条线的长度相等，这样才能折得动，合得拢。

2. 叠积式家具

数件相同形式的家具，通过叠积，不仅节省了占地面积，还方便了搬运。越合理的叠积式家具，叠积的件数则越多。

叠积式家具有柜类、桌台类、床类和椅类，但常见的椅类较多。叠积结构并不特殊，主要是在家具设计时多考虑些"叠"的基本方式。

3. 功能调节式家具

家具的折动有些并不纯然为了方便携带、搬运等，有时是为了达到一些使用上的需要，各种调节式椅主要是通过靠背、座面、座高的折动来调节坐姿的角度，至躺、卧等姿态，以满足各种不同的使用需要；桌类家具的功能调节主要是为了扩展桌面或为了调节桌面高度，灵活地组织不同的使用幅度。

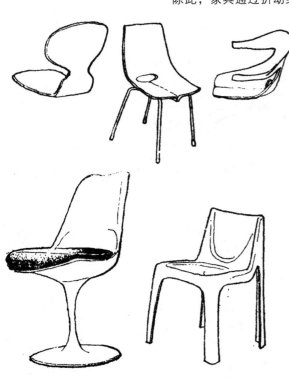

除此，家具通过折动结构，采用各种抽、拉、翻、叠等使家具部件稍加调整，就能变换使用功能，如适宜于小面积居室的各种多用式家具。

13.2.1.5 薄壳结构

也称薄壁成型结构。随着新材料、新工艺的迅速发展，利用塑料、玻璃钢和多层薄木胶合，可制成各种适用人体曲度的靠背板、座面板或靠背与座面连成一体的薄壳构件，固定在支架上，便组成各种椅子；也可以用塑料制成完整的一次成型模椅、凳、桌等家具。

薄壳结构家具，多见于椅、凳类家具，主要特点是：重量轻、便于搬动，工艺简便，节省材料，有很高的生产效率，造型上简洁、轻巧。塑料制的薄壳模塑椅还能配成各种色彩，十分生动、新颖，适用于室内外的不同环境（图13-16）。

13.2.1.6 充气结构

充气结构区别于一般家具而具有独特结构的型式，其主要构件是由各种气囊（配备打气泵等）组成，它有一定的承载能力（约能承受35000次加载试验），主要特点是，可自

图13-16 薄壳结构示例

行充气组装成各种充气家具，携带或存放极为方便，多适宜于旅游用家具，如各种沙滩躺椅、各种轻便沙发椅和旅行用桌等。

13.2.2 家具组件结构

家具的结构必须在全面考虑各零部件的结合方式、技术条件、加工质量、选用材料等的基础上，重视它具有足够的强度，并充分估计它在各种使用情况下能保持其形状的稳定和牢固。如家具在静力负荷和反复加荷的作用下，结构不产生过大的变形，以适应家具的各种使用要求，使结构与家具的功能要求相一致。

13.2.2.1 柜类家具的组件结构

1. 脚架的结构

脚架在柜类家具中，是承载最大的部件，它不仅在静力负荷作用下需平稳地支撑整个柜体，而且要求具有正常使用的足够强度，在遇到某种情况下也有一定的稳定性。例如柜子被水平推动时，结构节点不致产生位移、翘坏或柜体错位变形。式样上还要与柜体相呼应。因此，脚架在柜类家具设计中是十分重要的组成部分。

柜类家具的脚架常见的主要有亮脚结构和包脚结构，从材料上来区分有木制、金属制和不同材料的组合制。

（1）亮脚结构。亮脚结构属于框架结构形式。在木制脚架中，脚与望板或横撑的接合，常采用闭口或半闭口直角榫，在中、高级柜类家具中，也有用格角榫接合，通常脚架用木螺钉或金属连接件与柜体接合，前脚之间一般用望板连接，也可不要望板，但前后脚常用横撑，以增加结构的稳定性（图13-17）。

（2）包脚结构。包脚结构属于箱框结构形式，包脚板的框角接合有半夹角叠接或夹角叠接，以及采用前角全隐燕尾榫，后角采用半隐燕尾榫接合。内部用塞角或方木条加固，脚架与柜体的结合通常是脱卸装配，用木梢或木条定位（图13-18）。

柜类家具中也常采用金属制脚架。这些最简单的结构也适应于桌、台家具，但脚越长，摇晃性也就大，因此必须加横撑来加固。

2. 抽屉结构

抽屉是家具中用途最为广泛的重要部件，它应经受使用中反复抽拉的强度，以保结构的牢固，不致轻易松动或失去灵活性。因此，抽屉使用上的耐久性直接取决于设计中所用的结构方式及其加工与装配的质量。

抽屉一般由屉面、屉旁、屉后和屉底构成。不同的柜类家具，由于使用功能各异和抽屉所处的部位不同，它们的构成形式和结构方式不尽相同，有暴露在外面的，也有被柜门

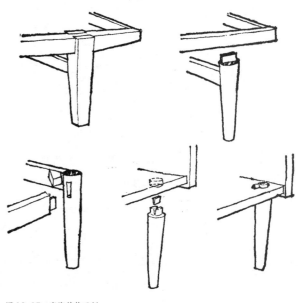

图13-17 亮脚结构示例

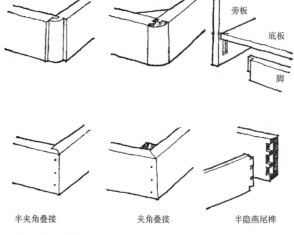

半夹角叠接　　夹角叠接　　半隐燕尾榫

图13-18 包脚结构示例

遮盖的。拉手的装置有采用明的形式，也有采用暗的形式。常用的抽屉类型有：普通标准型抽屉、无屉面型抽屉、内抽屉和特殊型抽屉等。

抽屉的通常结构是框角榫按合。用于屉后与屉旁的结合，主要有直角开口多榫、明燕尾榫和槽榫结构等，用于屉面与屉旁的结合，主要有半隐燕尾榫、圆钉搂合和直榫结合等。抽屉所采纳的滑道方式要视抽屉载物的重量与抽拉的机械性能而定。滑道所使用的材料以比较坚硬的阔叶材为宜。

如果采用塑料薄膜覆面的刨花板条作为抽屉帮，则可采用Ⅴ形槽拆装或圆榫组装的结合（图13-19、图13-20）。

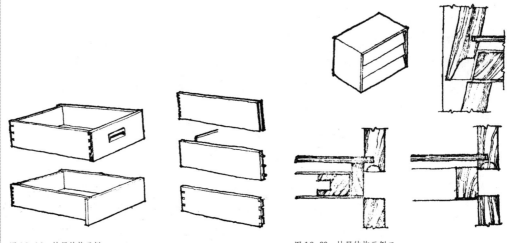

图13-19 抽屉结构示例一　　　　　　　　　　图13-20 抽屉结构示例二

3. 门结构

门的结构形式繁多，有实木门、嵌板门、平面门、百叶门、玻璃门，按不同的使用功能又可分为拉门、翻门、移门、折门等。

门与柜体的结合方法也有多种形式，下面分述其结构。

（1）实板门。通常采用实木板数块拼接而成，为防止板门的翘曲，在板的后部加上穿带条。也有采用等宽的横向或纵向板的拼接，以示各种花纹。

（2）嵌板门。在柜门中属造型变化较大的一种，无论从欧洲古典家具或中国古代家具中都广泛地运用。嵌板门结构整体性强、抗形弯，易于施装饰。

（3）覆面平板门。在现代家具生产中，较多地采用覆面平板门的形式，它包括细木工板，各种覆面空心板和多层胶合板等，生产工艺、油漆涂装均简易。

（4）卷门（百叶门）。适用于带曲线的门或盖板的安装，如电视视柜、鞋柜等柜类等，卷门可以左右移动，亦可上下移动，使用方便，但构造较复杂，主要有布连、串绳连和新发展的胶合板切割等。

（5）拉门。这是一种通常采用的开启方式，具有较好的防灰渗入的功能，开启也方便，为常用的几种形式。

（6）翻门。门板的翻启是靠翻板合页和拉杆（牵筋）的连接，通常翻门开启后控制在水平位置，可作为活动小桌面使用，可用于就餐、写字、搁物等。也有将翻门向上翻启，并推进柜体内可以使柜变成开放的空格柜。

（7）移门。可节省家具开门时的空间位置，门上端的线导保留空余地位，便于移动和装卸。移门方式有：有滑道的槽榫移门、嵌有插入棒的移门、有滑道无榫头的移门、带有滑轮导轨的移门、玻璃移门和折式移门等。

13.2.2.2 椅类家具的组件结构

椅子一般是由支架、座面、靠背面、扶手等部件构成，也有是由几个相邻部件连接组合而成，如支架连扶手和座面连靠背面等。它们通过各种结构方式，协同完成功能上的不同要求。

1. 支架的结构

椅子支架的结构是否合理，直接影响椅子使用功能的发挥。对不同的椅类家具，有不同的结构强度要求，但都要求椅子能经受外力的反复运动与撞击，以保证在各种使用情况下，支架的结构不易松动。如人坐在椅子上，经常会前后摆动或摇晃，椅子就要有足够的稳定性和刚性（图 13-21）。

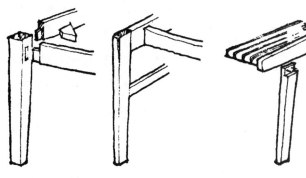

图 13-21 支架结构示例

椅子的支架通常由前后腿、望板、横撑和塞角等组成。其结构方式随着椅子的类型和材料不同而各不相同。木制支架的腿与望扳、横撑的结合，采用闭口直角榫，为了增加强度，常在椅腿与望板间用塞角加固。金属管制腿架则直接采用弯曲或铆、焊接，使支架构成一个完整的部件形式。

金属构件的发展和工艺技术水平的提高使椅子支架的结构更趋合理，如采用旋转升降支架可以适用不同身高的人及不同性质的使用要求。旋转升降的支架结构有螺旋式、气压式和液压式。若在椅腿上安装滚轮，可任意转动或移位，椅子的构造也随之发生了深刻的变化。

支架与座面和靠背面的接合，有嵌入结构、螺钉结构或金属连接件的拆装结构。

椅支架的脚垫方法甚多，有橡胶垫、塑料垫、金属帽及防滑道等。

2. 座面的结构

椅子的座面有厚型和薄型之分。厚型座面统称为软垫，多用于沙发，薄型座面多用于椅、凳。座面的设计在装饰上有着重要作用，但在结构上要根据家具的用途，并要紧密配合椅支架的不同结构形式，它可能是易于移动的或是固定的；是轻的或是重的。

（1）薄型座面。薄型座面有板状面、藤面、绳面一布面、皮革面、塑料板面和胶合成型板面等。

（2）厚型座面。通常称为软垫，由底胎（或绷带）、泡沫塑料（或乳胶）、面料构成。另有弹簧结构的厚型座面，主要有盘形弹簧、拉簧、蛇形弹簧等。

3. 椅背面的结构

椅背结构简于座面，但使用功能和装饰要求同样很高。因此在材料选择，结构方式和造型处理等方面都需要根据功能和工艺的各种不同要求进行合理的设计。

4. 扶手的结构

扶手的构造是基于椅子的造型和构造，扶手不但本身应具备一定的强度，而且扶手与椅子的连接在反复受外撑力的作用时，有足够的结构强度。扶手有木制、金属制、塑料制等，在构造上有连架结构，部件结构之分。连架式结构，整体性强，部件式结构，强度要求高，制造上宜适应现代生产。

13.2.2.3 桌（台）类家具的组件结构

桌（台）类家具主要是由面板、支架、附加柜体等组成，这些部件自身有各种不同的结构，部件与部件的结合又有不同的连接方法。从材料上来看，有木制，金属制、塑料制、竹藤制和不同材料的组合制。

1. 面板

面板在桌（台）类家具中是主要的部件，它不但要求表面平整，而且要具有良好的工艺性。在结构上要求在受力情况下不产生变形；所用的材料经表面处理后，有一定的耐水、耐热和耐腐蚀等性能，以适应各种使用要求。面板通常多采用木材，除实木拼板、细木工板、复面空心板、刨花板、多层胶合板外，还有传统的通槽镶板和适宜小型桌（台）的活动芯面板。也有金属、塑料、玻璃、石材、陶瓷、织物等制成的台板。

面板的边沿处理很重要，由于桌（台）家具在使用中，边沿经常被接触和触摸，所以封边的形式和结构与柜、椅家具有所不同。

在具有扩展功能的桌（台）家具中，面板的主要构造特点是附有辅助面板，可以通过折动或连动装置，改变面板的形状，如大小、方圆、正圆和椭圆等，以适应生活使用上的灵活性。

2. 支架

桌（台）家具的支架构成形式主要可以分为框架和板架两种。框架式支架一般是由支撑腿与望板或横撑的结合构成。其中有一种木制或金属制的交叉腿结构形式，主要特点是可以通过折动调节桌（台）的高度或可以折叠，便于储存和运输。

板架式支架主要是由各种板材或胶合成型板构成支架直接支撑桌面，不拘泥于四腿的传统形式，在造型上有较宽的灵活性，板架式支架与面板的连接通常用替木撑和金属连接件。

各种金属和塑料制的支架比木制更具有简洁、轻巧的特征，构成形式更趋多样。有单支撑腿连接面板的独腿架，也有两条腿或多条腿的支架结构形式。在工艺上采用金属管材的弯曲和铆、焊接，也有铸造或塑料成型等。

3. 附加柜体

指桌（台）家具除面板和支架以外的柜体部分。它包括抽屉、柜门及各类架子等。如写字桌、课桌、绘图桌等的柜体部分，主要是具有附加的辅助存放功能。构造较为复杂的是写字桌，它如同柜类家具，有框架结构，也有板式结构。

练习思考题

1. 家具按基本材料可分为哪几类？

2. 家具的结构的概念是什么？

3. 结合第 1 篇谈谈家具造型的法则有哪些？

4. 柜类家具的构造类型有哪些？

5. 家具五金件的主要种类？

6. 测量生活中坐卧类、桌台类、储存类家具的功能尺度。

7. 生产家具的主要机械设备有哪些？

第14章 家具设计的步骤与方法

家具设计工作的主要内容，包括家具的尺度、形体组合、微细处理以及材料、结构、色彩等各个方面，再加上家具本身的使用特点以及所处的环境不同，形成了设计者各种不同的表现意图。因此，从设计构思到实体产品之间的这一过程中，始终充满着各种矛盾和相互联系又相互影响的问题，这就需我们在家具设计中运用一定的设计方法，按步骤按阶段对家具的功能、技术、造型等各方面加以协调解决，使家具达到完整的设计要求。这在家具设计工作中，通常称之为家具设计步骤与方法。

家具设计步骤与方法是从许多设计实践中总结出来的一般规律和方法，我们学习和掌握它，对于正确、完整地表达设计内容和提高设计效果、避免多走弯路都是十分必要的。目前我国各地的家具设计步骤与方法不尽相同，因此，在具体设计过程中还必须注意联系本地区的生产实际，把一般规律与设计实践相结合，灵活运用。

14.1 初步设计

家具初步设计是整个家具设计步骤中涉及有关制订设计方案所包括的内容和方法。按其设计程序来说，初步设计常从收集技术资料开始，经构思和绘制草图，提出初步方案，然后经讨论和改进，绘制造型图及制作模型等直到最后确定设计方案为止。

14.1.1 资料准备

进行家具设计，首先应当从汇集资料工作着手。很显然，在尚未掌握必要的有关设计综合性资料之前，是不可能进行设计的。因此，资料汇集工作在家具设计过程中起着重要的"参谋"作用，并为制订设计方案打下基础。具体可以从下列方面进行。

14.1.1.1 调研分析

设计人员对所要设计的家具，围绕设计项目，深入有关的工厂、住宅和用户，开展调查研究工作，了解家具的使用要求和使用的环境特点，以及家具材料的供应、生产工艺等技术条件，但要搞清楚什么样的资料是可供利用的，以及资料可供利用的时限，是暂时的，还是适用于较长时期的，或者是永久性的？并且把它记录下来。

14.1.1.2 资料收集

广泛收集各种有关的参考资料：包括各地家具设计经验，国内外家具科技情报与动态，中外设计图集、期刊、工艺技术资料，以及市场动态等，借以引发、开阔和丰富设计构思的内容。

14.1.1.3 理解把握

采用重点解剖典型实例的方式，着重于实体资料的掌握和设计深度的理解，可以借助于实地参观或实物测绘等多种手段，从多种多样的家具产品中，分析它们的实际效果，从中取得各种解决问题的途径，有助于设计构思推敲过程中的借鉴。

14.1.1.4 整理归类

将各种有关的资料进行整理和分析，通过必要的研究以后，分别汇编成册，以备设计时参考之用。

家具设计方案可以用不同的方法来确定，但一开始的构思，将在整个设计过程中起主导作用，这是一个深思熟虑的过程，通常称为"创造性"的形象构思。这就意味着形象思维的活动不止一次，而是多次反复的艰苦的思维劳动。

14.1.2 构思立意

14.1.2.1 明确设计

首先是要有一个明确的设计意图，即所要解决的问题。按一般常规程序来说，它是从产品的使用要求着手，全面考虑功能、材料、结构、造型及成本等方面的综合性问题。但在特殊的情况下，也可以由局部入手，考虑家具的尺寸、用料、质感、装饰、色彩等微细处理。必然地，这样一个明确而严格的构思方案，将会简化整个设计过程。

14.1.2.2 提出方法

构思方案的形成，是设计人员提出解决问题的尝试性方法，即按设计意图，通过综合性的思考后得出的各种设想。这一过程的形成是复杂的、顽强的、精细的，而又富于灵感的劳动。逻辑性的与形象性的思维活动，在设计人员智力的作用下，形成一系列解决问题的方法。

14.1.2.3 形成方案

一般来说，构思的方案可能是含糊的和概念性的，也可能是比较明确而具体的，但都要多方推敲它是否符合设计意图的要求，并通过反复比较，把那些与整体不相称的略去。当然，对于一些微细设计也可以在构思阶段就予以初步确定。因为有时一个新的构思方案，也可能是由改进某些局部而形成的。

14.1.2.4 表达方案

表达各种构思方案，最好是采用形象化的方法。虽然文字也是表达的一种手段，但这仍然是抽象的，对一个手工艺人来说，也许他可以凭经验把自己的设想立即做成产品，从而缩短了从构思到产品之间的过程。不过家具设计的构思形象，通常是用草图的方法来表达。

14.1.3 草图

草图，是家具设计中表现构思意图的一种重要手段，它能使设计人员头脑中的构思转变为可见的有形的图样。草图不仅可以使人们观察到这一具体的设想，而且表达方法简便、迅速、易于修改，还便于复印和储藏。一件家具的设计往往是由几张、甚至几十张的草图开始的。

14.1.3.1 初步表现

铅笔是作草图常用的一种工具，因为它便于擦去和修改。另外，钢笔或彩色笔也常用作绘制草图的工具。作草图的纸不要太讲究，有条件的话可以用"草图本"，或一些有横线的纸，如练习簿纸等。方格坐标纸是一种很理想的草图用纸，由于它能显示一定的尺度关系。如果在上面复以透明的硫酸纸，就更益显示其方便、快速、准确的优越性，是设计者乐于使用的一种方法。

14.1.3.2　大致效果

草图一般用立体图或主视图来表达，通常都是用徒手画的方法，特别是画立体图最为得心应手。在拟订初步方案中，若用作图法来画透视，需要花费很多时间，而又易错失形象构思的良机。用徒手画透视的方法就可以大大改善这些弊端，它既能生动而又方便地表达出家具的形体、比例和空间关系，还能及时抓住形象构思的瞬间印象给予敏捷的技法表达之。

14.1.3.3　比例有致

草图可以不受"制图标准"的限制，并且一般不需要按尺寸来画，但是在草图的开始时就要引进尺度的概念，以便于使草图方案与实际使用尺寸相符合。

14.1.3.4　循序渐进

任何设计者都应善于用徒手画草图这种快速而简便的技巧，要熟练地掌握草图技法，必须通过不断的实践和勤奋的练习，才能逐步得心应手。练习画草图的方法，可以由画直线开始，画直线时，眼睛不要看着笔尖的移动，而应看着直线的终点，这样才能画出乎直的线条，先练习画水平线，后画垂直线，进一步再酝出斜线、角度和圆。徒手画立体图的主要方法，是依靠判别来确定家具各部分在透视图中的关系。作图时先画水平线为视平线，同时按假定视点高度把基线表示出来，再进一步用徒手画出家具基本轮廓，然后确定透视长度。判别家具透视度量的比例关系，应依借透视作图特性——等间距愈远愈短——的原则，将家具的透视轮廓简化（或分割）成若干个按比例逐步缩小的正方形，并使正方形的对角线延长交于一点。然后，具体地深入画出家具立体图。这样容易控制透视角度并获得良好的作图效果（图14-1）。

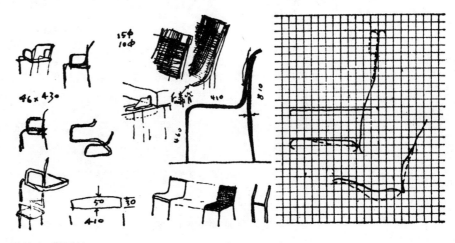

图14-1　草图示例

14.1.4　造型图

造型图不同于草图和生产图，它是用三视图和立体图的画法，更确切地从实际尺寸、比例中把设计方案表达在纸面上的图样。通常是提供给使用者，方案评定者和其他一些观摩者看的，都是这一类图样，目前一些家具图册、书刊中的家具设计图也多属于此类。

造型图并不能作为加工、制造的依据，它仅是设计步骤中的一个阶段，其作用是便于明确地表达出所设计的家具初步方案，并作为评定、修改和最后确定方案的一个设计过程。

造型图包括按家具制图标准，规定的第一角投影法，以家具的三个视图形式，用1：10或1：5等较小的比例绘出所设计的家具外形三视图，和用1：1或1：2的不同比例表示出必要的局部详图，以及按比例绘制的家具透视图。

主视图起主要的表达作用，其他视图作为配合以反映家具的造型全貌。一般家具正面可作为主视图更能反映家具的特征。

绘制造型图一般用较厚的绘图纸，它的表面不宜太光滑，用橡皮擦后不会起毛才是适用的。图纸幅面的大小，为适应不同需要可按标准图纸选用，但要考虑到便于存放、装订。

作图要求明确、清晰，通常先用铅笔起稿，然后描线，也常使用绘图笔上墨线。造型图也可用水彩、水粉或渲染等方法表现之。甚至加上阴影，显示出各种家具用材的质感和家具的空间感，使其效果更真实、生动（图14-2）。

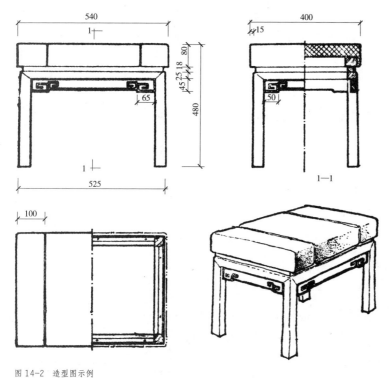

图14-2 造型图示例

14.1.5 模型

由于越来越多的家具设计方案牵涉到具有决定性的空间关系，一些组合或多用途的家具，有时在纸面上很难表达其构图和形体之间的空间关系。因此在初步设计阶段，甚或在最初的草图阶段，就用模型来表达它在造型和家具各部分相互位置间的真实效果。

制作家具模型是一种便于改进和发展设计方案的过程，并对发展设计想象力和提高设计水平，起着良好作用。

模型多用简单的材料，花费较短的时间来完成。材料一般有各种厚质纸、吹塑纸、纸板、金属丝、软木、硬质泡沫塑料或其他各种合适的材料，如醋酸酯薄膜、薄铜皮和铝皮、薄木以及印有木纹的纸也是常用的材料。最好的办法是平时将这些材料的碎小料集中在一起，以便于制作各种模型。制作模型用的胶粘剂最好选用适合胶粘木和不干胶，所用的工具只是一些剪刀、夹子、钳子、刀之类的东西，这些也都容易买到。

模型一般多采用1∶2或1∶8、1∶5的比例，当然用1∶1的比例来作细部结构也是十分有用的。如果在草图阶段，为了表达设计构思，需要制作一些粗糙的模型，就不一定过分苛求尺寸上的准确程度，只求其大体的尺度就行了。

按比例做成的家具模型，一般显得比较单薄，缺乏真实的尺度感。因此，常常将它配成适当的环境模型，照成相片，就显得十分贴切，而且又便于收藏。

14.1.6 修正

无论是草图，或造型图，还是模型，仅仅是一种设计方案的设想，总是要通过不同的途径或方式，经过多次反复研究与讨论，加以修正，才能获得最佳的设计方案。主要有以下3方面。

（1）对设计方案提出修改意见的可能是设计人员本人，也可以是使用者或其他设计人员，包括不同范围的专业人员。所以在初步设计阶段，要以多种方式，比如座谈讨论或展览评比，听取各方向的意见，加以补充和改进原设计方案，直到这一设计方案达到一个新的、更高的水平。

（2）设计方案经过反复探讨修正，最后可能会回到原始的方案上，或者对原方案的修改较大，也有可能修改的效果恰恰相反。所以设计人员对各方面提出的意见要经常加以细致地综合分析，而且不能只就一件家具的本身来研究，要从整体的观点去探讨设计方案的进一步改进，以避免造成不良的修改。

（3）方案经过反复的讨论和修改之后，也就是当一个设计方案不会再遇到任何有异议的改进意见的时候，设计者有责任作出确定最终方案的决定。

14.2　技术设计

家具技术设计是融汇设计方案和生产之间的"桥梁"。当家具设计方案确定以后，就可以进入技术设计的阶段，即全面考虑家具的结构细节，具体确定各个零件、部件的尺寸、大小和形状及它们的结合方式和方法，包括绘制家具生产图和制作家具实样以及编制材料与成本预算等内容。

14.2.1　生产图

家具生产图是整个家具生产工艺过程和产品规格、质量检验的基本依据，因此它具备了从零件加工到部件生产和家具装配等生产上所必需的全部数据和显示了所有的家具结构关系。传统的家具生产图多用 1∶1 的比例在胶合板上画出的，这对复印、装订、储存和传递都很不方便，随着生产的发展，在现代家具设计中，生产图多用缩小的比例在纸面上作图，只是一些关键的节点处和一些复杂而不规则的曲线，以及一些不易理解的结构，采用 1∶1 比例的足尺大样图或制成"样板"来表示。

绘制家具生产图的方法和步骤是：先画出家具装配图，再根据装配图画出家具部件图，然后画出制造各个家具部件所需要的家具零件图，制图还必须遵循行业标准 QB/T 1338—1991《家具制图标准》。

14.2.1.1　装配图

表示所有的家具零部件之间按照一定的结合方式装配在一起的生产图样叫做家具结构装配图，简称装配图。家具装配图不但要表示各主要零部件间的装配关系，而且还应显示家具内外零部件的结构和形状。它所包括的内容及表达方法主要是：

（1）装配图中除了画出家具装配特征最清楚的主视图之外，还画出了俯视和左视等视图来完整地表达家具各个部件间的装配关系。在一些多用式家具的装配图上常用双点划线画出假想投影来表示活动部件运动后的位置，同时在装配图中还常附有用透视画法画出家具的外形立体图作为辅助图形。于是，一件家具从外形到装配结构，就都能从装配图上反映出来了。

（2）为了更清楚地表达家具内部装配结构，在装配图中通常兼有水平与垂直的剖视图，其中表达不对称的家具或家具外形对称而内部却不对称时，采用全剖视的方法；或为了表示家具某一内部结构和相互位置的断面形状而用局部剖视和剖面来表达；也可采用拆卸来代替剖切；当家具内外装配关系是对称时，可采用半剖视的方法。

（3）在家具装配图中常把其中的关键部分用较大的比例，比如1：2甚至1：1的比例画出局部详图，其作用是将家具的一些结构特点、接合方式和零部件的精确形状以至装饰图案表达清楚，这也就可以使基本视图不必画得过大，在具体运用时，局部详图不仅把原有节点图形放大，也可以根据需要把局部外形画成局部剖视详图或局部放大时卸去部分结构，使家具结构、形状表达得更清晰、易看。

（4）画装配图的方法和步骤：

1）应根据家具的大小，先确定图形的比例和选用合适的标准幅面图纸。

2）开始作图时，先用硬铅笔在底图纸上画细线起稿，先画中心线，画时应当在三个视图中同时进行，例如画主视图中的水平线时可以延长到左视图中，当画垂直线时可以延长到俯视图中。

3）然后再画出装配图中必要的尺寸线并填入尺寸数字和有关技术要求的文字说明。

4）再对每一个部件用指引线在视图轮廓线外依次编上序号，一般应编在主视图或剖视图上，引出线不要彼此相交，也不要和剖面线方向平行。

5）同时在标题栏上方自下而上填写和编号一致的部件表，其中应包括名称、数量、材料，规格和其他等内容。

6）画完后要仔细复核有无错误和遗漏，最后再用描图纸覆在已画好的铅笔底图上，以"标准"规定的图线要求，细心地上墨线描显（图 14-3）。

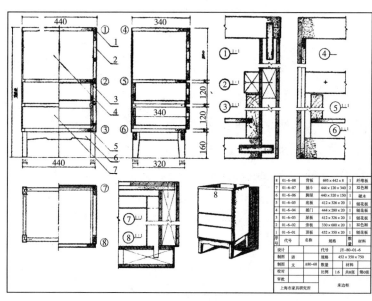

图 14-3 装配图示例

14.2.1.2 部件图

从家具的生产图样上看，特别是橱、柜类家具中，相当多的家具零件及其构件结合和整个家具的尺寸相比，十分细小，不易在装配图中表达清楚，实际上家具装配图主要是表达家具结构的整体装配关系，不可能、也没有必要画得很详细，因此在家具生产图中常需要用家具部件图来表达家具每一个部件，比如橱顶、底架、门、旁板、抽屉等内部各种家具零件的形状、大小和它们之间装配关系，所以，家具部件图也就是一种介于装配图和零件图之间的图样，相当于家具的各个部件装配图，简称部件图。

家具部件图在家具生产中直接用于部件制造，它清楚而正确地标注出部件装配尺寸和所有零件的主要尺寸。

家具部件图所包括的内容及图样的画法，从视图、剖视、封面、标注方法等和装配图大致相同，所不同的是装配图应从家具整体考虑，而部件图仅仅局限于某一个部件。

从家具部件的加工制造而言，对一些工艺常规做法，可用文字注明，可以不予详细画出，比如一个定型的标准化的抽屉，就不需要再重复地画出这一抽屉的具体结构详图，又如从事家具软垫制作的工人，远比一个设计人员更了解沙发的结构，因此软垫的详细结构图除主骨架外，一般是可以省略的（图14-4）。

14.2.1.3 零件图

任何一件家具都是由各个家具部件装配而成，而家具部件又是由相互有关的家具零件组成的，因此在家具生产中，必须先制造出组成家具部件的全部零件，而制造家具零件所需要的图样就叫做零件生产图，简称零件图。所以零件图画出了家具各个零件的形状和注明了加工零件时所必需的全部尺寸和技术要求。零件图的主要内容和要求如下：

（1）零件图一般采用三个基本视图和必要的剖视或剖面图，把家具零件的内外形状表达清楚，但对形状比较简单的零件，比如衣橱的挂衣杆等，因为有尺寸和注解的说明，需要1～2个基本视图就可以了；对一些标准件比如各种组合五金和装配五金可用文字或代号注明，可以不画零件图；对重复的零件，可仅画出一个，其余简略，但要正确注明是否对称及数量。

（2）零件图上必须清楚地注出各部分的尺寸，以满足在生产和检验时的需要。在图样的视图上还不能表达清楚的技术要求，可在图右上角用文字说明，例如，加工方法和质量要求等。

（3）零件图的右下角应附有标题栏，填明：名称、数量、材料、比例、图号等。

（4）绘制零件图的步骤：

1）先确定视图的数目和图形的比例，再选择合适的图样幅面。

2）作图时先画出中心线和各视图的主要轮廓，再画出细节。

3）然后标注尺寸和填写标题栏以及其他说明。

4）审核和修正后在描图纸上用墨线描显（图14-5）。

14.2.1.4 大样图

在家具设计中常有一些不规则的曲线，但如果以为每一条不规则的曲线都可以是一系列圆弧的连接，再可以找到各圆心的想法是错误的，即使这样做了，也无法作出一条本来十分流畅的自然曲线。因此在家具生产中，为了适应有些复杂而不规则的曲线形零件的加工要求，或有特殊造型要求的零件，设计人员通常就用1：1的比例画出它的实际尺寸图样或制成"样板"，这就是家具大样图。例如椅子的生产图样常画成足尺图形，因为椅子上常有一些复杂的形状，而且椅子的尺寸也并不十分大，作图时还常可以把各视图重叠起来和省去对称视图的一半，这样椅子的大样图就不会大于图纸的标准幅面。"样板"是家具生产图的一种特有的表达方法。它是将零件按足尺大样复印在胶合板上，然后接线锯下，制成家具样板，以便在生产中根据样板用于画线和

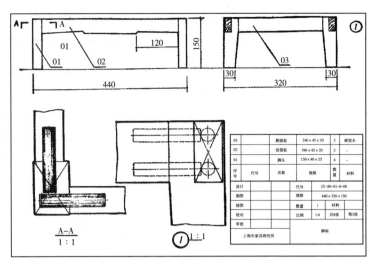

图14-4 部件图示例

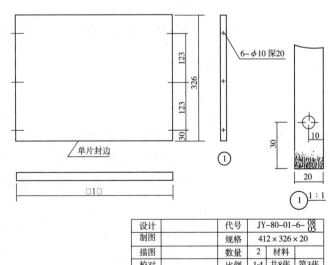

图14-5 零件图示例

直接量取尺寸。

此外，在家具中同时向两个方向弯曲的复杂曲线形构件是很难以表达的，比如塑料成型的椅类家具，有些设计人员就直接做一个实样代替图样，然而图纸对于储存、传递或者作为一个实样的辅助图来说，常常是不可缺少的。为了解决这一问题，通常可采用间隔一定的相等距离作剖切，同时在有投影关系的视图中，获取一系列的剖面曲线，使能在纸面上作出曲面形状的图样，并且可以再按图上的线用薄板制成模具来控制弯曲的形态。

14.2.2　实样

从设计构思到设计的最终确定，仅靠图样是不够的，在家具准备投入生产之前一般都要先制作家具实样，从家具的实际效果中来观察和衡量设计的优劣。这种家具实样同即将生产的产品之间可能是完全相同的，但也可能要再作一些设计上的必要修改，然后再投入生产，比如包括材料和表面处理等。家具实样常被称为"样品"，即在生产中用作封样的产品。

一件理想的家具实样，往往是同设计方案及产品之间有着紧密联系，并能十分明确地显示出设计方案的最后式样。当需要一定的机械技术才能试样的家具，比如以金属和塑料为原料的家具。其中有些部件，可用手工来制作，尽管十分困难，但仍是十分必要的。而且有一些部件则可以用一般的易加工的代用材料来制作，求得与实样的完全一致，以避免造成不易改动的模具的报废。

由设计人员自己制作或在设计人员的指导下制作的家具实样，可以在家具装配图之后，零部件完成之前进行，而在其他场合下，必须先有完整的生产图。

14.2.3　材料和预算的编制

最后，家具设计人员要按家具生产图的要求，将全部家具零件依次填入"产品用料明细表"和"产品成本分析表"；分别注明名称、规格、数量、材料等。木材按立方米计算，人造板按平方米计算，金属、塑料按重量单位计算，辅助材料，比如涂料、胶料等按每平方米消耗量计算，其他五金材料按实际需要计算。产品用料的明细表上都是实际净尺寸，加工余量还需要根据不同情况按标准另加。圆形零件以方形尺寸计，大小头零件以大头尺寸计。

14.3　计算机辅助设计

家具设计可通过工程制图、模型、文字说明及效果表现图等形式表达出来。其中，工程制图虽表现得最为确切，但由于其专业性太强而使一般未经专业训练的人很难读懂，尤其是为业主提供设计方案时，二者之间对设计方案的理解常常不一致。模型，因直观性强，并可以从不同角度进行观察，在国内外设计领域内被广泛应用，但它却无法表现出家具所处的空间、气氛和材料质感，故而显得美中不足。文字说明是设计师设计的辅助手段，仅可以作为视觉形象的补充说明。计算机辅助设计图具有的直观性、真实性、艺术性，使其在设计表达上享有独特的地位和价值。越来越强大的个人电脑配置和专业设计软件，帮助设计者将更多精力放在设计方案的构想上，借助以三维图形软件生成的家具造型，可更合理地安排其在室内空间中的布局，研究、推敲和直观地检验各型家具的功能表现，得到超于想象的、符合物理特性的真实效果的渲染图像，并对家具设计作出综合评估。

14.3.1 计算机辅助设计图主要设计软件

14.3.1.1 3ds Max

3D 是 three-dimensional 的缩写，就是三维图形。在计算机里显示 3D 图形，就是说在平面里显示三维图形。不像现实世界里，真实的三维空间，有真实的距离空间。计算机里只是看起来很像真实世界，因此在计算机显示的 3D 图形，就是让人眼看上就像真的一样。人眼有一个特性就是近大远小，就会形成立体感。计算机屏幕是平面二维的，我们之所以能欣赏到真如实物般的三维图像，是因为显示在计算机屏幕上时色彩灰度的不同而使人眼产生视觉上的错觉，而将二维的计算机屏幕感知为三维图像。基于色彩学的有关知识，三维物体边缘的凸出部分一般显高亮度色，而凹下去的部分由于受光线的遮挡而显暗色。

3ds Max 是全世界最知名的三维动画制作软件，它在三维建模，动画，渲染方面近乎完美的表现，完全可以满足业主对制作高品质家具效果图，家具动画等作品的要求。软件特点。

（1）功能强大，扩展性好。建模功能强大，在角色动画方面具备很强的优势，另外丰富的插件也是其一大亮点。

（2）操作简单，容易上手。与强大的功能相比，3ds Max 可以说是最容易上手的 3D 软件。

（3）与其他相关软件配合流畅。

（4）效果非常逼真。

14.3.1.2 VRay 渲染器

VRay 渲染器是目前业界最受欢迎的渲染引擎。基于 VRay 内核开发的有 VRay for 3ds Max、Maya、SketchUp、Rhino 等诸多版本，为不同领域的优秀 3D 建模软件提供了高质量的图片和动画渲染。除此之外，VRay 也可以提供单独的渲染程序，方便使用者渲染各种图片。VRay 渲染器提供了一种特殊的材质——VRayMtl。在场景中使用该材质能够获得更加准确的物理照明（光能分布），更快地渲染，反射和折射参数调节更方便。使用 VRayMtl，可以应用不同的纹理贴图，控制其反射和折射，增加凹凸贴图和置换贴图，强制直接全局照明计算，选择用于材质的 BRDF。

14.3.1.3 Lightscape

Lightscape 是一个非常优秀的光照渲染软件，它特有的光能传递计算方式和材质属性所产生的独特表现效果完全区别于其他渲染软件。

Lightscape 是一种先进的光照模拟和可视化设计系统，用于对三维模型进行精确的光照模拟和灵活方便的可视化设计。Lightscape 是世界上唯一同时拥有光影跟踪技术、光能传递技术和全息技术的渲染软件；它能精确模拟漫反射光线在环境中的传递，获得直接和间接的漫反射光线；使用者不需要积累丰富实际经验就能得到真实自然的设计效果。Lightscape 可轻松使用一系列交互工具进行光能传递处理、光影跟踪和结果处理。

14.3.1.4 Photoshop

Photoshop 是 Adobe 公司旗下最为出名的图像处理软件之一，集图像扫描、编辑修改、图像制作、广告创意，图像输入与输出于一体的图形图像处理软件，深受广大设计人员和电脑美术爱好者的喜爱。在制作家具设计效果图包括许多三维场景时，人物与配景包括场景的颜色常常需要在 Photoshop 中增加并调整，主要用于后期效果的调整和处理。

在家具设计效果图绘制中，大多主要运用 Photoshop 软件图像编辑、图像合成和校色调色三个功能。图像编辑是图像处理的基础，可以对图像做各种变换如放大、缩小、旋转、倾斜、镜像、透视等。也可进行复制、去除斑点、修补、修饰图像的残损等。图像合成则是将几幅图像通过图层操作、工具应用合成完整的、传达明确意义的图像。Photoshop 提供的绘图工具让外来图像与创意很好地融合，成为可能使图像的合成天衣无缝。校色调色是 Photoshop 中最具威力的功能之一，可方便快捷地对图像的颜色进行明暗、色偏的调整和校正。

14.3.1.5 AutoCAD

AutoCAD 可将三维立体模型转换成二维图形。通过二维方式对画面进行编辑处理，可获得供手工着色与渲染的线框图。这种图形的转换是通过 AutoCAD 的图形交换文件（DXB）来完成的，它构造了一个 ADI 绘图驱动器间接利用 DXB 格式的绘图。

14.3.2 计算机辅助设计图步骤

14.3.2.1 建模

建模是指在计算机中通过三维制作软件虚拟三维空间构建出具有三维数据的模型，建立三维立体的模型数据库，其生成的模型线框图可用输出设备（打印机）输出，用于家具小样初审。三维建模大体可分为 NURBS 和多边形网格。NURBS 对要求精细、弹性与复杂的模型有较好的应用，适合量化生产用途。多边形网格建模是靠拉面方式，适合做效果图与复杂场景动画，综合说来各有长处。

14.3.2.2 贴图渲染

贴图渲染是根据设计要求将存入计算机软件材料数据库中的相关材质效果提取出来，贴附于模型线框图上进行射光渲染的过程。用于 3ds Max 软件建模，用 VRay 或 Lightscape 渲染器进一步渲染，后期处理主要是用 Photoshop 对渲染出来的效果图中的图像进行调整和配景合成，也是效果图表现的重要环节。

也有用平面设计软件在电脑中"绘制"家具透视效果图、平面图，也可以用来绘制简单的场景或局部的单体造型，最主要的是便于修改，别有一番效果，也是一种可以尝试的表现技法。

练习思考题

1. 家具初步设计与技术设计的关系是什么？
2. 制作家具模型的常用材料是什么？模型与实样的比例是多少？
3. 绘制零件图有哪些步骤？
4. 请按照家具设计的步骤，设计一款电视柜，并标明主材，作出报价。
5. 在 4.6m×6m×2.8m 的客厅空间中，用计算机构建出含有沙发、电视柜、茶几的三维模型图。

参考文献

［1］ 季水河.现代装饰美学［M］.武汉：武汉大学出版社，1986.

［2］ 李枫.陈设设计［M］.北京：中国青年出版社，2007.

［3］ 霍维国.室内设计原理［M］.海口：海南出版社，2001.

［4］ 谭晓东.室内陈设设计［M］.北京：中国建筑工业出版社，2010.

［5］ 康韦·劳埃德·摩根.会展设计［M］.大连：大连理工大学出版社，2005.

［6］ 顾世鸿.设计家［M］.杭州：浙江人民美术出版社，1999.

［7］ 黄艳.陈设艺术设计［M］.合肥：安徽美术出版社，2006.

［8］ 朱淑慧.家居与陈设［M］.北京：中国建材工业出版社，2006.

［9］ 林大飞.会展设计［M］.沈阳：东北财经大学出版社，2008.

［10］ 王天扬.室内陈设艺术设计［M］.武汉：武汉理工大学出版社，2010.

［11］ 来增祥.室内设计原理［M］.北京：中国建筑工业出版社，1996.

［12］ 王鹤.展示艺术教育［M］.北京：人民出版社，2008.

［13］ 朱瑞波.现代庆典策划设计［M］.北京：中国电力出版社，2009.

［14］ 俞进军.商业店面装饰设计［M］.北京：机械工业出版社，2006.

［15］ 赵农.中国艺术设计史［M］.西安：陕西美术出版社，2004.

［16］ 潘吾华.室内陈设艺术设计［M］.北京：中国建筑工业出版社，2006.

［17］ 高祥生.室内陈设设计［M］.南京：江苏科学技术出版社，2004.

［18］ 陈同滨.世界室内装饰史百图［M］.北京：中国城市出版社，2004.

［19］ 崔唯.纺织品设计［M］.北京：中国纺织出版社，2005.

［20］ 习嘉.商店室内设计［M］.香港：万里书店出版，2001.

后 记

　　本教材的内容提要、前言、练习思考题以及体例规划由西安建筑科技大学教师朱瑞波完成，教材其他部分由西安建筑科技大学教师朱瑞波、张博、韩敏、赵曜，西安工程大学教师吴铁，海口今世室内装饰设计公司高级设计师任世生共同完成。教材课件由主编作者的硕士研究生野楠设计完成。主编作者的硕士研究生翟树彩、牟清麒、野楠、祁鸣参与了图片的收集和整理工作。书中引用了文献作者的部分内容，本着教学的目的，用以举证说明，如有失礼或冒犯之处，还请海涵。在此一并致谢！

　　由于水平所限，教材难免带有作者的主观意识，对其中的偏颇和不足，敬请同行专家和读者批评指正。

朱瑞波

2012 年 8 月于西安